战略性新兴领域"十四五"高等教育系列教材

数字化网络化控制技术

主　编　王　超

副主编　孙宏军　丁红兵

参　编　徐　风　白瑞峰　于赫洋

　　　　郑　伟　陈海永　严靖怡

　　　　陈晓艳　梁　潇

机械工业出版社

数字化转型亟须具备掌握控制、连接和数据三个基本面的人才，本书以培养以上人才为目标进行编写，以工业数据为主线，贯穿工业数据的产生、传输、处理、存储、决策和执行全环节。

工业互联网是数字化转型的关键共性基础，其实现工业数据打通的重点和难点在于操作运营技术和信息技术的融合。本书涵盖这两个领域，共分为 8 章。第 1 章绪论以四次工业革命为时间线，以信息的采集传输和控制的执行为关注点，系统地介绍自动化控制在变革中发挥的作用、工业互联网的发展和数字化实施的思路。第 2 ～ 7 章，既包括聚焦于操作运营的计算机控制系统和自动化控制策略，也包括面向连接的数据通信互联技术和工业异构网络，还包括以工业数据为驱动的工业大数据和工业人工智能。第 8 章介绍两项脱敏后的企业真实工程案例，帮助读者理解数字化网络化控制技术如何协同解决实际工业需求问题。

本书可供普通高校自动化、智能制造、电气和仪器等专业的学生使用，对相关工程技术人员也有参考价值。

图书在版编目（CIP）数据

数字化网络化控制技术 / 王超主编 . -- 北京：机械工业出版社，2024. 11. --（战略性新兴领域"十四五"高等教育系列教材）. -- ISBN 978-7-111-77064-0

Ⅰ. TP273

中国国家版本馆 CIP 数据核字第 2024P8F272 号

机械工业出版社（北京市百万庄大街 22 号　邮政编码 100037）

策划编辑：吉　玲	责任编辑：吉　玲	
责任校对：梁　园　薄萌钰	封面设计：张　静	
责任印制：张　博		

北京建宏印刷有限公司印刷

2024 年 12 月第 1 版第 1 次印刷

184mm×260mm · 16.5 印张 · 397 千字

标准书号：ISBN 978-7-111-77064-0

定价：59.00 元

电话服务　　　　　　　　　网络服务

客服电话：010-88361066　　机　工　官　网：www.cmpbook.com

　　　　　010-88379833　　机　工　官　博：weibo.com/cmp1952

　　　　　010-68326294　　金　书　网：www.golden-book.com

封底无防伪标均为盗版　机工教育服务网：www.cmpedu.com

　　以互联网、大数据、人工智能为代表的新一代信息技术日新月异，加速向实体经济领域渗透融合，深刻地改变了各行业的发展理念、生产工具与生产方式。在新一代信息技术与制造技术深度融合的背景下，在工业数字化、网络化、智能化转型需求的带动下，工业互联网应运而生，正在全球范围内不断颠覆传统制造模式、生产组织方式和产业形态，推动传统产业加快转型升级、新兴产业加速发展壮大。工业互联网以数据为核心，打通设备、系统、企业和产业链条。其数据功能主要包含感知控制、数字模型和决策优化三个基本层次，通过自下而上的信息流和自上而下的决策流构成工业数字化应用闭环。

　　通过工业互联网实现工业数字化的关键就是数据的打通，而要实现这个目标，操作运营技术（OT）和信息技术（IT）的融合既是重点也是难点。长期以来，OT 和 IT 是相互独立的，OT 部分主要用于控制和分析企业的生产过程，促进进一步改善生产；IT 部分重点处理企业的各类数据和信息，并维护企业所制造产品的质量。实现 OT 和 IT 的融合亟须同时具备懂控制、懂连接和懂数据三个基本面的人才，本书即以此为目标进行编写。

　　本书以工业数据为主线，贯穿工业数据的产生、传输、处理、存储、决策和执行全环节。第 1 章绪论首先以四次工业革命为时间线，以信息的采集传输和控制的执行为关注点，介绍自动化控制在变革过程中发挥的作用和被赋予的变化。然后，从工业互联网的发展和数字化的实施两方面对数字化网络化控制技术进行概述。第 2 章和第 3 章聚焦于 OT，主要讲述计算机控制系统和自动化控制策略。计算机控制系统的产生使自动化控制技术发生了根本的转变，由处理连续时间变量转变为处理离散时间变量，由处理模拟量转变为处理数字量。第 2 章重点讲述计算机控制系统的基本构建方法，第 3 章则介绍支撑计算机控制系统实现高效精确控制效果的数据处理和控制策略。在 PID 参数整定部分，不局限于多数教科书中的 ZN 整定方法，而是通过分析其存在的问题，引入已在工程实践中得到大量检验和广泛认可的 Lambda 参数整定方法。第 4 章面向连接，介绍数据通信和互联技术，使读者理解数字信息是如何通过通信介质实现传输的，这也是计算机控制集成技术的重要基础。第 5 章工业异构网络，针对 OT 与 IT 融合所面临的重点问题，介绍工业异构网络互联及工业互联安全。随着感知技术、传输技术、平台技术和数据分析技术的突破，数据的价值越来越大。第 6 章重点介绍工业数据的清洗、特征提取、聚类、异常值识别、数据模型与呈现方式等处理技术，以满足工业领域对大数据处理的需求。第 7 章则从工业 AI 与自动化角度，将一些最新的技术引入教材，如数字孪生、超自动化与工业大互联等。第 8 章介绍两项使用霍尼韦尔 TRIDIUM 的 Niagara 工业大互联技术开发，并通过脱敏后的企业真实工程案例，帮助读者理解数字化网络化控制技术是如何协同解决实际工业需求问题、实现数字化转型的。

感谢霍尼韦尔公司对本书编写的全力支持；感谢编写团队全体成员的通力合作和辛勤付出。由于编者水平有限，书中难免存在缺点和不足之处，希望广大读者批评指正。

王　超

于天津大学

目 录

CONTENTS

VI

第1章 绪论

📄 导读

　　人类社会的重大发展总是伴随着重大的技术突破而呈跳跃式发展。人类在技术上的重大突破，往往会带来人类生活方式的巨大改变。本章首先以四次工业革命为时间线，信息的采集传输和控制的执行为关注点，介绍自动化控制在变革过程中发挥的作用和被赋予的变化。然后，从工业互联网的发展和数字化的实施两方面对数字化网络化控制技术进行概述。通过对工业互联网架构和数字化含义的分析，揭示了数据在现代工业中的核心作用，以及如何通过网络、平台和安全体系实现工业的智能化。工业互联网实现工业数字化的关键就是数据的打通，因此，在数字化实施部分，聚焦其重点、难点问题，也就是操作运营技术（Operation Technology，OT）和信息技术（Information Technology，IT）的融合问题。并通过 Niagara 架构的例子，展示如何实现 OT 与 IT 的有效融合。

1

📄 本章知识点

- 自动化控制在工业革命进程中的演变和作用
- 工业互联网的产生和发展
- 工业互联网的总体架构
- OT 和 IT 融合的必要性
- OT 和 IT 融合面临的问题

1.1 自动化控制与工业革命

　　自动化控制指的是，在无须人工直接参与的情况下，利用外加的设备或装置，使机器、设备或生产过程自动运行，完成任务。它将人类从复杂、危险、烦琐的劳动环境中解放出来，并大大提高了工作效率。

　　最早的自动化控制可追溯到古代的刻漏计时器、水运浑天仪和指南车等，而其广泛的应用则开始于工业革命的发展需求。可以说自动化控制是工业革命发展的重要驱动力，同时也是工业革命不断推进的产物。

1.1-自动化控制与工业革命

1.1.1　第一次工业革命

第一次工业革命开始于 18 世纪 60 年代，以机器取代人力，以大规模机械化取代个体手工生产，被称为"机器时代"。

在这一阶段，蒸汽机的出现开辟了人类利用能源的新时代，是人类能够实现机器大生产的重要基础，蒸汽也成了这个时代的主要动力源，因此，也有"蒸汽时代"的说法。瓦特是蒸汽机的重要改良者，他的创造性工作使蒸汽机迅速地发展。其中，离心式调速器的应用是他对蒸汽机的关键改进之一。

在瓦特在蒸汽机中使用离心式调速器之前，蒸汽机是一个开环控制系统，转轴的转速仅由蒸汽量决定。但由于蒸汽量的精确控制较困难，这导致转速波动较大。离心式调速器原理如图 1-1 所示。两个铰接的等长细杆一端连接飞锤，当蒸汽机的转速增加时，由于离心力的作用，这两个飞锤会向外移动，从而给套筒提供向上的提升力，当提升力大于弹簧设定的弹力时，套筒升高，杠杆推动阀门开度减小，减少进入蒸汽机的蒸汽量，从而使蒸汽机的转速降低。相反，如果蒸汽机转速减慢，飞锤的离心力减少，给套筒提供的向上的提升力减少，弹簧的弹力作用下，套筒下移带动杠杆增大阀门开度，从而增加蒸汽供应，使蒸汽机转速加快。通过调整弹簧，离心式调速器能够自动调节进气阀的开度，从而维持蒸汽机在设定的转速范围内运行，即使在负载变化的情况下也能保持稳定。这种负反馈机制的应用，对后续控制理论的发展和实践产生了深远影响。

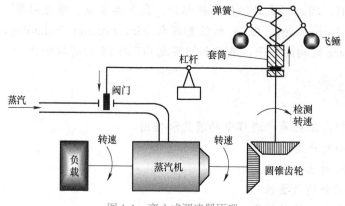

图 1-1　离心式调速器原理

第一次工业革命主要是手工生产转变为机械化生产的过程，此期间的自动化系统多数都是独立完成任务的，对于信息的测量和传输的需求较低。

1.1.2　第二次工业革命

第二次工业革命是从 19 世纪中期开始的。在这个阶段，电能迅速取代蒸汽能，使得生产过程更加高效和灵活。新兴的电力工业、化学工业、石油工业和汽车工业等，都要求实行大规模的集中生产，并对自动化控制技术提出了更高的需求。

电的广泛应用，也使用于测量、传输和控制等过程的信号可以采用电信号的方式。连续性物理自然变量转换为连续的电信号，处理这类连续性电信号的电路即称为模拟电路；

信号大小不连续的变量转变为电信号后，多采用布尔代数逻辑进行处理，处理这类信号的电路称为数字电路。继电器、电阻、电容、电感、电位器和放大器等很多电气和电子元件相继问世，使自动控制系统的实现更加便捷。例如，在制造业中，通过继电器构建的逻辑（如"开 / 关"和"是 / 否"）代替了之前使用的人工控制方式，这些继电器逻辑后来发展成为控制系统中广泛使用的可编程逻辑控制器（Programmable Logic Controller，PLC）。

电力的普及促进了自动化生产线的建立，福特汽车的流水线生产便是其中的典范。这种生产方式通过电力驱动的传送带和机械臂，实现了生产过程的连续性和自动化，显著提高了生产效率。

电的使用也促进了通信技术的发展。在这期间，电话、电报和无线电通信等分别被发明和实现，使世界各国的经济、政治和文化联系进一步加强。

电信号远距离传输时会随传送距离的增长而逐渐衰减，为了增加传输距离，需要用放大器将信号放大。在电话的开发过程中，放大器增益不稳定的问题一直困扰着工程师们。无论如何精心地调节电路，放大器的增益都会因为温度、湿度等原因显著地变化。增益过高，信号产生了失真，使音质变差；增益过低，又使信号太弱，以至于听不清楚。1920年前后，放大器问题已经成为开发长距离电话技术的一个严重障碍。这时，负反馈控制思想再次发挥了作用。布莱克提出了负反馈放大器的解决方案，并将负反馈放大器应用于电话机的放大线路中。

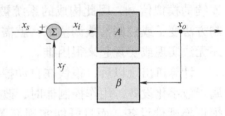

负反馈放大器的原理如图 1-2 所示。放大器的开环增益为 A，把放大器输出信号的一部分反馈到输入端，反馈因子为 β，则闭环增益可表示为

图 1-2　负反馈放大器原理

$$A_f = \frac{x_o}{x_s} = \frac{A}{1 + A\beta} \tag{1-1}$$

当 $A\beta \gg 1$ 时，

$$A_f \approx \frac{1}{\beta} \tag{1-2}$$

这是一个有意思的结果，这表明电路的增益几乎完全取决于负反馈网络。因为反馈网络通常使用被动元件组成，因此可以选用数值更加精确的被动元件，从而获得更加准确、稳定的闭环增益。

负反馈放大器的出现成功解决了放大器增益不稳定的问题。利用负反馈的原理，不仅能做出稳定增益的放大器，而且能利用这些放大器进行加、减、乘、除、对数、微分和积分等运算。

电的广泛应用，也使传感器得到革命性发展。传感器的历史可以追溯到古代，人们在公元前 4 世纪就使用了简单的传感器，如指南针和温度计等。在第二次工业革命期间，出于提高效率的目的，大规模的集中生产使工业生产开始由中央控制室控制各个生产节点上的参量，包括流量、物位、温度和压力等，催生了以电为基础的传感器的高速发展。

总之，第二次工业革命期间，随着发电机和电动机的发明和应用，电的广泛应用，使工业生产规模进一步扩大，大规模的集中生产成为主流，中央控制室已经成为大型工厂的标准配置。在这一背景下，更多的物理量需要检测，并转换为电信号，由此刺激了传感器的发展；同时，对将工业现场的信号传递到中央控制室也提出了更多的需求，但此阶段信号传递的形式种类很多，自动化系统相对封闭，相关的设备可替换性很差。电话、电报和无线电通信等的普及使得信息传递更加迅速，但其在自动化控制中的使用还主要局限于协调生产活动。

1.1.3　第三次工业革命

第三次工业革命使人类进入到了"信息时代"。在这一阶段，计算机的出现对自动化的发展至关重要。自从 1946 年第一台电子计算机诞生以来，计算机已从电子管、晶体管、中小规模集成电路发展到了大规模、超大规模集成电路，其体积越来越小，成本却越来越低，这就为在自动化领域广泛采用计算机奠定了基础。

在第二次工业革命阶段，随着电的发明，很多电气电子元器件及设备相继问世，继电器、接触器、电阻、电容、电感、电位器、放大器等陆续应用于自动控制系统，使控制性能得到提升，但这些器件构成的控制装置是通过硬件设备实现的，主要处理时间和幅值上连续的模拟信号，因此构成的系统被称为"模拟控制系统"。对于模拟控制系统，一旦控制方法变了或控制参数调整了，就需要更换相应的元器件，而且很多复杂一些的控制方法还无法实现或实现起来很困难。

计算机出现以后，很快在自动控制领域得到应用，自动化系统变得更加聪明。计算机属于数字化设备，用作控制器时，改变控制方式只需要改变软件，即修改计算机程序，无须更换硬件设备，而且既能实现简单的 PID 控制，也能够实现先进控制策略。因此，从 20 世纪 60 年代开始，自动化系统越来越多地采用了计算机作为控制和调节装置，与模拟控制系统对应，这类控制系统称为"计算机控制系统"。这一阶段可以被称为"数字化"或"计算机化"。计算机在自动化系统的应用也使自动化控制技术发生了根本的转变，由处理连续时间变量转变为处理离散时间变量，由处理模拟量转变为处理数字量。

计算机控制系统中的计算机不是狭义的 PC，一般泛指数字化控制装置，包括工业控制计算机（简称"工控机"）、可编程逻辑控制器（Programmable Logic Controller，PLC）、单片机（在一块芯片上集成了微处理器、存储器及接口电路等）、数字信号处理器（Digital Signal Processor，DSP）等。目前实际运行的自动控制系统绝大部分都是数字化的，包括很多家用电器以及汽车的控制装置。

早期的计算机价格昂贵且体积庞大，因此，用于控制领域时，一般采用"集中控制"方式，即用一台计算机同时控制多台机器或设备。检测装置轮流采集机器或设备的相关信息，并将其传送给计算机。计算机按事先确定好的方式和算法计算出所需的控制量，并轮流输出给每台机器或设备。后来，由于计算机价格不断下降，体积也不断缩小，因此出现了一台计算机只完成相对单一控制任务的方式。这种方式在今天也很常见，如冰箱、空调等通常用一个单片机就能完成控制任务。本书将这类型的计算机控制技术归为"计算机控制的单元技术"，重点在于设计控制器或模块，主要针对小型控制系统。

从 20 世纪 70 年代开始，网络技术的发展给自动化控制提供了新的契机，通过网络把各个系统连接起来，可以实现管理与控制功能的一体化，可以对各个系统的相关参数进行统一调整，使所有的系统都能够协调地工作，实现整体的优化运行，这一过程通常称为

"网络化"。较具有代表性的包括主要用于机械制造业的计算机集成制造系统（Computer Integrated Manufacturing System，CIMS），用于石油、化工、钢铁等生产过程的集散控制系统（Distributed Control System，DCS）和计算机集成过程系统（Computer Integrated Process System，CIPS），以及将控制彻底分散化的现场总线控制系统（Fieldbus Control System，FCS）等。本书将这类型计算机控制技术归为"计算机控制的集成技术"，重点在于利用商业化的设备进行集成，主要针对大、中型控制系统。

总之，在第三次工业革命期间，随着计算机和网络技术的发展，自动化控制系统由处理模拟信息，转变为处理数字量，且控制装置、现场设备和计算机之间通过数字通信进行协调工作越来越广泛。自动化系统不再是独立存在的"孤岛"，而是通过网络连接成的有机整体，可以实现各种信息和各种技术的综合集成，可以将管理功能和自动控制功能结合在一起，形成"管控一体化"系统。数据的获取、传输与共享越发重要，信息与通信技术在加速向自动化控制领域渗透。

1.1.4　第四次工业革命

前三次工业革命使得人类发展进入了空前繁荣的时代，与此同时，也造成了巨大的能源、资源消耗，付出了巨大的环境代价、生态成本，急剧地扩大了人与自然之间的矛盾。进入 21 世纪，人类面临空前的全球能源与资源危机、全球生态与环境危机、全球气候变化危机的多重挑战。

与此同时，以互联网、大数据、人工智能为代表的新一代信息技术发展日新月异，加速向实体经济领域渗透融合，深刻改变了各行业的发展理念、生产工具与生产方式，带来生产力的又一次飞跃。在新一代信息技术与制造技术深度融合的背景下，在工业数字化、网络化、智能化转型需求的带动下，以泛在互联、全面感知、智能优化、安全稳固为特征的工业互联网应运而生、蓄势兴起，正在全球范围内不断颠覆传统制造模式、生产组织方式和产业形态，推动传统产业加快转型升级、新兴产业加速发展壮大。

当前，新一轮科技革命和产业变革蓬勃兴起，工业经济数字化、网络化、智能化发展成为第四次工业革命的核心内容。工业互联网是第四次工业革命的重要基石和关键支撑，工业互联网通过人、机、物的全面互联，全要素、全产业链、全价值链的全面连接，对各类数据进行采集、传输、分析并形成智能反馈，推动形成全新的生产制造和服务体系，优化资源要素配置效率，充分发挥制造装备、工艺和材料的潜能，提高企业生产效率，创造差异化的产品并提供增值服务。

在过去 200 多年世界工业化的历史上，我国曾先后失去过三次工业革命的机会。由于错失工业革命机会，急剧地衰落，中国 GDP 占世界总量比重，由 1820 年的 1/3 下降至 1950 年不足 1/20。之后中国在极低发展水平起点下，发动国家工业化。但在 20 世纪 80 年代以来的信息革命中，我们也仅仅是后来者和追赶者。当前，中国实现了成功追赶，已经成为世界最大的信息通信技术生产国、消费国和出口国。进入 21 世纪，中国第一次与美国、法国、德国、英国、日本等发达国家站在同一起跑线上，赶上这一革命的黎明期和发动期。

在第四次工业革命前，工业系统自身的变革速度比信息通信技术明显落后，同时，信息通信技术企业和该领域的人才在过去并没有对工业界投入很大的关注。但是，在新一轮的科技革命和产业变革过程中，这一情况发生了改变，信息通信技术与自动化控制技术加速融合，共同推动工业界的数字化、网络化和智能化进程。随着工业互联网概念的兴起，那些试图重新构建竞争优势的企业，特别是处于后发追赶期的企业，很有必要快速将互联网时代的技术、软件、人才引进到工业领域，从而开拓新的发展空间。

1.2　数字化网络化控制技术概述

互联网的发展和普及提高了人们沟通交流的效率，也深刻地改变了人类的生产和生活方式。特别是互联网的应用，正在不断地渗透到更为复杂的工业领域，进入产业运行过程中，成为提高生产效率、产品质量服务品质，降低成本和改变商业模式的引擎，逐步上升为产业竞争力的重要手段和发展方向。工业互联网应时应运而生，数字化网络化控制技术也将成为自动化控制领域提质增效的重要基础。

1.2.1　工业互联网的发展

1.2- 工业互联网的发展

首先从互联网的发展谈起。互联网起源于阿帕网（ARPANET）的创建。在 20 世纪 60 年代，冷战期间的美国国防部意识到在战争中，如果中心化的通信系统被摧毁，整个国家的通信将陷入瘫痪。因此，他们启动了ARPA 项目，旨在创建一个分布式的通信网络。

阿帕网使用了分组交换技术，将信息分成小的"包"并独立传输，这增加了传输的可靠性和效率。

为了连接不同系统的大型计算机，为数据传输提供路由功能，科学家们在计算机网络连接线和大型计算机之间插入一种被称为接口信息处理机的设备来专门负责网络连接和数据传输的功能。这种接口信息处理机就是现代路由器的先驱。

阿帕网具有自己的网络控制协议（NCP），但是，NCP 没有端到端的错误控制，当其他网络（如无线或卫星链路）不具有阿帕网的可靠性时，如果丢失数据包，该协议和它支持的应用程序就会突然停止，而且不同网络也很难兼容。Bob Kahn 提出了开放式架构网络的设想，在此基础上，他与斯坦福大学的 Vint Cerf 针对阿帕网与一个分组无线网络和一个卫星网络的网际互联模型，开发了传输控制协议（Transmission Control Protocol，TCP）的第一个版本。第一个版本的 TCP 在实施过程中，为了满足如分组语音等不纠正丢失数据包的需求，把 TCP 的逐跳功能部分转为一个单独的协议，称为互联网协议（Internet Protocol，IP）。这样 TCP 重组为两个协议，IP 专注于数据包的寻址和转发，完成数据从源地址到目标地址的路由，而独立的 TCP 负责确保数据的可靠传输，关注服务功能，如流量控制和对丢失的数据包进行恢复。1980 年，美国国防部采用了 TCP/IP 作为组网标准，并在 1983 年1 月 1 日把阿帕网从 NCP 迁移到 TCP/IP，从此，TCP/IP 就成为互联网通信的标准协议。

分组交换协议、接口信息处理机与 TCP/IP 是计算机网络建设的三个主要技术突破。通过阿帕网的建设，互联网的先贤们解决了互联网建设的技术难题，积累了互联网建设的经验。此后，在美国和欧洲，许多计算机的网络被建设并互联起来。其中最重要且最具深远影响的是 1985 年由美国国家科学基金会（National Science Foundation）建立的

NSFNET。NSFNET 连接很快遍布了美国全国的大学和企业。这个时期是互联网发展的黎明时代，称为学术互联网时代。在学术互联网时代，互联网上的主要应用有电子邮件（E-mail）、远程登录和文件传输。

电子邮件是 Ray Tomlinson 于 1971 年发明的，从互联网刚刚开始运行起，电子邮件就成为互联网上广受欢迎的一项服务。一直到今天，电子邮件也还是互联网应用最广的服务之一。

当 20 世纪 80 年代互联网逐步建立起来后，用户通过远程登录，可以使用 Telnet 命令，使自己的计算机终端或低性能计算机连接到远程的大型计算机上。一旦连接上，自己的计算机终端或低性能计算机暂时成为这台远程主机的一个模拟终端，可以运行远程机器中的程序，再将主机输出的每个信息显示在屏幕上。Telnet 是进行远程登录的标准协议和主要方式，它为用户提供了在本地计算机上完成远程主机工作的能力。

文件传输是一个通过互联网在自己的计算机和远程主机之间传输文件的应用程序。文件传输遵循文件传输协议（File Transfer Protocol，FTP），用户通过一个支持 FTP 的客户端程序，连接到远程主机上的 FTP 服务器程序。用户通过客户端程序向服务器程序发出命令，服务器程序执行用户所发出的命令，并将执行的结果返回到客户端。例如，用户发出一条命令，要求服务器向用户传送某一个文件的一份拷贝，服务器会响应这条命令，将指定文件送至用户的机器上。客户端程序代表用户接收到这个文件，将其存放在用户目录中。

互联网早期的用户主要是研究人员和学者，他们主要使用基于文本的界面。为了吸引更广泛的用户群体，需要一个更直观、易于使用的界面，于是万维网（World Wide Web，WWW）出现了。万维网使用 HTML 来格式化内容，使网页具有图形、链接和多媒体元素。与此相配合的是网页浏览器的诞生，这使得互联网内容更加吸引人，并导致了爆炸式的增长。互联网的应用更加丰富，电子商务、网络社交、门户网站、资讯搜索、网络游戏和网络教育等的兴起，使互联网走入了大众的生活，成为人们日常生活的一个重要组成部分。随着智能手机等移动终端的发展，人们通过互联网可以保持随时随地的连接。这个时期可以称为大众互联网时代。

当前全球经济社会发展正面临全新的挑战与机遇。一方面，上一轮科技革命的传统动能规律性减弱趋势明显，导致经济增长的内生动力不足。另一方面，以互联网、大数据、人工智能和云计算等为代表的新一代信息技术发展日新月异，加速向实体经济领域渗透融合，深刻改变各行业的发展理念、生产工具与生产方式，带来生产力的又一次飞跃。在新一代信息技术与制造技术深度融合的背景下，在工业数字化、网络化、智能化转型需求的带动下，以泛在互联、全面感知、智能优化、安全稳固为特征的工业互联网应运而生。工业互联网作为全新工业生态、关键基础设施和新型应用模式，通过人、机、物的全面互联，实现全要素、全产业链、全价值链的全面连接，正在全球范围内不断颠覆传统制造模式、生产组织方式和产业形态，推动传统产业加快转型升级、新兴产业加速发展壮大。

2012 年末，美国通用电气公司（General Electric Company，GE）发布白皮书《工业互联网：打破智慧与机器的边界》，这标志着"工业互联网"概念的正式提出。GE 将工业互联网视为物联网之上的全球性行业开放式应用，其目标是优化工业设施和机器的运行和维护，提升资产运营绩效、降低成本。在美国政府及企业的推动下，GE 整合 AT&T、思科、IBM、英特尔等信息龙头企业资源，联手组建了工业互联网联盟，随后吸引了全球

7

上百家骨干企业加入。企业资源覆盖了电信服务、通信设备、工业制造、数据分析和芯片技术领域的产品和服务。2015 年工业互联网联盟发布了工业互联网参考架构（IIRA），系统性地界定了工业互联网的架构体系，如图 1-3 所示。

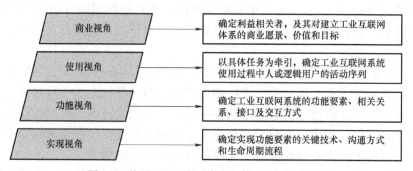

图 1-3　美国工业互联网参考架构（IIRA）模型

2013 年 4 月，德国在汉诺威工业博览会上发布《实施"工业 4.0"战略建议书》，正式将工业 4.0 作为强化国家优势的战略选择。作为支撑《德国 2020 高科技战略》实施的组织保障，由德国政府统一支持、西门子公司牵头成立协同创新体系，并由德国电气电子和信息技术协会发布了工业 4.0 标准化路线图。在德国工业 4.0 的工作组的努力和各种妥协之下，2015 年 3 月，德国正式提出了工业 4.0 的参考架构模型（RAMI4.0），如图 1-4 所示。

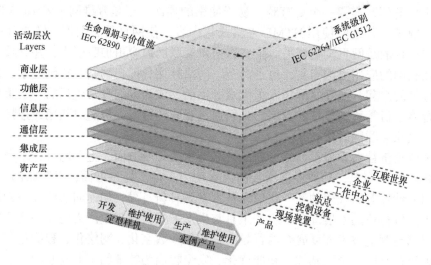

图 1-4　德国工业 4.0 参考架构模型（RAMI4.0）

2015 年，中国政府工作报告提出制定"互联网 +"行动计划，国务院印发《中国制造 2025》，这两项举措进一步丰富了工业互联网的概念。工信部在对《中国制造 2025》战略实施的阐述中指出，工业互联网是新一轮工业革命和产业变革的重点发展行业，其应用及发展可以从智能制造以及将互联网引入企业、行业中这两个方面切入，最终达到融合发展。

工业互联网是实现智能制造变革的关键共性基础，在工信部的大力支持和指导下，中国信息通信研究院联合制造业、通信业、互联网等企业于 2016 年 2 月 1 日共同发起成立中国工业互联网产业联盟。联盟于 2016 年 8 月发布了中国工业互联网体系架构 1.0，如

图 1-5 所示。提出了工业互联网网络、数据、安全三大体系，其中"网络"是工业数据传输交换和工业互联网发展的支撑基础，"数据"是工业智能化的核心驱动，"安全"是网络与数据在工业中应用的重要保障。2020 年 4 月，在工业互联网由理念与技术验证走向规模化应用推广背景下，联盟又发布了中国工业互联网体系架构 2.0，如图 1-6 所示。体系架构 2.0 继承了 1.0 的核心思想，包括业务视图、功能架构和实施框架三大板块，以商业目标和业务需求为导向，进行系统功能界定与部署实施，为我国工业互联网的发展方向提供了更加细化的指引。2021 年 12 月，联盟结合《工业互联网体系架构》（版本 2.0），梳理了已有工业互联网国家 / 行业 / 联盟标准及未来要制定的标准，形成了统一、综合、开放的中国工业互联网标准体系（版本 3.0），如图 1-7 所示。中国工业互联网标准体系包括基础共性、网络、边缘计算、平台、安全、应用等六大部分。基础共性标准是其他类标准的基础支撑；网络标准是工业互联网体系的基础；边缘计算标准是工业互联网网络和平台协同的重要支撑和关键枢纽；平台标准是工业互联网体系的中枢；安全标准是工业互联网体系的保障；应用标准面向行业的具体需求，是对其他部分标准的落地细化。

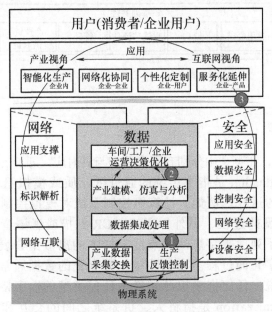

图 1-5　中国工业互联网体系架构 1.0

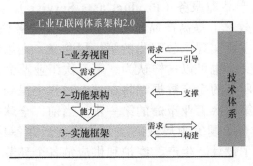

图 1-6　中国工业互联网体系架构 2.0

9

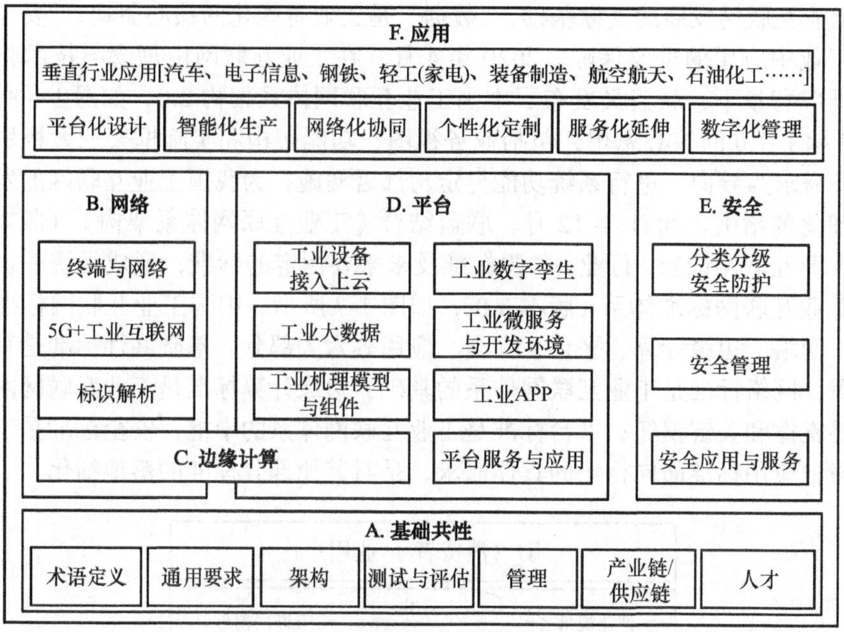

F. 应用					
垂直行业应用[汽车、电子信息、钢铁、轻工(家电)、装备制造、航空航天、石油化工……]					
平台化设计	智能化生产	网络化协同	个性化定制	服务化延伸	数字化管理

B. 网络		D. 平台		E. 安全	
终端与网络		工业设备接入上云	工业数字孪生	分类分级安全防护	
5G+工业互联网		工业大数据	工业微服务与开发环境	安全管理	
标识解析		工业机理模型与组件	工业APP		
C.边缘计算		平台服务与应用		安全应用与服务	

A. 基础共性						
术语定义	通用要求	架构	测试与评估	管理	产业链/供应链	人才

图 1-7 中国工业互联网标准体系结构图

1.2.2 数字化的实施

1.3-数字化转型

　　数字化有两层含义，在英文中分别有两个单词与其对应，即 Digitization 和 Digitalization。Digitization 是指将传统的通过纸介质或模拟量传递的信息转换成数字格式的过程。例如，计算机控制系统对模拟控制系统的替代就是这样一个典型的过程，另外，通过 OCR 扫描或者语音识别技术，将图像文字、声音等转换为一系列由数字表达的点或者样本的离散集合表现形式，其结果存储为数字文件，也是数字化的过程。在实践中，数字化的数据通常是二进制的，以便计算机处理。但严格地说，任何把模拟源转换为任何类型的数字格式的过程都可以称为 Digitization。而 Digitalization 是指将人、机系统之间的交互和通信，乃至业务过程和商业模式等转变为数字化形式，实现数字和物理信息的融合，打通全生命周期、全价值链的数据链路，如产品即服务（Product as a Service）、集成式营销或智能制造等，从而提升企业运营效率，提高产品服务质量，实现业务模式或商业模式的创新。在第三次工业革命中，主要实现了数字化的第一层含义，在第四次工业革命中，则要实现数字化的第二层含义。也可以这样认为，第三次工业革命的最终目标是实现工业生产数字化的全覆盖，所有的生产数据都将在这一过程中得到积累，如何利用这些数据优化生产，将是实现第四次工业革命的第一步。当前，全球的工业大国均在布局工业数字化转型，相继出台了国家顶层战略层面的规划，并各具特色，如图 1-8 所示。我国的工业数字化贯穿了设计、生产、维护和供应链各个环节，而工业互联网则是其中的关键共性基础。

工业互联网的核心功能是基于数据驱动的物理系统与数字空间全面互联与深度协同，以及在此过程中的智能分析与决策优化，如图 1-9 所示。工业互联网以数据为核心，通过网络、平台、安全三大功能体系构建，打通设备、系统、企业和产业链条。其数据功能体系主要包含感知控制、数字模型和决策优化三个基本层次，以及一个由自下而上的信息流和自上而下的决策流构成的工业数字化应用优化闭环。

产业主张	工业4.0	工业互联网	工业互联网+智能制造
代表国家	德国	美国	中国
主导厂商	西门子、博世等	GE、思科、Intel、IBM、AT&T等	信通院、三一集团、航天云网、海尔、中国电信、华为等
聚焦行业	制造业为主	泛工业(能源、医疗、制造、交通)	泛工业(能源、医疗、制造、交通)
典型场景	智能装备、智能工厂、智能生产	工业大数据分析和预测维护	智能化生产、服务化延伸、网络化协同
价值驱动	降本增效、柔性生产、产品智能服务	卖产品→卖服务(基于大数据)	政策牵引、模式创新、产业集群升级
切入环节	设计→生产→维护	设计→生产→维护	设计→生产→维护→供应链
关键体系	网络(协从)物联网IP化/无线化 / 云端(协从)大数据分析、互联网服务 / 系统平台(核心)CPS信息物联系统 / 终端设备(重点)传感器+机器人+装备 / 推动力 / OT强	网络(协从)物联网IP化/无线化 / 云端(核心)大数据分析、互联网服务 / 终端设备(协从)传感器+嵌入式智能分析软件 / 推动力 / IT强	工业互联网平台 / 网络强基 / 标识解析 / 数据汇聚 / 融合应用创新 / 安全 / CT/IT强，OT大，产业集群广

图 1-8　工业大国工业数字化的区别

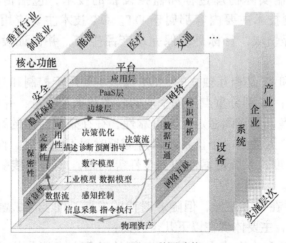

图 1-9　工业互联网功能

11

感知控制层构建工业数字化应用的底层"输入 - 输出"接口，直接和物理系统相联系。数字模型层提供支撑工业数字化应用的基础资源与关键工具，一方面将原来分散、杂乱的海量多源异构数据整合成统一、有序的新数据源，为后续分析优化提供高质量数据资源，涉及数据库、数据清洗等技术。另一方面，综合利用大数据、人工智能等数据方法和各类工业经验知识构建数据模型和工业模型库。决策优化层聚焦数据挖掘分析与价值转化，形成工业数字化应用核心功能，主要包括分析、描述、诊断、预测、指导及应用开发。分析功能借助各类模型和算法的支持将数据背后隐藏的规律显性化，为诊断、预测和优化功能的实现提供支撑，常用的数据分析方法包括统计数学、大数据、人工智能等。描述功能通过数据分析和对比形成对当前现状、存在问题等状态的基本展示，例如在数据异常的情况下向现场工作人员传递信息，帮助工作人员迅速了解问题的类型和内容。诊断功能主要是基于数据的分析对资产当前状态进行评估，及时发现问题并提供解决建议，例如能够在数控机床发生故障的第一时间就进行报警，并提示运维人员进行维修。预测功能是在数据分析的基础上预测资产未来的状态，在问题还未发生的时候就提前介入，例如预测风机核心零部件寿命，避免因为零部件老化导致的停机故障。指导功能则是利用数据分析来发现并帮助改进资产运行中存在的不合理、低效率问题，例如分析高功耗设备运行数据，合理设置启停时间，降低能源消耗。同时，应用开发功能将基于数据分析的决策优化能力和企业业务需求进行结合，支撑构建工业软件、工业 App 等形式的各类智能化应用服务。

综上所述，通过工业互联网实现工业数字化的关键就是数据的打通，而要实现这个目标，操作运营技术（Operation Technology，OT）和信息技术（Information Technology，IT）的融合既是重点也是难点。

IT 主要指用于管理和处理信息所采用的各种技术，它应用计算机科学和通信技术来设计、开发、安装和实施信息系统及应用软件。IT 技术主要应用于企业内部的信息管理、业务处理、数据分析等领域。在制造业中，IT 技术主要用于生产计划管理、库存管理、供应链管理、质量管理等方面。

OT 是指用于控制实际物理过程和监控设备的技术，包括传感器、控制器、执行机构等，计算机控制技术主要内容都属于 OT。OT 技术主要应用于现场运营控制、设备监控、数据采集等领域，目标是确保完成产品生产，并保证设备或系统的安全稳定运行。

长期以来，OT 和 IT 是相互独立的，OT 部分主要用于控制和分析企业生产过程，促进生产的进一步改善；IT 部分重点处理企业的各类数据和信息，并维护企业产品的质量。OT 技术发展相对缓慢，更强调稳定性与可靠性，往往采用专用的系统、网络和软件。对于运行中的系统，OT 人员倾向于让系统保持更长时间不做变更。而 IT 专注于数字环境，主要考虑数据处理速度、系统可靠性和安全性等问题，IT 必须接受快速创新和变革，以跟上技术的不断发展。

虽然 OT 和 IT 存在很多差异，但随着时代的发展，IT 与 OT 融合成为促进工业企业提质增效的必由之路，主要体现在以下几个方面：

1）降低工业资源和人力成本。引入 IT 侧的云化和虚拟化技术，在不影响 OT 侧各控制系统正常运行的情况下，将各生产区的服务器上云，减少了企业在设备成本方面的开支，并且基于云平台的统一操作入口也易于工作人员实施设备更新，简化了工业操作。

2）提高工业设备安全性与预测性维护。OT 侧借助物联网传感器和流量探针等 IT 基础设施，实时监测工业设备的状态和生产过程，并利用人工智能和大数据技术对采集的数据进行建模分析，有效识别设备异常状态并预测潜在的安全风险边界。

3）提高经营决策效率。通过业务指挥调度平台和综合态势感知平台联动，全面分析管理流程、工业业务流程和生产过程数据，进一步优化企业信息共享方式，快速响应客户订单需求，高效完成产品的开发和集成。

OT 与 IT 融合仍面临着一些实际问题，主要包括：

1）异构网络的互联问题。OT 常用的数据通信标准或协议种类众多，包括 Modbus、CAN、FF、Profibus、LonWorks 和 BACnet 等，导致数据的收集、整合以及场景标准化非常困难。而且，OT 对数据实时性和传输确定性要求很高，而 IT 通常是非实时的，网络主要采用标准以太网，OT 与 IT 融合要解决网络互联、数据互通的问题。

2）安全问题。过去的工业系统多是运行在局域网中的，安全问题不是其考虑的重点。IT 和 OT 融合使企业内诸多业务逻辑均暴露于公共网络，如没有充分考虑安全问题，极易造成难以弥补的损失。攻击者可通过扫描开放应用端口并利用开放服务在身份鉴别、访问控制、安全接口和安全审计等方面的漏洞和缺陷进入网络服务器等核心基础设施，并以此为跳板对控制网进行渗透和攻击，直接威胁安全生产。而且，很多现场设备采用的 Modbus、Profinet 等传统工业协议缺乏身份认证、授权及加密等安全机制，黑客极易利用这些漏洞对设备下达恶意指令。在网络边界，诸多边缘设备也面临报文伪造、恶意拥塞、身份伪造等安全风险。

下面以 Niagara 架构为例，介绍 OT 与 IT 融合的实施方案，如图 1-10 所示。Niagara 架构是 Tridium 开发的产品，目前最新版本的 Niagara 涵盖分布式边缘计算技术，可以实现对设备的互联及管理、能源分析、大数据平台下的预测和诊断等功能，并与云平台协同工作，实现可靠的在线数据流。Niagara 架构提供了一个开放的、没有壁垒的体系结构，其本身基于 Java，可以跨任意平台，集成各结点上不同系统平台中的构件，通过通用模型提供算法程序，抽象、标准化异构数据，大大降低了分布式系统的复杂性。Niagara 的核心优势是在物联网边缘侧解决设备、系统的异构问题，让企业更容易地获得标准化数据，以便这些数据可以上传到云平台做二次开发，让企业更高效地处理边缘侧关键数据，关注自己垂直领域的创新。

JACE 网络控制器是 Tridium 的硬件平台，采用嵌入式实时操作系统，配置 Java 虚拟机，可支持 Modbus、BACnet 等不同协议设备的连接。通过 Niagara 开发，实现逻辑组态、时间表控制、PID 控制、网络集成和数据处理等功能，并可构建基于可扩展标记语言（Extensible Markup Language，XML）视图，实现数据呈现，用户可通过浏览器访问 JACE 的用户界面。图 1-10 中，JACE 既可实现与不同协议设备的互通，也可以利用其强大的边缘计算能力，完成就地的控制以及数据的采集和整理，还可通过 OPC UA、MQTT 等协议与云平台或管理系统实现数据互通。对于复杂的系统可由多台 JACE 网络控制器结合上位监控系统实现，JACE 和上位机系统的软件仅通过 Niagara 一个平台就可完成全部开发。

13

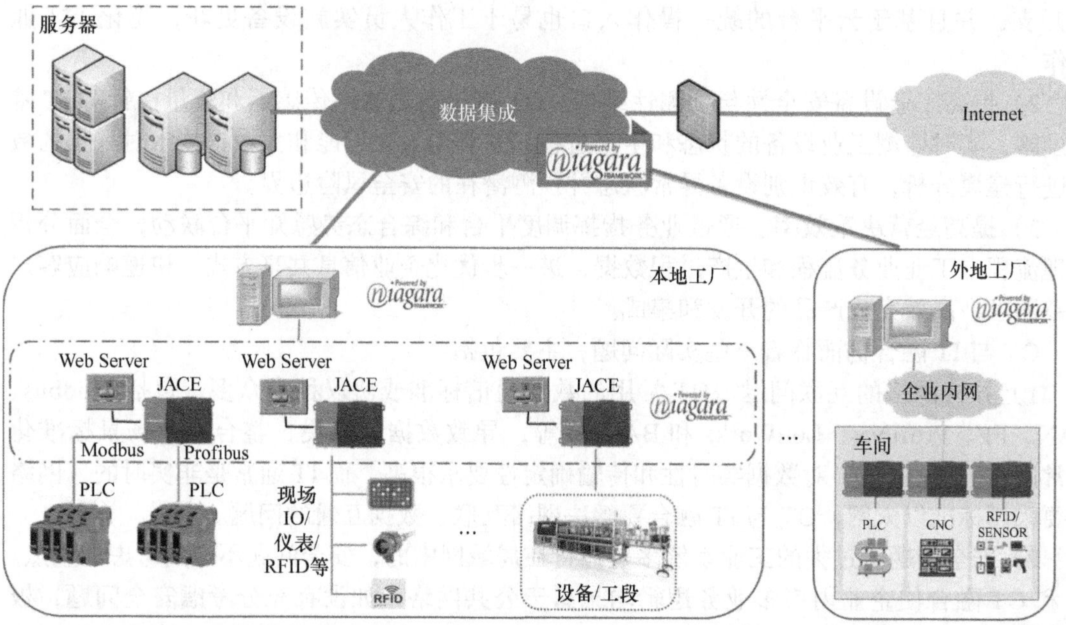

图 1-10　基于 Niagara 架构的 OT 与 IT 融合方案

工业互联网的核心本质是,将生产设备、物料、工厂、工人、供应商、产品等所有涉及的生产要素,通过云平台紧密的连接起来,再经过大数据的分析、优化,形成跨设备、跨厂区、跨地域的智联互通。实现 OT 和 IT 的融合亟须同时具备懂控制、懂连接和懂数据三个基本面的人才,《数字化网络化控制技术》教材即以此为目标进行编写。

1.4-教材知识体系

思考题与习题

1-1　自动化控制是如何定义的?它与工业革命有何关联?

1-2　解释瓦特的离心式调速器是如何工作的,并讨论负反馈的控制思想。

1-3　讨论第二次工业革命中电力如何取代蒸汽能,并说明其对自动化控制技术有何影响。

1-4　描述计算机在第三次工业革命中的作用,并解释它如何改变了自动化控制系统的设计和功能。

1-5　讨论计算机控制系统相比于模拟控制系统的优势。

1-6　描述工业互联网的体系架构,并讨论其对智能制造的重要性。

1-7　区分 Digitization 和 Digitalization,并讨论它们在工业互联网中的作用。

1-8　讨论 OT 与 IT 融合时面临的主要挑战。

第 2 章　计算机控制系统

![导读]

计算机控制系统的产生标志着自动化控制领域的一个重要转折点。这些系统利用计算机作为控制中心，通过数字化程序实现对工业过程的精确控制。本章首先介绍计算机控制系统的工作原理和组成。计算机控制中的计算机不是狭义的 PC，一般泛指数字化控制装置。在计算机控制系统的发展部分，针对计算机控制的单元技术，介绍不同的数字化控制装置，针对大、中型系统的计算机控制集成技术，介绍有代表性的系统，并针对工业界的数字化、网络化和智能化进程中工业软件的演进趋势进行了讲解。

检测设备和执行机构在系统中扮演着至关重要的角色。传感器负责将模拟物理量转换成电信号，而变送器则将这些信号转换为标准信号，便于计算机处理。执行机构则根据计算机的控制信号，执行相应动作，如起动电机、开关阀门等，完成对工业过程的具体控制。

在计算机控制系统中，为了实现计算机对生产过程的控制，必须在计算机和生产过程之间设置信息传递和变换的连接通道，这个通道称为过程通道。在最后一节中，按照从简单到复杂的顺序和过程通道结构构成的思路对通道接口技术、数字量输入通道、数字量输出通道、模拟量输入通道、模拟量输出通道进行了介绍。

![本章知识点]

- 计算机控制系统的工作原理
- 计算机控制系统的组成
- 计算机控制系统的发展
- 检测设备和执行机构
- 过程通道的接口技术
- 四种过程通道的结构和构成的关键技术

2.1　计算机控制系统概述

计算机从根本上改变了自动化控制的实现方式。计算机属于数字化设

2.1-计算机控制系统基本概念

备，用作控制器时，控制方法和控制参数在计算机里只是一组程序，可以很方便地进行修改，而且，无论是简单还是复杂的控制算法，都一样可以实现，因此，计算机在控制领域迅速得以推广和普及。目前，实际运行的控制系统绝大部分都是数字化的，包括很多家用电器以及汽车的控制装置。

2.1.1　计算机控制系统的工作原理

一个按偏差进行控制的单回路模拟控制系统的工作原理如图 2-1a 所示。当系统由于给定值或外界干扰的变化出现偏差时，控制器便根据此偏差按预先设置的控制规律进行运算，然后输出一个变化了的控制量 u 到执行机构，使其对被控对象产生一个能减小偏差的控制作用。这个过程不断进行，直到偏差小到满足控制要求为止。

在以前很长一段时间里，图 2-1a 中的控制器是模拟控制器，因此称之为模拟控制系统。随着计算机的普及特别是微处理器的性能价格比不断提高，模拟控制器逐渐由计算机"取代"，形成现在所说的计算机控制系统。顾名思义，计算机控制系统强调计算机是构成整个控制系统的核心，如图 2-1b 所示单回路计算机控制系统。

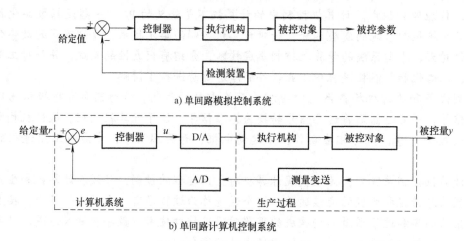

a) 单回路模拟控制系统

b) 单回路计算机控制系统

图 2-1　单回路控制系统示意图

被控对象是多种多样的，在工业生产过程中以温度、压力、流量和液位等模拟物理量居多，虽然已有检测仪表将这些物理量转换为电流或电压，但仍然是连续的模拟电量。而计算机处理信息以数字量作为基础，所以必须要有 A/D 装置先将模拟量转换为数字量后送入计算机处理；而当作为控制器的计算机根据输入量计算出应该输出的数字控制量时，必须采用 D/A 转换装置将其转换为模拟量，才可输送到执行机构上。

若被控变量不是模拟量，而是开关量（数字量），计算机控制系统中也需要用开关量输入输出通道进行信号的传输，而不能直接将过程与计算机相连。用于计算机与被控过程之间信号传输的转换装置通常被称为过程输入输出通道，简称过程通道。

在实际的工业生产过程控制中，一般不会是图 2-1 所示的单回路控制系统，而是根据具体情况灵活地构成整个系统，不同系统之间的体系结构有可能差别很大，故存在一种"控制工程师首先是系统工程师（即设计控制系统的出发点应是使整个系统性能最优）"的说法。

在计算机控制系统中，计算机不但可以完成基本的控制任务，而且还可以充分发挥其优势，使控制系统的功能更趋完善，在现代化的工业中起到越来越重要的作用。一般地，计算机在控制系统中至少有以下三个基本的作用。

（1）实时数据处理

巡回采集来自测量变送装置的瞬时数据，并进行分析处理、性能计算以及显示、记录、制表等。

（2）实时监督决策

对系统中的各种数据进行越限报警、事故预报与处理，根据需要控制设备自动启停，对整个系统进行诊断与管理等。

（3）实时控制及输出

按照给定的控制策略和实时的生产情况，实现在线、实时控制。

2.1.2　计算机控制系统的组成及发展

1. 计算机控制系统的组成

不考虑被控的工业对象，计算机控制系统的组成如图 2-2 所示。

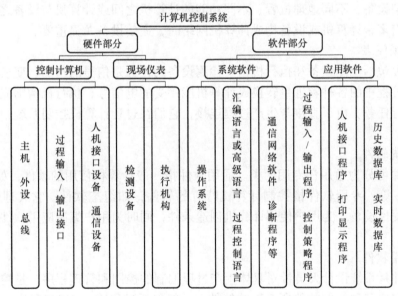

图 2-2　计算机控制系统的组成

图 2-2 中各主要部分在系统中的作用简述如下。

（1）主机

主机由 CPU、ROM、RAM 组成，是计算机控制系统的核心。它根据采集到的实时信息按照预先存在内存储器中的程序，自动进行信息处理和运算，及时选择相应的控制策略，并将控制作用立即输出到生产过程。

（2）外设

常用的外部设备按功能分成输入设备、输出设备和外存储器。最常用的输入设备如键盘终端，用来输入程序、数据和操作命令；最常用的输出设备如显示器、打印机、绘图机等，用于显示、打印生产的操作状况、性能指标、生产报表等；常见的外存储器是磁盘、磁带、光盘等，它们兼有输入和输出两种功能。

（3）总线

总线分为内部总线、系统总线与外部总线三大类。其中，内部总线是计算机内部各外围芯片与处理器之间的总线，用于芯片一级的互连；系统总线是计算机中各插件板与系统板之间的总线，用于插件板一级的互连；外部总线则是微机和外部设备之间的总线，微机作为一种设备，通过该总线和其他设备进行信息与数据交换，它用于设备一级的互连。

（4）过程输入/输出接口

过程输入/输出接口包括模拟量和开关量两大类。它们是计算机与生产过程之间信息交换的桥梁，是计算机控制系统中必不可少的部分。

（5）人机接口设备

人机接口设备包括显示器、键盘、专用的操作显示面板或操作显示台等。它们一方面显示生产过程状况，另一方面供生产操作人员操作和显示操作结果。操作员通过人机接口设备与计算机进行信息交换。

（6）通信设备

通过通信设备，不同地理位置、不同功能的计算机之间或计算机与设备之间可以进行信息交换。当多台计算机或设备构成计算机网络时，通信设备尤显重要。

（7）现场仪表

现场仪表包括检测设备和执行机构。检测设备的任务是信号的检测、变换、放大和传送，将生产过程中的各种物理量转换成计算机能接受的电信号；执行机构则完成计算机输出控制的执行任务。由于直接与生产过程连接，它们在过程计算机控制系统中占有重要的地位。

（8）系统软件

系统软件可分为通用和专用两类。通用软件指一般计算机使用的软件，如 Windows、VB 和 Oracle 等；专用软件指控制计算机特有的软件，如组态软件。它管理计算机的内存、外设等硬件设备，为用户使用计算机创造条件，同时为用户编制应用软件提供环境和方便。

（9）应用软件

应用软件是系统设计人员针对具体生产过程编制的控制和管理程序，是控制计算机在特定环境中完成某种控制功能所必需的软件。一般包括过程输入/输出程序、控制策略程序、人机接口程序、打印显示程序及各种公共子程序等。应用软件涉及生产工艺、控制理论、控制设备等各方面知识，通常由用户自行编制或根据具体情况在商品化软件的基础上自行组态以及做少量特殊应用的开发。

2.计算机控制系统的发展

计算机控制系统中的计算机不局限于狭义的 PC，一般泛指所有用于数字化控制的设备或装置，主要包括单片机、数字信号处理器（Digital Signal Processor，DSP）、工业控制计算机（Industrial Personal Computer，IPC，简称"工控机"）和可编程控制器

（Programmable Logic Controller，PLC）等。

单片机在计算机家族里体积小、价格便宜，因此应用非常普遍，在一辆普通轿车里常常有几十片单片机在工作，另外，控制仪表、空调、洗衣机等的核心芯片一般也是单片机。DSP 的计算和处理功能相当强大，早期主要用于信号处理领域，价格比较昂贵。然而，随着计算机技术的发展，DSP 的价格不断降低，近年来，在控制领域的应用也越来越多。

工控机的工作原理与普通计算机大同小异，主要区别是配备了一些专门用于工业控制的输入/输出接口，提高了工作可靠性，并特别加强了针对工业环境的抗干扰措施。另外，为了满足不同控制任务的可扩展需求，采用了无源底板结构，扩展插槽的数量和位置根据需要进行选择。

PLC 包含了逻辑运算、顺序控制、算术运算及定时和计数等功能，是专为工业应用而设计的。早期 PLC 主要在工业生产中用于逻辑及顺序控制，以取代传统的继电器控制方式，但后来又增加了 PID 控制、电动机调速控制等新的功能模块，可以进行不间断的反馈调节，应用范围越来越广。而且，现在的 PLC 产品几乎都已具备联网和通信功能，可与计算机构成网络化的控制系统。

随着网络技术的进步，计算机控制系统也在逐渐发展，通过网络把各个系统连接起来，实现经营、研发、管理和控制功能的一体化。较具有代表性的有集散控制系统（Distributed Control System，DCS）、现场总线控制系统（Fieldbus Control System，FCS）、数据采集与监控系统（Supervisory Control And Data Acquisition，SCADA）、制造执行系统（Manufacturing Execution System，MES）、高级生产计划与调度系统（Advanced Planning and Scheduling，APS）、质量管理系统（Quality Management System，QMS）、企业资源计划（Enterprise Resource Planning，ERP）、产品生命周期管理（Product Lifecycle Management，PLM）和计算机辅助技术（CAX）等。其中，CAX 是计算机辅助设计（Computer Aided Design，CAD）、计算机辅助工程（Computer Aided Engineering，CAE）、计算机辅助制造（Computer Aided Manufacture，CAM）、计算机辅助工艺计划（Computer Aided Process Planning，CAPP）和计算机集成制造系统（Computer Integrated Manufacturing System，CIMS）等各项技术的综合叫法，以 CA 开头，X 表示所有。

为了简化集成操作，降低生产控制系统之间集成的成本和风险，美国仪表、系统和自动化协会（The Instrumentation，Systems and Automation Society，ISA）制定了企业管理系统与控制系统集成的国家标准——ISA-95，用于规范企业业务和工厂生产运营之间的信息流。ISA-95 架构定义了现场设备层、现场控制层、过程监控层、生产管理层和经营研发层等五个层次，对实现不同供应商和不同系统的集成对接发挥了积极的推动作用。但是，企业推进数字化转型，需要获得完整的数据，进行全面及时的分析，就会发现 ISA-95 架构由于系统层级多、数据孤岛多、决策链长，难以实现全局协同与优化。相对传统工业 IT 体系架构较为严苛的层次划分，工业互联网平台能够帮助企业打通纵向集成，形成扁平化体系架构，如图 2-3 所示。在这一架构中，工业软件的地位越发重要，被认为是智能制造的核心，承载着从设计、制造和运用阶段的产品全生命周期数据，并根据数据对制造运行的规律进行建模，从而优化制造过程。工业软件主要可以分为产品创新数字化软件、管理软件和工业控制软件三大类。其与计算机控制技术相互渗透、融合，并相伴发展，这一过程体现出以下演进趋势。

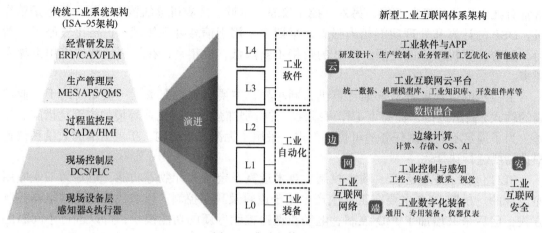

图 2-3　集成的体系架构

（1）工业软件的应用模式走向云端和设备端

工业软件的应用模式已经从单机应用、客户端/服务器（C/S）、浏览器/服务器（B/S），逐渐发展到走向云端部署和边缘端部署（嵌入式软件）。早期的工业软件是基于PC的单机应用，很多软件带有"加密狗"，后来，软件应用出现了网络版。ERP、SCM等管理软件的应用是基于C/S的应用模式，需要在客户端和服务器都安装软件，并在服务器安装数据库。随着互联网的兴起，越来越多的工业软件转向B/S架构，不再需要在客户端安装软件，直接在浏览器上输入网址即可登录，这使得软件升级和迁移变得更加便捷。近年来，设备端的边缘计算能力迅速增强，一些原来PC上部署的软件也移植到设备端，实现边缘计算，从而更高效地进行数据处理和分析。

（2）工业软件的部署方式从企业内部转移到外部

工业软件的部署方式从企业内部部署转向私有云、公有云以及混合云。云计算技术的发展，使得企业可以更高效、安全地管理自己的计算能力和存储资源，建立私有云平台；中小企业可以直接应用公有云服务，不再自行维护服务器；大型企业则可以将涉及关键业务和数据的应用系统放在私有云，而将其他面向客户、供应商及合作伙伴，以及安全级别要求不高的应用系统放在外部的数据中心，实现混合云应用。

很多软件公司纷纷增加云服务，如Onshape就是一款完全基于公有云的三维CAD系统，可以在任何终端进行三维设计，方便地进行协作。也有一些软件实现了在企业内部、私有云、公有云和混合云的模式之间动态调整。

随着云应用的不断深入，大型的互联网IT公司，如亚马逊云、微软云、阿里云、华为云和腾讯云等平台都能提供专业的IT运维服务；越来越多的企业用户也开始接受基于云的部署方式。工业软件部署逐步实现了边缘侧、本地化、私有云、公有云和混合云的全面覆盖，形成了按需使用的良好态势。

（3）工业软件走向平台化、组件化和服务化

工业软件的架构从紧耦合转向松耦合，呈现出平台化、组件化和服务化。早期的工

业软件是固化的整体，牵一发而动全身，修改起来很麻烦。后来出现了面向对象的开发语言，进而产生了面向服务的架构。软件的功能模块演化为 Web Service 组件。通过对组件进行配置，将多个组件连接起来，完成业务功能。

云计算为工业软件的平台化和组件化发展提供了有力的支撑。云计算的服务包括基础设施即服务（Infrastructure as a Service，IaaS）、平台即服务（Platform as a Service，PaaS）和软件即服务（Software as a Service，SaaS）三个层次的服务。PaaS 帮助用户将云端基础设施进行部署，并借此获得使用编程语言、程序库与服务权限。用户不需要管理与控制云端基础设施，只需控制上层的应用程序部署与应用托管环境。PaaS 将软件研发的平台作为一种服务，以 SaaS 模式交付给用户。PaaS 提供软件部署平台，抽象掉了硬件和操作系统细节，可以无缝地扩展。开发者只需要关注自己的业务逻辑，不需要关注底层。即 PaaS 为生成、测试和部署软件应用程序提供了一个环境。用户通过互联网连接来使用基于云的应用程序，而不需要用户将软件产品安装在自己的电脑或服务器上。

近年来，软件开发平台在向互联网平台迁移的过程中，还出现了微服务架构。每个微服务可以用不同的开发工具开发，独立地进行运行和维护，通过轻量化的通信机制将微服务组合起来，完成特定功能。工业领域方向，中间件技术显著提高了工业软件的开发效率。通过中间件，不仅能完成海量的并发需求和数据处理，还能够实现异构网络的整合，云边协同计算，以及子系统的本地化搭建、运维管理和响应处理等功能。

3. 工业软件开发平台示例

Niagara Framework 是一种符合上述工业软件发展趋势的开发平台，基于 Java 面向对象的思路，通过通用模型提供算法程序，抽象、标准化异构数据，大大降低了分布式系统的复杂性。该平台提供了一个开放的、专注于解决工业异构壁垒的技术体系框架，解决工业互联网场景中边缘侧异构设备、数据和系统的整合问题，实现分布式云边协同计算及控制，并且可以一站式地搭建出完善的管理运维系统。其核心价值在于面向业务，弱化不同厂商品牌、设备、协议和数据间的对接门槛，最大限度地利用旧工业中现存的运转设备和系统，并开放对接后续新增或变更的系统及设备，形成一个安全可靠的、可生长型的、将原有 OT 设备实现 IT 化的工业互联网系统。Niagara Framework 自 1996 年推出第一代到如今的第四代，已在全球 70 多个国家和地区的超 130 余万个部署实例上获得成功应用。

Niagara 软件既可以支持云部署，允许控制系统的架构向云端迁移，也支持边缘侧部署，使得数据处理和分析更接近数据源，降低了延迟，提高了响应速度。而且云端和边缘软件的开发通过 Niagara 一个平台就可全部完成。根据实际需求，Niagara 系统也可支持混合云架构，例如，可以将关键控制应用保留在私有云中，而将非关键服务部署在公有云中。

Niagara Framework 的架构设计为开放式，支持平台化和组件化，这与工业软件从紧耦合向松耦合转变的趋势相符合。开放式和组件化也使 Niagara Framework 的开发功能非常丰富。例如 Workbench 开发环境提供了丰富的组件库，用户可以通过拖放组件来构建控制策略；Niagara Web Services 允许开发者创建自定义的 Web 界面，通过其标准的 API 和协议支持，能够与多种工业设备和协议集成；Niagara 的安全架构包括 SSL 加密通信和基于角色的访问控制，确保了数据传输和用户操作的安全性，等等。

21

综上所述，考虑到 Niagara 应用的广泛性、功能的先进性和丰富性，本书大量实践案例以 Niagara 软件进行示例。这样使学生不仅能够掌握数字化网络化控制的关键技术，还能够紧跟工业软件的发展趋势，为他们未来的职业生涯和技术创新打下坚实的基础。

2.2 计算机控制系统中的检测设备和执行机构

在计算机控制系统中，为了正确地指导生产操作，保证生产安全和产品质量，需要准确及时地检测生产过程中的各个有关参数，例如：压力、温度、流量和位移等。通过传感器，将非电信号的物理量转换为电信号，为了保证互用性，变送器将这些电信号转换为标准信号进行传送。控制器在接收到检测信息的基础上，与给定值进行比较，通过控制算法计算控制量，需要执行机构将控制作用于被控对象，使被控变量符合预期要求。

2.2.1 检测设备

检测设备主要包括传感器和变送器两部分。传感器将各种被测非电信号转换为电信号，其输出根据原理以及检测电路的不同有多种形式，如电压、电流和频率等。变送器则在传感器基础上，将传感器的输出信号转换为该系统统一的标准信号。

1. 传感器

（1）传感器概述

传感器是一种将各种被测非电信号转换成可用信号的测量装置或元件。应当指出，这里所谓的"可用信号"是指便于传输、处理、显示、记录和控制的信号。当今只有电信号满足上述要求，因此，可把传感器狭义地定义为把非电信号转换成电信号输出的装置。

在一个现代控制系统中，如果没有传感器，就无法监测与控制表征生产过程中各个环节的各种参量，也就无法实现自动控制。

传感器的应用领域主要包括以下几个方面：

1）生产过程的测量与控制。在工农业生产过程中，对温度、压力、流量、位移、液位和气体成分等参量进行检测，从而实现对工作状态的控制。

2）报警与环境保护。传感器可对高温、放射性污染以及粉尘弥漫等恶劣工作条件下的过程参量进行远距离测量与控制，可用于监控、防灾、防盗等方面的报警系统。在环境保护方面可用于对大气与水质污染的监测、放射性与噪声的测量等。

3）自动化设备和机器人。传感器可提供各种反馈信息，尤其是传感器与计算机的结合，使生产设备的自动化程度大大提高。现代机器人中大量使用了传感器，其中包括力、扭矩、位移、超声波、转速和射线等传感器。

4）交通运输和资源探测。传感器可用于交通工具、道路和桥梁的管理，以保证运输的效率并防止事故的发生，还可用于陆地与海洋资源探测以及空间环境、气象等方面的监测。

5）医疗卫生和家用电器。利用传感器可实现对患者的自动监测与监护，可进行微量元素的测定、食品卫生检疫等。

（2）常用传感器传感原理

1）电阻式传感器。电阻式传感器种类繁多、应用广泛，其基本原理是将被测非电信号的变化转换成电阻的变化。电阻值可表示为

$$R = \frac{l}{\sigma S} \tag{2-1}$$

式中，σ 为电导率；l 为长度；S 为截面积。

导电材料的电阻不仅与材料的类型、尺寸有关，还与温度、湿度和变形等因素有关。不同导电材料，对同一非电物理量的敏感程度不同，有时甚至差别很大。因此，利用某种导电材料的电阻对某一非电物理量具有较强的敏感特性，就可制成测量该物理量的电阻式传感器。

常用的电阻式传感器有电位器式、电阻应变式、热敏电阻、气敏电阻、光敏电阻、湿敏电阻等。利用电阻式传感器可以测量应变、力、位移、荷重、加速度、压力、转矩、温度、湿度、气体成分及浓度等参数指标。

2）电容式传感器。电容式传感器是以各种类型的电容器作为敏感元件，将被测物理量的变化转换为电容量的变化，再由测量电路转换为电压、电流或频率的变化，以达到检测的目的。电容值可表示为

$$C = \frac{\varepsilon S}{d} = \frac{\varepsilon_0 \varepsilon_r S}{d} \tag{2-2}$$

式中，S 为极板间相互覆盖的面积；d 为两极板间的距离；ε 为两极板间的介电常数；ε_0 为真空介电常数，$\varepsilon_0 = \frac{1}{4\pi \times 9 \times 10^{11}}$ F/cm $= \frac{1}{3.6\pi}$ pF/cm；ε_r 为介质的相对介电常数。

凡是能引起电容量变化的有关非电信号，均可用电容式传感器进行测量。根据变换原理的不同，电容式传感器有变极距型、变面积型、变介质型三种。该类传感器不仅能测量荷重、位移、振动、角度和加速度等机械量，还能测量压力、液位、物位和成分含量等热工量，具有结构简单、灵敏度高、动态特性好等一系列优点，在机电控制系统中占有十分重要的地位。

3）电感式传感器。电感式传感器是利用线圈自感或互感系数的变化来实现非电信号测量的一种装置。电感式传感器一般分为自感式、互感式和电涡流式三大类。习惯上将自感式传感器称为电感式传感器，而互感式传感器由于是利用变压器原理，又往往做成差动式，故常被称为差动变压器式传感器。

电感式传感器能对位移、压力、振动、应变和流量等参数进行测量，具有结构简单、灵敏度高、输出功率大、输出阻抗小、抗干扰能力强及测量精度高等优点，因此在机电控制领域应用广泛；主要缺点是响应速度较慢，不宜用于快速动态测量。

4）压电式传感器。压电式传感器利用某些电介质材料具有压电效应而制成。当有些电介质材料在一定方向上受到外力（压力或拉力）作用而变形时，在其表面上会产生电荷；当外力去掉后，又回到不带电状态。这种将机械能转换成电能的现象，称为压电效应。

具有压电效应的物质很多，如石英晶体、人工制造的压电陶瓷（如锆钛酸铅、钛酸钡

等）都具有良好的压电效应。压电传感器主要用来测量力、加速度和振动等动态物理量。

5）光电式传感器。光电式传感器是将光信号转换为电信号的一种传感器，其理论基础是光电效应。光电效应大致可分为如下三类：第一类是外光电效应，即在光照射下，能使电子逸出物体表面，利用这种效应做成的器件有真空光电管、光电倍增管等；第二类是内光电效应，即在光线照射下，能使物质的电阻率改变，这类器件包括各类半导体光敏电阻；第三类是光生伏特效应，即在光线作用下，物体内产生电动势的现象，此电动势称为光生电动势，这类器件包括光电池、光敏二极管和光敏晶体管等。

光电开关是一种广泛应用于工业控制、自动化包装线及安全装置中的光电式传感器，它利用感光元件对变化的入射光加以接收，通过光电转换和处理电路获得最终的"开"或"关"信号输出。光电开关既可作为光控制和光探测装置，还可用于物体检测、产品计数、料位检测、尺寸控制和安全报警等。

6）热电式传感器。热电式传感器利用某些材料或元件的性能随温度变化的特性进行测量，主要包括热电偶传感器和热电阻传感器。

热电偶传感器的测温原理是热电效应。常用的热电偶有铂铑-铂（分度号为 S）、镍铬-镍硅（分度号为 K）、镍铬-铜镍（分度号为 E）等。

热电阻传感器测温基于热电阻现象，即导体或半导体的电阻率随温度的变化而变化的现象。利用物质的这一特性制成的温度传感器有金属热电阻传感器（简称热电阻）和半导体热电阻传感器（简称热敏电阻）。在工业上使用最多的热电阻是铂电阻和铜电阻，常用的分度号是 Pt100 和 Cu50。

7）数字式传感器。常用的数字式传感器有光栅式、码盘式、磁栅式和感应同步器等。这类传感器具有很高的测量精度，易于实现系统的快速化、自动化和数字化，易于与微处理机配合，组成数控系统，在机械工业的生产、自动测量以及机电控制系统中得到广泛的应用。

（3）传感器的选用

现代传感器在原理与结构上千差万别，即便对于相同种类的测量对象也可采用不同工作原理的传感器，因此，根据具体的测量条件、使用条件以及传感器的性能指标合理地选用传感器是对某个量进行测量时首先要解决的问题。当传感器确定之后，与之相配套的测量方法和测量设备也就可以确定了。可以从以下几个方面来选用传感器。

1）传感器的类型。要进行具体的测量工作，首先要考虑采用何种原理的传感器，这需要分析多方面的因素之后才能确定。因为，即使是测量同一物理量，也有基于不同测量原理的传感器可供选用，哪一种原理的传感器更为合适，则需要根据被测量的特点和传感器的使用条件考虑以下一些具体问题：量程的大小，被测位置对传感器体积的要求，测量方式为接触式还是非接触式；信号的引出方法，有线或是非接触测量；传感器的来源，国产还是进口；价格能否承受，购买还是自行研制等。在考虑上述问题之后，就能确定选用何种类型的传感器，然后再考虑传感器的具体性能指标。

2）灵敏度。通常在传感器的线性范围内，希望传感器的灵敏度越高越好。因为只有灵敏度高，被测量变化时所对应的输出信号的值才比较大，有利于信号处理。但是，传感器的灵敏度高，与被测量无关的外界噪声也越容易混入，并被放大系统放大，从而影响测量精度。因此，要求传感器本身应具有较高的信噪比，尽量减少从外界引入的干扰信号。

传感器的灵敏度是有方向性的。如果被测量是单向量，而且对其方向性要求较高，则应选择方向灵敏度小的传感器；如果被测量是多维向量，则要求传感器的交叉灵敏度越小越好。

3）精度。精度是传感器的一个重要性能指标，它是关系到整个测量系统测量精度的一个重要环节。传感器的精度指标常与经济性联系在一起，精度越高，其价格越昂贵。因此，传感器的精度只要满足整个测量系统的精度要求就可以，不必选得过高。这样就可以在满足同一测量目的的诸多传感器中选择比较便宜和简单的传感器。

如果测量目的是定性分析的，选用重复精度高的传感器即可，而不宜选用绝对量值精度高的；如果是为了定量分析，必须获得精确的测量值，就需选用精度等级能满足要求的传感器。

4）线性度。线性度反映了输出量与输入量之间保持线性关系的程度。一般来说，人们都希望输出量与输入量之间呈线性关系。因为在线性情况下，模拟式仪表的刻度就可以做成均匀刻度，而数字式仪表就可以不必加入线性化环节。此外，当线性的传感器作为控制系统的一个组成部分时，它的线性性质常常可使整个系统的设计分析得到简化。

实际上，任何传感器都不能保证绝对的线性，其线性度是相对的。当所要求的测量精度比较低时，在一定的范围内，可将非线性误差较小的传感器近似看成线性的，这会给测量带来极大的方便。

5）稳定性。传感器使用一段时间后，其性能保持不变的能力称为稳定性。通常在不指明影响量时，它反映的是传感器不受时间变化影响的能力。稳定性有短期稳定性和长期稳定性之分。

影响传感器长期稳定性的因素除传感器本身的结构外，主要是传感器的使用环境。因此要使传感器具有良好的稳定性，传感器必须有较强的环境适应能力。在某些要求传感器能长期使用而又不能轻易更换或标定的场合，稳定性要求更严格，要能够经受住长时间的考验。

6）频率响应特性。传感器的频率响应特性决定了被测量的频率范围，必须在允许频率范围内保持不失真的测量条件，实际上传感器的响应总有一定延迟，我们希望延迟时间越短越好。

传感器的频率响应越高，可测的信号频率范围就越宽。在动态测量中，应根据信号的特点（稳态、瞬态、随机等）来确定所需传感器的频率响应特性，以免产生过大的误差。

总之，应从传感器的基本工作原理出发，所选择的传感器最好既能满足使用性能要求又价格低廉。

2. 变送器

变送器在控制系统中起着至关重要的作用，它将工艺变量（如温度、压力、流量、液位、成分等）和电、气信号（如电流、电压、频率和气压信号等）转换成该系统统一的标准信号。通常，变送器安装在现场，它的气源或电源从控制室送来，而输出信号送到控制室。

根据所使用的能源不同，变送器分为气动变送器和电动变送器两种。气动变送器的信号标准为 $0.02 \sim 0.1$MPa。电动变送器又分为电流输出型变送器和电压输出型变送器。目前，工业上最广泛采用的标准模拟量电信号是用 4 ~ 20mA 电流来传输的。

采用电流信号的原因是不容易受干扰。并且电流源内阻无穷大，导线电阻串联在回路中不影响精度，在普通双绞线上可以传输数百米。工业 4 ~ 20mA 的电流环用 20mA 表示信号的满刻度，用 4mA 表示零信号，而低于 4mA 和高于 20mA 的信号用于各种故障的报警。上限取 20mA 是因为防爆的要求（20mA 的电流通断引起的火花能量不足以引燃瓦斯）。正常工作时不会低于 4mA，当传输线因故障断路，环路电流降为 0。常取 2mA 作为断线报警值。

电流输出型变送器将物理量转换成 4 ~ 20mA 电流输出，必然要有外电源为其供电，如图 2-4 所示。四线制变送器需要两根电源线、两根信号线，总共要接四根线。三线制变送器的信号输出与电源共用一根线（公用 U_{CC} 或 GND）。二线制变送器的信号传输与供电共用两根导线，即这两根导线既从控制室向变送器传送电源，变送器又通过这两根导线向控制室传送现场检测到的信号。与非二线制变送器相比，二线制变送器节省了导线，有利于抗干扰及防爆。因此，虽然现场总线技术快速发展，但二线制变送器依然在工业现场应用非常广泛。

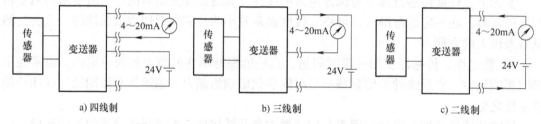

图 2-4 电流输出型变送器（四线制、三线制、二线制）

图 2-5 为二线制变送器的结构。从整体结构上看，二线制变送器由三大部分组成：传感器、调理电路和二线制 U/I 变换电路。传感器将温度、压力等非电物理量转换为电参量；调理电路将传感器输出的微弱或非线性的电信号进行放大、调理、转换为线性的电压输出。二线制 U/I 变换电路根据信号调理电路的输出控制总体耗电电流，同时从环路上获得电压并稳压，供调理电路和传感器使用。

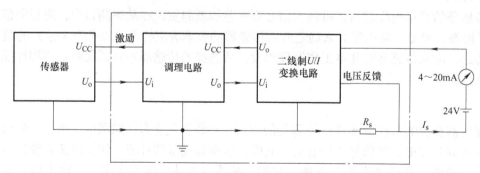

图 2-5 二线制变送器的结构

二线制变送器利用了 4 ~ 20mA 信号为自身提供电能。如果变送器自身耗电大于 4mA，那么将不可能输出下限 4mA 值。除了 U/I 变换电路，电路中每个部分都有其自身的耗电电流，二线制变送器的核心设计思想是将所有的电流都包括在 U/I 变换的反馈环路内。如图 2-5 所示，采样电阻 R_s 串联在电路的低端，所有的电流都将通过 R_s 流回到电源负极。从 R_s 上取到的反馈信号，包含了所有电路的耗电。在二线制变送器中，所有的电路总功耗不能大于 3.5mA，这是二线制变送器的设计根本原则之一。因此电路的低功耗成为主要的设计难点。

2.2.2　执行机构

在计算机控制系统中，必须将经过采集、转换和处理的被控参量（或状态）与给定值（或事先安排好的动作顺序）进行比较，然后根据偏差来控制相关输出部件，达到自动调节被控量（或状态）的目的。例如，在机床加工工业中，经常控制电动机的正、反转及其转速，以完成进刀、退刀及走刀的任务；在雷达天线位置跟踪系统中，需要控制伺服阀液压缸的位置；在各种温湿度控制系统中，经常需要控制阀门的开闭或开度，以控制液体和气体的流量；在机器人控制系统中，经常要控制各关节上伺服电动机的转动方向和速度；在程控交换系统和配料过程控制系统中，经常要控制继电器、接触器，以满足各种动作的需要等。所有这些电动机、阀门、继电器和接触器等输出部件，统称为执行机构，也称为执行装置或执行器。

执行机构的作用是接收计算机发出的控制信号，并把它转换成调整机构的动作，使生产过程按照预先规定的要求正常进行。

执行机构有各种各样的形式，按所需能量的形式可分为气动执行机构、电动执行机构和液压执行机构。常用的执行机构为气动和电动两种类型。

1. 气动执行机构

以压缩空气为动力的执行机构称为气动执行机构。气动执行机构接收的信号标准为 $0.02 \sim 0.1$ MPa。

气动执行机构由执行部件和控制部件（阀）两部分组成。执行部件是执行机构的推动装置，按控制信号压力的大小产生相应的推力，推动控制部件动作，所以它是将信号压力的大小转换为阀杆位移的装置。控制部件是执行机构的控制部分，它直接与被控介质接触，控制流体的流量，所以它是将阀杆的位移转换为流过阀的流量的装置。

气动执行机构有时还配备一定的辅助装置。常用的有阀门定位器和手轮机构。阀门定位器的作用是利用反馈原理来改善执行机构的性能，使执行机构能按控制器的控制信号，实现准确的定位。手轮机构的作用是当控制系统因停电、停气、控制器无输出或执行部件失灵时，利用它可以直接操纵控制阀，以维持生产的正常进行。

（1）执行部件

执行部件主要分为薄膜式与活塞式两大类。

薄膜式执行机构可以用作一般控制阀的推动装置，组成气动薄膜式执行器。气动薄膜式执行机构的信号压力作用于膜片，使其变形，带动膜片上的推杆移动，使阀芯产生位移，从而改变阀的开度。它结构简单、价格便宜、维修方便，应用广泛。气动活塞执行机构使活塞在气缸中移动产生推力，显然，活塞式的输出力度远大于薄膜式。因此，薄膜式适用于输出力较小、精度较高的场合；活塞式适用于输出力较大的场合，如大口径、高压降控制或蝶阀的推动装置。除薄膜式和活塞式之外，还有一种长行程执行机构，它的行程长、转矩大，适用于输出角位移和大力矩的场合。

气动薄膜执行机构输出的位移 L 与信号压力 p 的关系为

$$L = \frac{A}{K} p \qquad (2\text{-}3)$$

式中，A 为波纹膜片的有效面积；K 为弹簧的刚度。推杆受压移动，使弹簧受压，当弹簧的反作用力与推杆的作用力相等时，输出的位移 L 与信号压力 p 成正比。执行机构的输出（即推杆输出的位移）也称行程。气动薄膜执行机构的行程规格有 10mm、16mm、25mm、60mm 和 100mm。气动薄膜执行机构的输入、输出特性是非线性的，且存在正反行程的变差。实际应用中常用上阀门定位器，可减小一部分误差。

气动薄膜执行机构有正作用和反作用两种形式。当来自控制器或阀门定位器的信号压力增大时，阀杆向下动作的叫正作用执行机构（ZMA 型）；当信号压力增大时，阀杆向上动作的叫反作用执行机构（ZMB 型）。正作用执行机构的信号压力通入波纹膜片上方的薄膜气室；反作用执行机构的信号压力通入波纹膜片下方的薄膜气室。通过更换个别零件，两者就能互相改装。

气动活塞执行机构的主要部件为气缸、活塞和推杆，气缸内活塞随气缸内两侧压差的变化而移动。根据特性分为比例式和两位式两种。两位式根据输入活塞两侧操作压力的大小，活塞从高压侧被推向低压侧。比例式是在两位式基础上增加阀门定位器，使推杆位移和信号压力成比例关系。

由于气动执行机构结构简单、价格低、输出推力大、防火防爆、动作可靠、维修方便，适用于防火、防爆场合，因此广泛应用在化工、炼油生产中，在冶金、电力和纺织等工业部门也得到大量使用。

气动执行机构与计算机的连接极为方便，只要将电信号经电气转换器转换成标准的气压信号，即可与气动执行机构配套使用。

（2）控制部件

控制部件即控制阀，实际上是一个局部阻力可以改变的节流元件。通过阀杆上部与执行部件相连，下部与阀芯相连。由于阀芯在阀体内移动，改变了阀芯与阀座之间的流通面积，即改变了阀的阻力系数，被控介质的流量也就相应的改变，从而达到控制工艺参数的目的。

根据不同的使用要求，控制阀的结构形式很多，主要有以下几种。

1）直通控制阀。直通控制阀主要分为直通单座控制阀和直通双座控制阀两种，如图 2-6 所示。

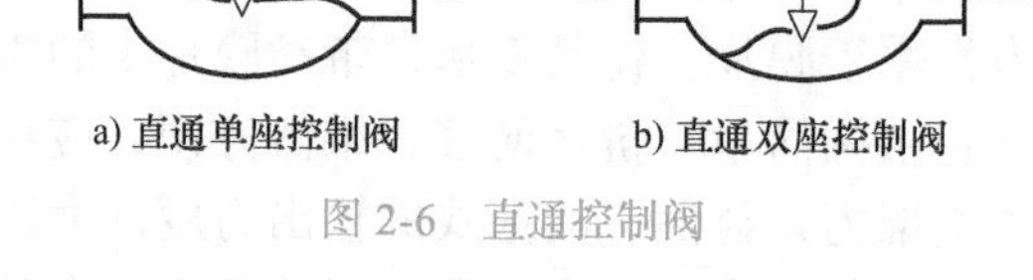

a) 直通单座控制阀　　　　　b) 直通双座控制阀

图 2-6　直通控制阀

直通单座控制阀的阀体内只有一个阀芯与阀座，其特点是结构简单、泄漏量小、易于保证关闭，甚至完全切断。但是在压差大的时候，流体对阀芯上下作用的推力不平衡，这种不平衡会影响阀芯的移动。因此这种阀一般应用在小口径、低压差的场合。

直通双座控制阀的阀体内有两个阀芯和阀座。由于流体流过的时候，作用在上下两个阀芯上的推力方向相反而大小近于相等，可以互相抵消，所以不平衡力小。但是，由于加工的限制，上下两个阀芯阀座不易保证同时密闭，因此泄漏量较大。

根据阀芯与阀座的相对位置，这种阀可分为正作用式与反作用式（或称正装与反装）两种形式。当阀体直立，阀杆下移时，阀芯与阀座间的流通面积减小的称为正作用式，图 2-6 所示的为正作用式时的情况。如果将阀芯倒装，则当阀杆下移时，阀芯与阀座间流通面积增大，称为反作用式。

2）角形控制阀。角形控制阀的两个接管呈直角形，一般为底进侧出。这种阀的流路简单、阻力较小，适用于现场管道要求直角连接，介质为高黏度、高压差和含有少量悬浮物和固体颗粒状的场合。

3）三通控制阀。三通控制阀共有三个出入口与工艺管道连接。其流通方式有合流（两种介质混合成一路）型和分流（一种介质分成两路）型两种，如图 2-7 所示。这种阀可以用来代替两个直通阀，适用于配比控制与旁路控制。与直通阀相比，组成同样的系统，可省掉一个二通阀和一个三通接管。

4）隔膜控制阀。隔膜控制阀采用耐腐蚀衬里的阀体和隔膜。它结构简单、流阻小，流通能力比同口径的其他种类的阀要大。由于介质用隔膜与外界隔离，故无填料，介质也不会泄漏。这种阀耐腐蚀性强，适用于强酸、强碱和强腐蚀性介质的控制，也能用于高黏度及悬浮颗粒状介质的控制。

选用隔膜控制阀时应注意执行机构需有足够的推力。一般隔膜控制阀直径大于100mm 时，均采用活塞式执行机构。由于受衬里材料性质的限制，这种阀的使用温度在150℃以下，压力在 1MPa 以下。

5）蝶阀。蝶阀又名翻板阀，如图 2-8 所示。蝶阀具有结构简单、重量轻、价格便宜、流阻极小的优点，但泄漏量大，适用于大口径、大流量、低压差的场合，也可以用于含少量纤维或悬浮颗粒状介质的控制。

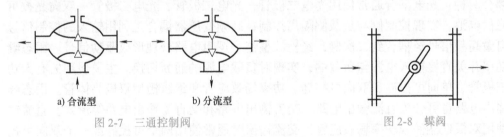

a) 合流型　　　　　　　b) 分流型

图 2-7　三通控制阀　　　　　　　　　　　图 2-8　蝶阀

6）球阀。球阀的阀芯与阀体都呈球形体，转动阀芯使之与阀体处于不同的相对位置时，就具有不同的流通面积，以达到控制流量的目的。

除以上所介绍的阀以外，还有一些特殊结构的控制阀，例如：凸轮挠曲阀、笼式阀、小流量阀和超高压阀等。

2. 电动执行机构

电动执行机构是工程上应用最多、使用最方便的一种执行器，其特点是体积小、种类多、使用方便。下面简单介绍几种常用的电动执行机构。

（1）电磁式继电器

电磁式继电器是一种用小电流的通断控制大电流通断的常用开关控制器件，主要由线圈、铁心、衔铁和触点四部分组成。

继电器的触点是与线圈分开的，通过控制继电器线圈上的电流可以使继电器上的触点断开，从而使外部高电压或大电流与微机隔离。

电磁式继电器线圈的驱动电源可以是直流的，也可以是交流的，电压规格也有很多种。输出触点的电流、电压也有很多种规格。电磁式继电器的线圈、触点可以使用各自独立的电源，两者之间相互绝缘，耐压可达千伏以上。

电磁式继电器还有电流放大作用，因此，它是一种很好的开关量输出隔离及驱动器件。

（2）固态继电器

固态继电器（Solid State Relay，SSR）利用电子技术实现了控制电路与负载电路之间的电隔离和信号耦合。它虽然没有任何可动部件或触点，却能实现电磁继电器的功能，故被称为固态继电器。它实际上是一种带光耦合器的无触点开关。

由于固态继电器输入控制电流小，输出无触点，所以与电磁式继电器相比，具有体积小、重最轻、无机械噪声、无抖动和回跳、开关速度快、工作可靠和寿命长等优点。因此，固态继电器在微机控制系统中得到了广泛的应用，大有取代电磁式继电器之势。

固态继电器内部结构由三部分组成：输入电路，隔离（耦合）和输出电路，如图2-9所示。按输入电压类别的不同，输入电路可分为直流输入电路、交流输入电路和交直流输入电路三种。有些输入控制电路还具有与TTL/CMOS兼容，正负逻辑控制和反相等功能。固态继电器的输入与输出电路的隔离和耦合方式有光电耦合和高频

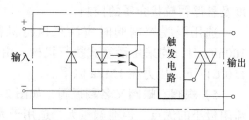

图2-9　固态继电器内部结构示意图

变压器耦合两种：光电耦合通常使用光电二极管—光电三极管、光电二极管—双向光控可控硅、光伏电池，实现控制侧与负载侧隔离控制；高频变压器耦合是利用输入的控制信号产生的自激高频信号经耦合到二次侧，经检波整流、逻辑电路处理形成驱动信号。固态继电器的功率开关直接接入电源与负载端，实现对负载电源的通断切换。主要使用的有大功率晶体三极管、单向可控硅、双向可控硅、功率场效应管和绝缘栅型双极晶体管。固态继电器的输出电路也可分为直流输出电路、交流输出电路和交直流输出电路等形式。直流输出时可使用双极性器件或功率场效应管，交流输出时通常使用两个可控硅或一个双向可控硅。固态继电器的输出电路按负载类型，可分为直流固态继电器和交流固态继电器。而交流固态继电器又可分为单相交流固态继电器和三相交流固态继电器。交流固态继电器按导通与关断的时机，可分为随机型交流固态继电器和过零型交流固态继电器。

在使用固态继电器时还应注意：

1）存在通态压降，一般为1V左右。

2）半导体器件关断后仍可有数μA至数mA的漏电流，因此不能实现理想的电隔离。

3）电流负载能力随温度升高而下降，选用时留余量。

4）固态继电器过载能力差，当负载为感性负载时需加压敏电阻保护，电压选 1.6～1.9 倍电源电压。

5）输出负载短路会造成固态继电器损坏。

（3）电磁阀

电磁阀是在气体或液体流动的管路中受电磁力控制开闭的阀体，其广泛应用于液压机械、空调系统、热水器和自动机床等系统中。

电磁阀由线圈、固定铁心、可动铁心和阀体等组成。当线圈不通电时，可动铁心受弹簧作用与固定铁心脱离，阀门处于关闭状态；当线圈通电时，可动铁心克服弹簧力的作用而与固定铁心吸合，阀门处于打开状态。这样，就控制了液体和气体的流动，再通过流动的液体或气体推动液压缸或气缸来实现物体的机械运动。

电磁阀通常是处于关闭状态的，通电时才开启，以避免电磁铁长时间通电而发热烧毁。但也有例外，当电磁阀用于紧急切断时，则必须使其平常开启，通电时关闭。这种紧急切断用的电磁阀，结构与普通电磁阀不同，使用时必须采取一些特殊措施。

电磁阀有交流和直流之分。交流电磁阀使用方便，但容易产生颤动，起动电流大，并会引起发热；直流电磁阀工作可靠，但需专门的直流电源，电压分 12V、24V 和 48V 三个等级。

（4）调节阀

调节阀是用电动机带动执行机构连续动作以控制开度大小的阀门，又称为电动阀。由于电动机行程可完成直线行程也可完成旋转的角度行程，所以有可以带动直线移动的调节阀，如直通单座阀、直通双座阀、三通阀、隔膜阀和角形阀等，也有可以带动叶片旋转阀芯的蝶形阀。

根据流体力学的观点，调节阀是一个局部阻力可变的节流元件，通过改变阀芯的行程可改变调节阀的阻力系数，从而达到控制流量的目的。

（5）伺服电动机

伺服电动机也称为执行电动机，是控制系统中应用十分广泛的一类执行元件。它可以将输入的电压信号变换为轴的角位移和角速度输出。在信号到来之前，转子静止不动；信号到来之后，转子立即转动；信号消失之后，转子又能即时自行停转。由于这种"伺服"性能，将此类控制性能较好、功率小的电动机称作伺服电动机。

伺服电动机有直流和交流两大类。直流伺服电动机的输出功率常为 1～600W，往往用于功率较大的控制系统；交流伺服电动机的功率较小，一般为 0.1～100W，用于功率较小的控制系统。

（6）步进电动机

步进电动机是工业过程控制和仪器仪表中重要的控制元件之一，它是一种将电脉冲信号转换为直线位移或角位移的执行器。

步进电动机按其运动方式可分为旋转式步进电动机和直线式步进电动机，前者每输入一个电脉冲转换成一定的角位移，后者每输入一个电脉冲转换成一定的直线位移。由此可见，步进电动机的工作速度与电脉冲频率成正比，基本上不受电压、负载及环境条件变化的影响，与一般电动机相比能够提供较高精度的位移和速度控制。

此外，步进电动机还有快速起停的显著特点，并能直接接收来自计算机的数字信号，

31

而无须经过 D/A 转换，使用十分方便，所以在定位场合中得到了广泛的应用，如在数控线切割机床上用于带动丝杠，从而控制工作台运动；在绘图仪、打印机和光学仪器中用于定位绘图笔、打印头和光学镜头中等。

2.3 计算机控制系统中的过程通道

在计算机控制系统中，为了实现计算机对生产过程的控制，必须在计算机和生产过程之间设置信息传递和变换的连接通道。这个通道称为过程通道。根据信号的类型和输入输出关系，过程通道主要包括：数字（开关）量输入通道、数字（开关）量输出通道、模拟量输入通道、模拟量输出通道、脉冲量输入通道和脉冲量输出通道等。构建不同种类的过程通道模块属于计算机控制的单元技术范畴，而具有标准接口的过程通道模块又可以集成为功能更加复杂的计算机控制系统。

通道接口技术是基础，介绍地址译码、锁存器和缓冲器，安排在第 1 小节。以此为基础，重点介绍数字量输入通道、数字量输出通道、模拟量输入通道和模拟量输出通道。按照从简单到复杂的顺序和过程通道结构构成的思路对该部分的知识点进行架构，如图2-10所示。图中标"★"的模块表示该小节的新知识，没有标"★"的模块则表示前面的小节中已经介绍，并可应用其构成该过程通道，从而引导读者掌握应用知识解决完成设计的方法和思路。

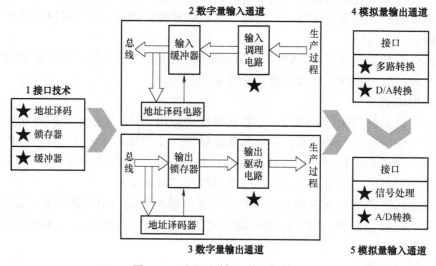

图 2-10 过程通道知识的逻辑关系

2.3.1 通道接口技术

过程通道与 CPU 连接，或通过总线与 CPU 连接，需要通道的接口技术。

1.通道地址译码技术

不同编址方式，引脚的功能定义存在区别，在进行地址译码设计时，需要进行考虑，同时底层的指令也存在区别。

（1）编址方式

编址方式分为存储器统一编址方式和 I/O 接口编址方式两种。

存储器统一编址方式没有专用的 I/O 指令，存储器与 I/O 设备的读写操作都是通过 WR（写）和 RD（读）进行控制的，因此，I/O 设备会占用存储空间地址。

I/O 接口编址方式则有专用的 I/O 指令，功能引脚方面有两种形式：一种 MREQ/IORQ 与 WR/RD 配合使用，MREQ/IORQ 分别表示存储器操作和 I/O 操作两种状态，而具体的读或写，则由 WR/RD 进行控制；另外一种，存储器读和写操作由 RD 和 WR 控制，I/O 设备的读和写操作则由 IOR 和 IOW 控制。

（2）地址译码

采用不同的器件可以构造不同的译码电路，形成不同的电路形式，但其目的相同，即用不同地址实现对不同的 I/O 设备的操作。

1）组合逻辑器件译码。用组合逻辑器件（与、或、非门等）构造译码电路最直观，在数字电子类课程中都有涉及。该方法构成的译码电路地址单一且固定。对于可扩展的工业计算机控制系统，灵活地改变接口电路的地址是非常必要的。

2）比较器器件译码。为了扩大灵活译码的范围，在工业应用中，多采用 8 位比较器 74LS688 作为比较译码芯片进行地址译码，用 74LS688 构成的地址译码电路如图 2-11 所示，通过改变拨码开关，可变地址范围可达到 256 个。

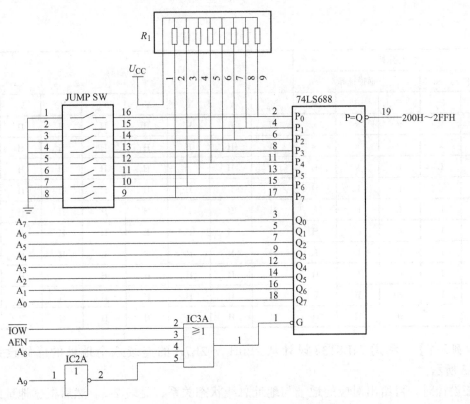

图 2-11　用 74LS688 构成的地址译码电路

3）译码器器件译码。采用组合逻辑器件或比较器器件译码往往一个输出地址就要对应一套译码电路，而采用译码器器件与其他逻辑器件相配合，特别适合连续多个地址的译码电路设计。

最常用的译码器器件为 3-8 译码器 74LS138。其引脚图如图 2-12 所示，真值表见表 2-1。除此之外，4-16 译码器 74LS154 也比较常用。

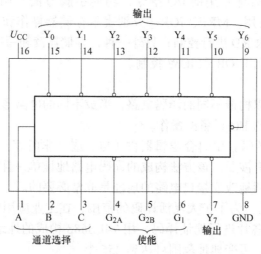

图 2-12　74LS138 引脚图

表 2-1　74LS138 真值表

输入引脚					输出引脚							
使能		通道选择										
G_1	G_2	C	B	A	Y_0	Y_1	Y_2	Y_3	Y_4	Y_5	Y_6	Y_7
×	H	×	×	×	H	H	H	H	H	H	H	H
L	×	×	×	×	H	H	H	H	H	H	H	H
H	L	L	L	L	L	H	H	H	H	H	H	H
H	L	L	L	H	H	L	H	H	H	H	H	H
H	L	L	H	L	H	H	L	H	H	H	H	H
H	L	L	H	H	H	H	H	L	H	H	H	H
H	L	H	L	L	H	H	H	H	L	H	H	H
H	L	H	L	H	H	H	H	H	H	L	H	H
H	L	H	H	L	H	H	H	H	H	H	L	H
H	L	H	H	H	H	H	H	H	H	H	H	L

【例 2-1】　利用 74LS138 设计从 2E0H ～ 2E7H 的连续八个地址的译码设计，如图 2-13 所示。

在设计时，可给出对应的地址与地址总线状态关系，见表 2-2。然后根据地址线的有效电平逻辑状态确定连接关系。

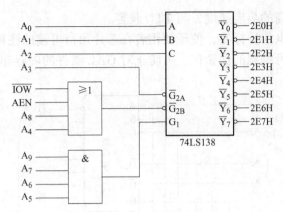

图 2-13 2E0H ～ 2E7H 的连续八个地址的 74LS138 译码设计

表 2-2 地址与地址总线状态关系表

A_9	A_8	A_7	A_6	A_5	A_4	A_3	A_2	A_1	A_0	地址
1	0	1	1	1	0	0	0	0	0	2E0
1	0	1	1	1	0	0	0	0	1	2E1
1	0	1	1	1	0	0	0	1	0	2E2
1	0	1	1	1	0	0	0	1	1	2E3
1	0	1	1	1	0	0	1	0	0	2E4
1	0	1	1	1	0	0	1	0	1	2E5
1	0	1	1	1	0	0	1	1	0	2E6
1	0	1	1	1	0	0	1	1	1	2E7

【例 2-2】 采用三片 74LS138 译出 24 个 I/O 接口芯片地址，如图 2-14 所示。

采用三片 74LS138 译码器，经 A_0 ～ A_4 五根地址线，就可以译出 24 个 I/O 接口端口号。$\overline{IORQ}$ 是来自 CPU 的 I/O 请求信号，实现 CPU 和 I/O 接口之间的传送控制。$\overline{IORQ}$、A_3 和 A_4 连接 74LS138 译码器的使能引脚，A_0 ～ A_3 连接 74LS138 译码器的通道选择引脚。其对应的逻辑关系见表 2-3。

4) GAL 器件译码。由译码器构成的译码电路虽能很好地完成译码功能，但通常都需要不止一个器件来构成译码电路。在实际应用中需要较大的安装空间和较多种类的产品备件。这将影响最终产品的成本、可靠性及可维护性，通过使用新型器件——通用阵列逻辑（Generic Array Logic，GAL）器件，其在功能上几乎可以取代整个 74 系列或 4000 系列的器件。GAL 器件有如下特点：

• 具有可编程的与门及或门阵列，可模拟任何组合逻辑器件的功能，并减少分立组合逻辑器件的使用数量。

• GAL 的每个输出引脚上都有输出逻辑宏单元 OLMC（Output Logic Macro Cell），使用者定义每个输出的结构和功能，使用户能完成任何所需的功能。

• GAL 器件可在线电擦写、编程，数据保持时间在 10 年以上。

- GAL 器件有较高的响应速度，与 TTL 兼容。
- GAL 器件具有电信号标签，便于使用者在芯片预留可读的注释等条目。
- GAL 器件具有可编程的保密位，可防止对 GAL 器件的内容非法读取和复制。

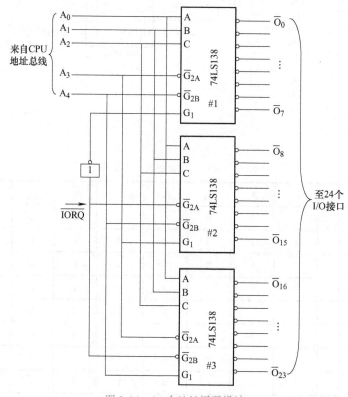

图 2-14　24 个地址译码设计

表 2-3　地址与地址总线状态关系表

A_8	A_7	A_6	A_5	A_4	A_3	A_2	A_1	A_0	地址
0	0	0	0	0	0	×	×	×	74LS138　1 号 00H～07H
0	0	0	0	0	1	×	×	×	74LS138　2 号 08H～0FH
0	0	0	0	1	0	×	×	×	74LS138　3 号 10H～17H

　　显然，GAL 器件特别适合于译码电路的设计。常用的 GAL 器件有 GAL16v8、GAL20v8 等芯片，可依据应用条件的不同而选取。GAL16v8 器件具有 20 个引脚，最多可具有 16 个输入端（这时仅有 2 个输出端）或最多具有 8 个输出端（这时仅有 10 个输入端）。该特性与其名称相对应。

　　2. 总线接口常用芯片

　　在应用系统中，几乎所有系统扩展的外围芯片都是通过总线与 CPU 连接的，但是，以下问题需要在总线接口设计中进行考虑：

1）总线的数目是有限的。

2）外围芯片工作时有一个输入电流，不工作时也有漏电流存在，因此总线只能带动一定数量的电路。

3）对于多电压系统，不同电平标准芯片的连接也需要电平的匹配。

除了译码器件之外，锁存器和缓冲器也是通道接口的常用芯片。

（1）锁存器器件

最常用的锁存器器件是 74LS574 和 74LS573。图 2-15 和表 2-4 分别是 74LS574 的引脚图和真值表。D_n 为输入，O_n 为输出，$\overline{OE}$ 为输出使能，CP 为时钟。图 2-16 和表 2-5 分别是 74LS573 的引脚图和真值表。LE 为锁存使能。

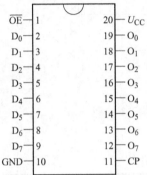

图 2-15　74LS574 引脚图

表 2-4　74LS574 真值表

输入引脚			输出引脚
$\overline{OE}$	D_n	CP	O_n
L	H	⟋	H
L	L	⟋	L
H	×	×	Z

37

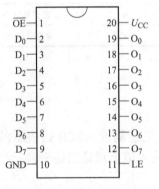

图 2-16　74LS573 引脚图

表 2-5　74LS573 真值表

输入引脚			输出引脚
$\overline{OE}$	LE	D_n	O_n
L	H	H	H
L	H	L	L
L	L	×	Q_o
H	×	×	Z

【例 2-3】　在利用 74LS138 设计从 2E0H ～ 2E7H 的连续八个地址的译码设计的基础上，通过锁存器，实现当向地址 2E0H 写 1 字节数据时，将这个数据锁存于锁存器的输出，如图 2-17 所示。

（2）缓冲器器件

最常用的缓冲器器件是 74LS244 和 74LS245。表 2-6 和表 2-7 分别是这两款芯片的功能表。

另外，还有一些缓冲器可以实现 3V 和 5V 电平标准的转换，如 74LVTH16244 和 74LVTH16245。

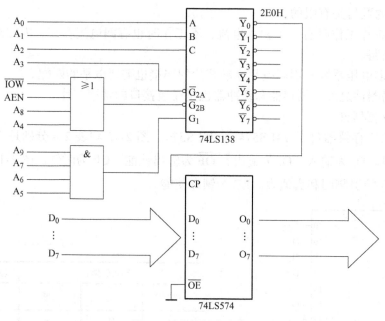

图 2-17 数据锁存电路

表 2-6 74LS244 功能表

输入引脚		输出引脚
$\overline{G}$	A_n	Y_n
L	L	L
L	H	H
H	×	Z

表 2-7 74LS245 功能表

$\overline{G}$	DIR	操作
L	L	B 总线数据输向 A 总线
L	H	A 总线数据输向 B 总线
H	×	两总线隔离

38

2.3.2 数字量输入通道

来自键盘、接触开关和继电器等的输入信息，一般是二进制或 ASCII 码表示的数或字符。数字量输入通道的任务就是将这些开关量所对应的输入值通过适当的变换，经通道接口读入计算机。

1. 数字量输入通道的结构

数字量输入通道主要由输入缓冲器、输入调理电路、地址译码电路等组成，如图 2-18 所示。

2.3.1 节已经介绍了地址译码电路的设计和缓冲器，根据数字量输入通道的结构，本节需要解决输入调理电路的设计问题。

2. 输入调理电路

数字量输入通道的基本功能是接收外部装置或生产过程的状态信号。这些状态信号的形式可能是电压、电

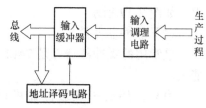

图 2-18 数字量输入通道结构图

流和开关的触点，因此引起瞬时的高压、过电压和接触抖动等现象。为了将外部开关量信号输入到计算机，必须将现场输入的状态信号经转换、保护、滤波和隔离等措施转换成计算机能够接收的逻辑信号，这些功能称为信号调理。

（1）对抖动的调理

图 2-19 所示为从开关、继电器等触点输入信号的电路。该电路将触点的接通和断开动作转换成 TTL 电平与计算机连接。为了消除机械抖动而产生的震荡信号，图 2-19a 所示是一种简单的采用积分电路消除开关抖动的方法。图 2-19b 所示为 R-S 触发器消除开关抖动的方法。

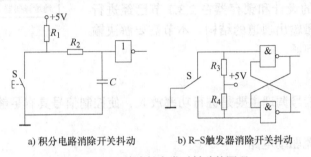

a) 积分电路消除开关抖动　　　b) R-S 触发器消除开关抖动

图 2-19　开关或触点类对抖动的调理

（2）保护

现场获得的数字信号可能存在极性差异，受到高频干扰，出现高电压或过电流等现象，对计算机部分的保护电路如图 2-20 所示。图中，VD 为二极管，进行极性保护；R 和 C 构成低通滤波器，滤除高频干扰；VS 为稳压二极管，进行过电压保护；FU 为熔断器，进行过电流保护。

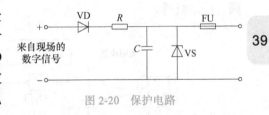

图 2-20　保护电路

（3）隔离

在工业现场获取的开关量或数字量的信号电平往往高于计算机系统的逻辑电平，即使输入数字量电压本身不高，也可能从现场引入意外的高压信号，因此必须采取电隔离措施，以保障系统安全。光电耦合器就是一种常用且非常有效的电隔离手段，由于它价格低廉，可靠性好，所以被广泛地应用于现场输入设备与计算机系统之间的隔离保护。

光电耦合器由封装在一个管壳内的发光二极管和光敏三极管组成，利用光电耦合器还可以起到电平转换的作用，如图 2-21 所示。

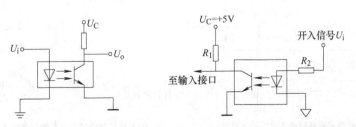

图 2-21　光电耦合器及构成的适于非 TTL 电路输入的隔离电路

39

2.3.3 数字量输出通道

计算机控制输出的数字信号（0 或 1）通过数字量输出通道完成功率放大和电平转换等功能，用于控制继电器的开与关、阀门的开合、电源的启动与停止等，实现对生产过程的控制。

1. 数字量输出通道的结构

数字量输出通道主要由输出锁存器、输出驱动电路、输出口地址译码电路等组成，如图 2-22 所示。

地址译码电路的设计和锁存器在 2.3.1 节已经进行了介绍，根据数字量输出通道的结构，本节需要解决输出驱动电路的设计问题。

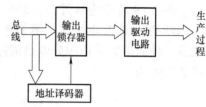

图 2-22 数字量输出通道结构图

2. 输出驱动电路

数字量输出的信号调理主要是进行功率放大，使控制信号具有足够的功率去驱动执行机构或其他负载。

（1）小功率直流驱动电路

对于低压小功率开关量输出，可采用晶体管、OC 门或运算放大器等方式输出，如图 2-23 给出的几种电路一般仅能够提供几十毫安级的输出驱动电流，可以驱动低压电磁阀、指示灯等。

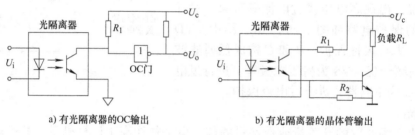

a) 有光隔离器的OC输出　　　　b) 有光隔离器的晶体管输出

图 2-23 低压小功率开关量输出电路

（2）继电器输出电路

继电器经常用于计算机控制系统中的开关量输出功率放大，即利用继电器作为计算机输出的第一级执行机构，通过继电器的触点控制大功率接触器的通断，从而完成从直流低压到交流高压，从小功率到大功率的转换。图 2-24 给出了两种继电器式开关量输出电路。

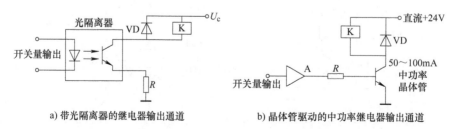

a) 带光隔离器的继电器输出通道　　　　b) 晶体管驱动的中功率继电器输出通道

图 2-24 继电器式开关量输出电路

（3）固态继电器输出电路

图 2-25 给出了固态继电器的两种应用电路。其中图 2-25a 为 TTL 驱动，图 2-25b 为 CMOS 驱动。SSR 一般要求 0.5 ~ 20mA 的驱动电流，最小工作电压可达 3V。对 TTL 电路可直接驱动，对 CMOS 电路需加放大电路。图中，R_M 为过载保护电阻；R_P 和 C_P 分别为浪涌保护电阻和电容。

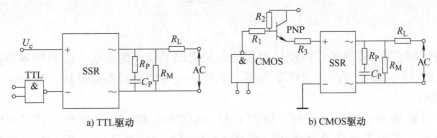

a) TTL驱动　　　　　　　　　b) CMOS驱动

图 2-25　固态继电器的两种应用电路

2.3.4　模拟量输出通道

模拟量输出通道是计算机控制系统实现控制输出的关键，它的任务是把计算机输出的数字量转换成模拟电压或电流信号，以便驱动相应的执行机构，从而达到控制的目的。

1. 模拟量输出通道的结构

一个实际的计算机控制系统中，往往需要多路的模拟量输出，采用的结构可分为数字保持式结构和模拟保持式结构。

（1）数字保持式结构

数字保持式结构的特点是一个通路一个 D/A 转换器，CPU 与 D/A 转换器之间通过独立的接口缓冲器传送信息，如图 2-26 所示。该结构的优点是速度快、精度高、可靠和互不影响，但是需要的 D/A 转换器多。

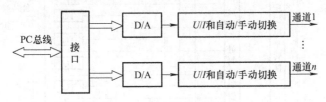

图 2-26　数字保持式结构

（2）模拟保持式结构

模拟保持式结构的多个通路共用一个 D/A 转换器，CPU 分时将各路 D/A 转换通过多路开关分送各路保持电路，如图 2-27 所示。该结构具有省 D/A 转换器的优点，但是速度慢、可靠性较差。

2. 多路转换器（多路开关）

多路转换器又称多路开关，是用来切换模拟电压信号的关键元件。利用多路开关可将各个输入信号依次地或随机地连接到公共端。

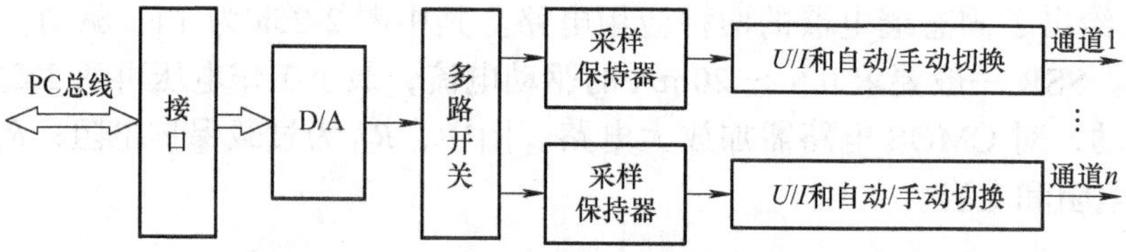

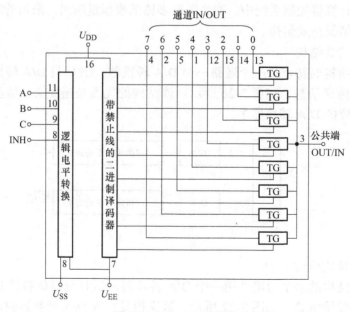

图 2-27 模拟保持式结构

为了提高过程参数的测量精度，对多路开关提出了较高的要求。理想的多路开关其开路电阻为无穷大，接通时的导通电阻为零。此外，还希望其切换速度快、噪声小、寿命长和工作可靠。

常用的多路开关有 CD4051、MC14051、AD7501 和 LF13508 等，CD4051 原理如图 2-28 所示。图中逻辑转换单元用于完成 CMOS 到 TTL 电平的转换，因此这种多路开关输入电平范围广，数字量为 3 ~ 15V，模拟量可达 $15U_{PP}$。但要注意输入电平范围大小与电源电压大小有关，即应根据模拟输入信号幅度变化范围和极性确定 U_{DD} 和 U_{EE} 所接电源种类和极性，如输入模拟信号范围为 –5 ~ +5V，通道开关受 TTL 电平控制，则应取 U_{DD}=+5V，U_{EE}=–5V。由三根二进制的控制输入端 A、B、C 和一根禁止输入端 INH（高电平禁止）进行控制。当 INH 为低时，A、B、C 按逻辑表关系确定某一路选通。当 INH 为高时，8 个通道都不通。

图 2-28 CD4051 原理图

3. 采样保持器

采样保持器一般由模拟开关、储能元件（电容）、输入和输出缓冲放大器组成，如图 2-29 所示。采样保持电路有两个工作状态，即采样状态和保持状态。

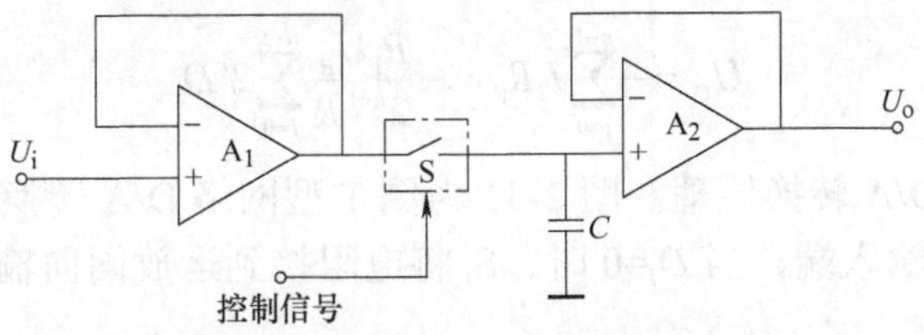

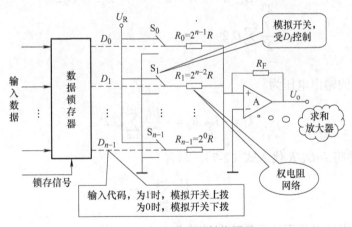

图 2-29　采样保持器内部结构

采样保持器的主要参数包括：

1）采样保持器的孔径时间：保持命令发出后 S 完全断开所需时间。

2）采样保持器的捕捉时间：由保持到采样时输出 U_o，从原保持值过渡到跟踪信号的时间。

3）保持电压变化率：$dU/dt = I_D/C$，其中，I_D 是输入 C 或流出 C 总的漏电流。

一般，上述三个参数越小，采样保持器的性能越优。

4. D/A 转换原理与技术指标

（1）D/A 转换原理

D/A 转换器根据电阻网路不同，可分为权电阻 D/A 转换器、倒 T 型网络 D/A 转换器等。

1）权电阻 D/A 转换原理。权电阻 D/A 转换器就是将某一数字量的二进制代码各位按它的"权"的数值转换成相应的电流。"权"越大（即位数越高），对应的电阻值越小，然后再将代表各位数值的电流加起来。

权电阻 D/A 转换原理如图 2-30 所示。当 D_i=0 时，开关接地；当 D_i=1 时，开关接基准电压 U_R。

图 2-30　权电阻 D/A 转换原理

各支路电流为

$$I_i = \frac{U_R}{2^{n-1}R}2^i D_i \quad (i=0,\ 1,\ \cdots,\ n-1) \tag{2-4}$$

运算放大器输出为

43

$$U_O = -\sum_{i=0}^{n-1} I_i R_F = -\frac{R_F U_R}{2^{n-1} R} \sum_{i=0}^{n-1} 2^i D_i \tag{2-5}$$

2）倒 T 型网络 D/A 转换原理。图 2-31 为倒 T 型网络 D/A 转换原理。当 $D_i=1$ 时，S_i 将电阻接到运放反向输入端；当 $D_i=0$ 时，S_i 将电阻接到运放同向输入端。都是虚地，各支路电流不会变化。

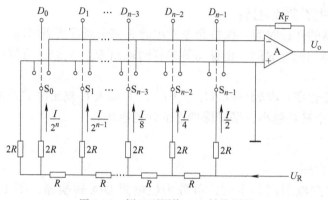

图 2-31　倒 T 型网络 D/A 转换原理

流入 $2R$ 支路的电流是依 2 的倍数递减的，即

$$\begin{aligned}
I_\Sigma &= D_{n-1}\frac{I}{2^1} + D_{n-1}\frac{I}{2^2} + \cdots + D_1\frac{I}{2^{n-1}} + D_0\frac{I}{2^n} \\
&= \frac{I}{2^n}(D_{n-1}2^{n-1} + D_{n-2}2^{n-2} + \cdots + D_1 2^1 + D_0 2^0) \\
&= \frac{I}{2^n}\sum_{i=0}^{n-1} D_i 2^i
\end{aligned} \tag{2-6}$$

运算放大器的输出电压为

$$U = -I_\Sigma R_F = -\frac{I R_F}{2^n}\sum_{i=0}^{n-1} D_i 2^i \tag{2-7}$$

若 $R_F=R$，并将 $I=U_R/R$ 代入式（2-7），则有

$$U = -\frac{U_R}{2^n}\sum_{i=0}^{n-1} D_i 2^i \tag{2-8}$$

可见，输出模拟电压正比于数字量的输入。

（2）D/A 转换器技术指标

D/A 转换器的常用技术指标主要包括：

1）分辨率：指当输入数字量变化 1 时，输出模拟量变化的大小。分辨率通常用数字量的位数来表示，如 8 位、12 位和 18 位。

2）稳定时间：指 D/A 转换器所有输入二进制数的变化是满刻度时，模拟量输出稳定

到 ±1/2LSB 范围内所需要的时间。完成一次转换所需要的时间一般为几十 ns 到几 μs。

3）输入编码：可为二进制编码、BCD 码和符号—数值码等。一般采用二进制编码，可使计算机的运算结果直接输出，比较方便。

4）线性度：一个理想的 D/A 转换器输出应是一条直线，但是，元件的非线性使之存在非线性误差，因此，可用非线性误差的大小表示 D/A 转换的线性度。非线性误差是实际转换特性曲线与理想直线特性之间的最大偏差，常以相对于满量程的百分数表示，如 ±1% 是指实际输出值与理论值之差在满刻度的 ±1% 以内。

5）温度范围：一般为 –40 ～ 85℃，较差的为 0 ～ 70℃。

6）输出方式与极性：输出方式包括电流输出（一般为 0 ～ 10mA 或 4 ～ 20mA）和电压输出。输出极性包括单极性和双极性。

5. D/A 转换器周边电路设计

以 DAC0832 为例进行说明。

（1）DAC0832 的特性

DAC0832 系列芯片是一种具有两个输入数据寄存器的 8 位 D/A，内部结构如图 2-32 所示，其主要特性参数如下：

1）分辨率为 8 位。

2）电流稳定时间为 1μs。

3）可单缓冲、双缓冲或直接数字输入。

4）只需在满量程下调整其线性度。

5）单一电源供电（+5 ～ +15V）。

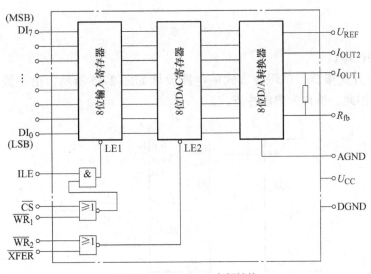

图 2-32　DAC0832 内部结构

（2）模拟输出极性变换

1）单极性输出。如图 2-33 所示，采用图 2-33a 的方式可实现单极性输出，采用图 2-33b 的方式可实现输出电压可调。

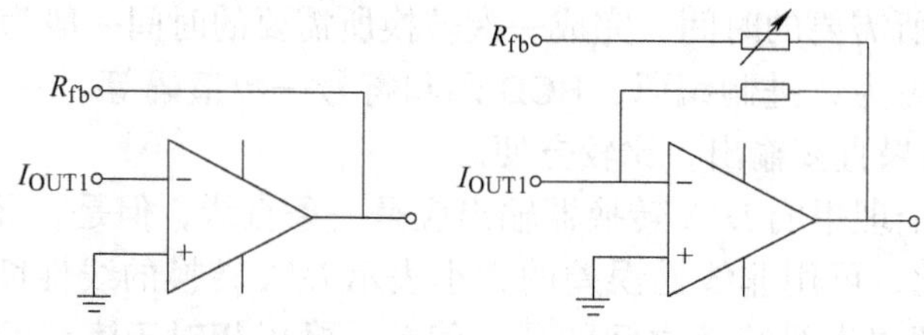

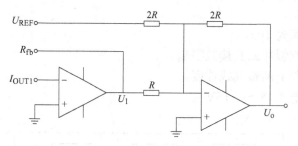

a) 简单连接方式　　　　　b) 输出电压可调连接方式

图 2-33　单极性输出

2）双极性输出。双极性输出如图 2-34 所示。根据节点电流的关系可知

$$\frac{U_o}{2R} + \frac{U_{REF}}{2R} = \frac{U_1}{R} \tag{2-9}$$

$$U_o = 2U_1 - U_{REF} \tag{2-10}$$

如果 U_{REF} =5V，当单极性输出 U_1=0V 时，则双极性输出 U_o=-5V；当单极性输出 U_1=5V 时，则双极性输出 U_o=5V。

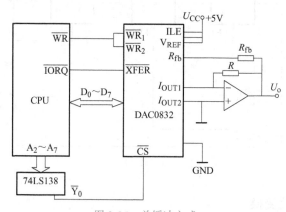

图 2-34　双极性输出

（3）与 CPU 接口

1）单缓冲方式接口。单缓冲方式的电路设计如图 2-35 所示，由于数据直接锁存于 DAC 寄存器，因此，被称为单缓冲方式。

图 2-35　单缓冲方式

2）双缓冲方式接口。双缓冲方式如图 2-36 所示。对于多路 D/A 转换接口，要求同步进行 D/A 转换输出时，必须采用双缓冲器同步方式接法。采用这种接法时，数字量的输入锁存和 D/A 转换输出是分两步完成的，即 CPU 的数据总线分时地向各路 D/A 转换器输入要转换的数字量并锁存在各自的输入寄存器中，然后 CPU 对所有的 D/A 转换器发出控制信号，使各个 D/A 转换器输入寄存器中的数据进入 DAC 寄存器，实现同步转换输出，如图 2-37 所示。

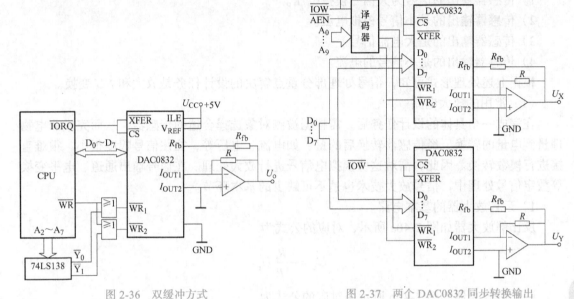

图 2-36　双缓冲方式　　　　　　　　　　图 2-37　两个 DAC0832 同步转换输出

2.3.5　模拟量输入通道

模拟量输入通道的任务是把被控对象的模拟量信号（如温度、压力、流量等）转换成计算机可以接收的数字量信号。

1. 模拟量输入通道的结构

模拟量输入通道因检测系统本身特点、实际应用要求等因素的不同，可以有不同的形式。比如，对于高速系统，特别是需要同时得到描述系统性能各项数据的系统，可采用图 2-38 所示并行转换结构。其特点是速度快、工作可靠，即使某一通路有故障，也不会影响其他通路正常工作。

但通道越多，成本越高，而且会使系统体积庞大，给系统的校准带来困难。如对 128 路信号巡检采集数据，采用这种结构很难实现。因此，通常采用的结构是多路通道共享采样保持或模数（A/D）转换电路，如图 2-39 所示。

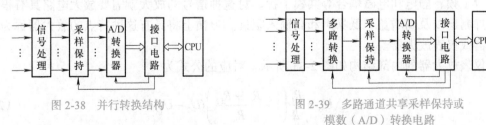

图 2-38　并行转换结构　　　　　　　图 2-39　多路通道共享采样保持或
　　　　　　　　　　　　　　　　　　　　　　模数（A/D）转换电路

根据上述结构，本节需要学习的内容主要包括信号处理和 A/D 转换技术。

2. 信号处理

根据传感器信号的类型、大小等的不同，信号处理也具有不同的形式。通常具有以下形式：

1）传感器输出的信号为大信号模拟电压。

2）传感器输出的是小信号模拟电压。

3）传感器输出的是大电流信号。

4）传感器输出的是小信号的电流。

根据上述处理形式可知，信号处理部分重点解决的设计任务是放大和 I/U 变换。

（1）常用的放大电路

在完成一个具体的设计任务后，需根据被测对象选择合适的传感器，从而完成非电物理量到电量的转换。经传感器转换后的量，如电流、电压等，往往信号幅度很小，很难直接进行模数转换。因此，需对这些模拟电信号进行放大处理。在信号输出通道、电平变换等数字信号处理中，信号放大技术也是不可缺少的基本环节。

1）运算放大器的基本电路。

反比例放大器如图 2-40a 所示，对应的公式为

$$U_o = -\frac{R_f}{R} U_i \tag{2-11}$$

同比例放大器如图 2-40b 所示，对应的公式为

$$U_o = \left(1 + \frac{R_f}{R}\right) U_i \tag{2-12}$$

电压跟随器如图 2-40c 所示，其输出电压基本等同于输入电压，因具有输入阻抗高，而输出阻抗低的特点，常用于电压缓冲。

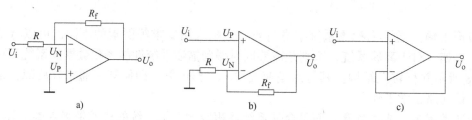

图 2-40　运算放大器的基本电路

2）仪表放大器。在许多检测技术应用场合，传感器输出的信号往往较弱，而且其中还包含工频、静电和电磁耦合等共模干扰。对这种信号的放大就需要放大电路具有很高的共模抑制比以及高增益、低噪声和高输入阻抗。习惯上将具有这种特点的放大器称为测量放大器或仪表放大器。

仪表放大器的内部结构如图 2-41 所示。对应的公式为

$$U_o = \frac{R_f}{R} \left(1 + \frac{R_{f1} + R_{f2}}{R_w}\right)(U_2 - U_1) \tag{2-13}$$

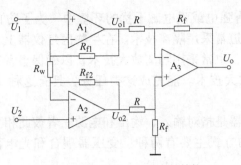

图 2-41　仪表放大器的内部结构

在某些只需简单放大的情况下，采用如图 2-41 所示的一般运放组成的仪表放大器来放大传感器的输出信号是可行的。但为了保证精度，常需采用精密匹配的外接电阻，才能保证最大的共模抑制比，否则增益的非线性也比较大。此外，还需考虑放大器输入电路与传感器输出阻抗的匹配问题。因此，在要求较高的场合，常采用集成测量放大器，例如：AD521、AD522 和 INA101 等。

3）程控放大器。在模拟信号送到模数转换系统时，为减少转换误差，一般希望送来的模拟信号尽可能大。如采用 A/D 转换器进行模数转换时，在 A/D 输入的允许范围内，希望输入的模拟信号尽可能达到最大值。然而，当被测参量变化范围较大时，经传感器转换后的模拟小信号变化也较大。在这种情况下，如果单纯只使用一个放大倍数的放大器，就无法满足上述要求，在进行小信号转换时，可能会引入较大的误差。为解决这个问题，工程上常采用通过改变放大器放大增益的方法，来实现不同幅度信号的放大，如万用表、示波器等许多测量仪器的量程变换。

较容易想到的办法就是通过模拟开关改变反馈电阻阻值，如图 2-42 所示为程控放大器的结构。也有许多集成的程控放大器，如 LH0084、AD524、AD624、PGA200 等。

49

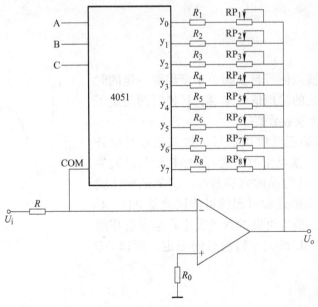

图 2-42　程控放大器的结构

4）隔离放大器。在有强电或强电磁干扰的环境中，为了防止电网电压等对测量回路造成损坏，其信号输入通道常采用隔离技术。在生物医疗仪器上，为防止漏电流、高电压等对人体造成的意外伤害，也常采用隔离放大技术，以确保患者安全。此外，在许多其他场合也常需要采用隔离放大技术。能完成这类任务，具有这种功能的放大器称为隔离放大器。

一般来讲，隔离放大器是指对输入、输出和电源三者彼此相互隔离的测量放大器。目前，隔离放大器中采用的方式主要有两种：变压器耦合和光电耦合。常用的有 AD202、ISO100 等。

（2）I/U 变换

在模拟量输入通道，A/D 转换一般只能将电压信号转换成数字信号，故若传感器输出的是电流传号，就必须采用 I/U 变换电路进行变换。

无源 I/U 变换主要是利用无源器件电阻来实现的。最简单的 I/U 变换电路是令电流通过一个精密电阻，则电阻上的电压就是所要转换的电压。如增加滤波和输出限幅等保护措施，则可参考图 2-43。

对于一些小电流信号，多利用电流放大器实现 I/U 变换，其简化原理图如图 2-44 所示。

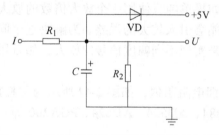

图 2-43　增加滤波和输出限幅的无源 I/U 变换

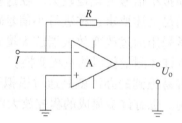

图 2-44　小电流信号的 I/U 变换

3. 采样保持使用

A/D 转换器将模拟信号转换为数字量需要一定的时间，对于随时间变化的模拟信号来说，转换时间决定了每个采样时刻的最大转换误差。

如图 2-45 所示的正弦模拟信号，如果从 t_0 时刻开始进行 A/D 转换，转换结束时已为 t_1，模拟信号已发生 ΔU 的变化。因此，被转换的究竟是哪一时刻的电压就很难确定，此时转换延迟所引起的可能误差是 ΔU。对于一定的转换时间，最大可能的误差发生在信号过零的时刻，因为此时 dU/dt 最大，转换时间一定，所以 ΔU 最大。

令 $U=U_m\sin\omega t$，则

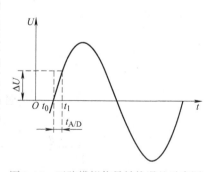

图 2-45　正弦模拟信号转换误差示意图

$$\frac{\mathrm{d}U}{\mathrm{d}t} = U_\mathrm{m}\omega\cos\omega t = U_\mathrm{m}2\pi f\cos\omega t$$

式中，U_m 为正弦信号的幅值，f 为信号频率，在坐标原点

$$\frac{\Delta U}{\Delta t} = U_\mathrm{m}2\pi f$$

取 $\Delta t = t_\mathrm{A/D}$，则得原点处转换的不确定电压误差为

$$\Delta U = U_\mathrm{m}2\pi f t_\mathrm{A/D}$$

误差的百分数为

$$\sigma = \frac{\Delta U \times 100}{2 \times U_\mathrm{m}} = \pi f t_\mathrm{A/D} \times 100$$

由此可知，对于一定的转换时间，误差的百分数和信号频率成正比。为了确保 A/D 转换的精度，使它不低于 0.1%，不得不限制信号的频率范围。

【例 2-4】 一个 10 位的 A/D 转换器，若要求转换精度为 0.1%，转换时间为 10μs，则允许转换的正弦波模拟信号的最大频率为

$$f = \frac{0.1}{\pi \times 10 \times 10^{-6} \times 10^2} \approx 32\mathrm{Hz}$$

因此，如果被采样的模拟信号的变化频率相对于 A/D 转换器的速度来说比较高，为了保证转换精度，就需要在 A/D 转换之前加上采样保持电路，使得在 A/D 转换期间保持输入模拟信号不变。

应当指出，在模拟量输入通道中，只有在信号变化频率较高而 A/D 转换速度又不高，以致转换误差影响转换精度时，或者要求同时进行多路采样的情况下，才需要设置采样保持电路。对于一些变化缓慢的生产过程（如石油、化工等）可以不设置保持电路。

4. A/D 转换技术

（1）A/D 转换原理

A/D 转换方法比较多，常用的转换方法包括：并行比较式、计数比较式、电压/频率转换、逐次逼近式、双斜率积分式和 Σ-Δ 型等。本节重点介绍后三种。

2.2- 逐次逼近式 A/D

1）逐次逼近式。逐次逼近式 A/D 转换芯片由逐次逼近寄存器（SAR）、D/A 转换器、比较器和时序及控制逻辑等部分组成，其原理如图 2-46 所示。

转换过程如下：

① 时序及控制逻辑给 SAR 最高位为 "1"，其余为 "0"，经 D/A 转换为模拟电压 U_f，然后与输入电压 U_x 比较，确定该位。

② 当 $U_\mathrm{x} \geq U_\mathrm{f}$，此位为 "1"，置下位为 "1"。

③ 当 $U_\mathrm{x} < U_\mathrm{f}$，此位为 "0"，置下位为 "1"。

④ 按上述方法依次类推，逐位比较判断，直至确定 SAR 的最低位为止。

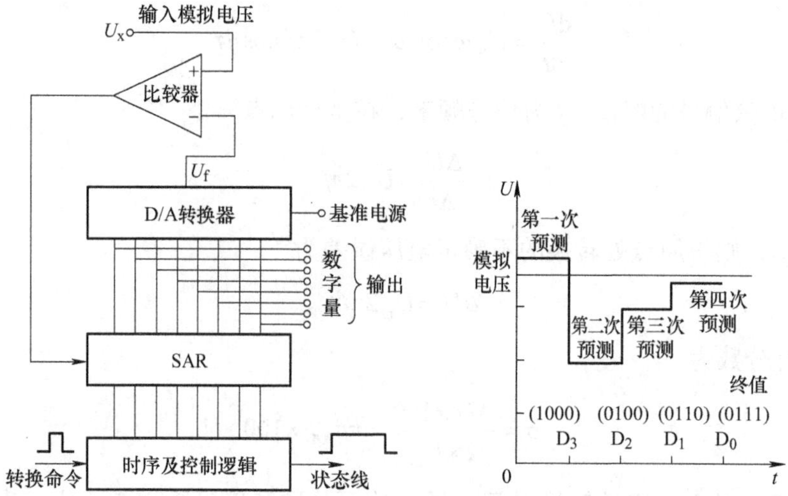

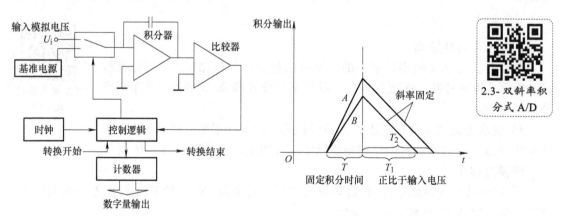

图 2-46　逐次逼近式 A/D 转换原理

【例2-5】　以 4 位 A/D 转换芯片为例，其中内部 D/A 转换器基准电压为 5V，设输入电压为 2.4V，表 2-8 演示了逐次逼近式 A/D 转换的过程和各部分的结果。

表 2-8　逐次逼近式 A/D 转换的过程和各部分的结果

序号	逐次逼近寄存器的值	D/A 转换输出电压 /V	比较结果
1	1000	2.67	0
2	0100	1.33	1
3	0110	2.00	1
4	0111	2.33	1

2）双斜率积分式。双斜率积分式 A/D 转换器由基准电源、积分器、比较器、计数器和控制逻辑组成，其原理如图 2-47 所示。

图 2-47　双斜率积分式 A/D 转换原理

在转换开始信号控制下，转换开关接到输入模拟电压端 U_i，在固定时间 T 内对积分器充电，时间到时控制逻辑将转换开关打到基准电源（与 U_i 极性相反），开始使积分器放电，放电期间计数器计脉冲多少反映了放电时间 T_1、T_2 的长短，从而决定模拟输入电压的大小。

比较器判定放电完毕，控制计数器停止计数，并由控制逻辑发出转换结束信号。计数器计数值的大小反映了输入电压 U_i 在固定积分时间 T 内的平均值，即转换完的数字量。

3）Σ-Δ 型。Σ-Δ 型 A/D 转换器基于其过程采样和噪声整形原理，通常能够提供极高的转换精度，特别是在需要高分辨率和低频信号的应用场合表现出色。其原理如图 2-48 所示。虚线框内是 Σ-Δ 调制器。模拟信号与移位 DAC 的输出送到减法器，经积分器后送到比较器。以 Kf_s 采样速率将输入信号转换为由 1 和 0 构成的连续串行位流。典型芯片如 AD7715。

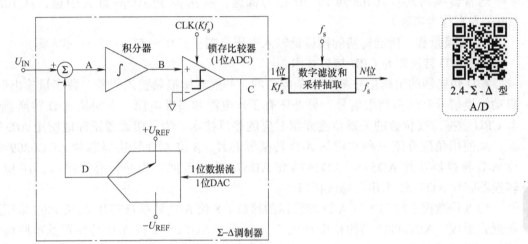

图 2-48 Σ-Δ 型 A/D 转换原理

以输入电压分别为 0 和 $U_{REF}/4$ 为例说明其转换过程，如图 2-49 所示。图中所示的信号波形分别对应图 2-48 中 A、B、C 和 D 各点的信号。其中，图 2-49a 是输入电压为 0 的情况，输出为 0、1 相间的数据流。如果数字滤波器对每 8 个采样值取平均，所得到的输出值为 4/8，这个值正好对应 3 位双极性输入 A/D 的零。当输入电压为 $U_{REF}/4$ 时，则信号波形如图 2-49b 所示，求和输出 A 点的正、负幅度不对称，引起正、反向积分斜率不等，于是调制器输出 1 的个数多于 0 的个数。如果数字滤波器仍对每 8 个采样值取平均，所得到的输出值为 5/8，这个值正是 3 位双极性输入 A/D 对应于 $U_{REF}/4$ 的转换值。

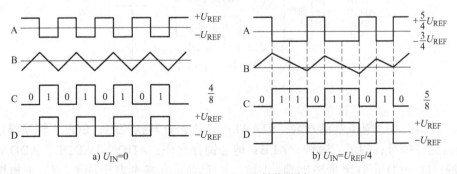

图 2-49 Σ-Δ 型 A/D 转换示例

（2）A/D 转换器技术指标

1）分辨率。分辨率通常用数字输出最低有效位（Least Significant Bit，LSB）所对应的模拟量输入电压值表示，例如：A/D 位数 $n=8$，满量程为 5V，则 LSB 对应 $5V/(2^8-1)=19.6mV$。

由于分辨率直接与转换位数有关，所以一般也用其位数表示分辨率，如 8 位、10 位、12 位、14 位和 16 位 A/D。

通常把小于 8 位的称为低分辨率，10 ～ 12 位的称中分辨率，14 位以上的为高分辨率。

2）转换时间。从发出转换命令信号到转换结束信号有效的时间间隔，即完成一次转换所用的时间为转换时间。转换时间的倒数为转换速率。

通常转换时间从几 ms 到 100ms 称为低速，从几 μs 到 100μs 称为中速，从 10ns 到 100ns 左右称为高速。

3）转换量程。所能转换的模拟量输入电压范围，如 0 ～ 5V，–5 ～ +5V 等。

（3）A/D 转换器与 CPU 接口技术

A/D 转换器的引脚信号基本上是类似的，一般有模拟量输入信号、数字量输出信号、启动转换信号和转换结束信号，另外还有工作电源和基准电源。下面从 A/D 转换器位数与 CPU 数据总线位数的关系角度介绍对应的接口技术。为了使读者正确地使用 A/D 转换器，从使用角度介绍三种常用的 A/D 转换器芯片，8 位 A/D 转换器芯片 ADC0809 和 12 位 A/D 转换器芯片 AD574（AD1674 和 AD574 功能近似）为并行总线接口，16 位 A/D 转换器芯片 AD7155 为串行总线接口。

1）8 位数据总线与 8 位 A/D 转换器的接口。8 位 A/D 转换器芯片 ADC0809 采用逐位逼近式原理，ADC0809 结构框图如图 2-50 所示。ADC0809 在 A/D 转换器基本原理的基础上，增加了 8 路输入模拟开关和开关选择电路。其分辨率为 8 位，转换时间为 100μs，采用 28 脚双列直插式封装，各引脚功能如下：

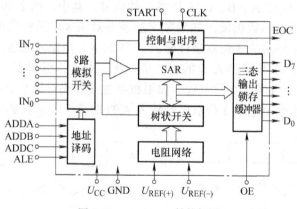

图 2-50　ADC0809 结构框图

IN_0 ～ IN_7：八个模拟量输入端；START：启动 A/D 转换控制；EOC：转换结束信号；OE：输出允许信号；CLK：时钟；ALE：地址锁存允许；ADDC、ADDB、ADDA：通道号控制端；D_0 ～ D_7：数字量输出端；$U_{REF(+)}$，$U_{REF(-)}$：参考电压端子；U_{CC}：电源电压；

GND：接地。

为使 CPU 能启动 A/D 转换，并将转换结果传给 CPU，必须在两者之间设置接口与控制电路。接口电路的构成既取决于 A/D 转换器本身的性能特点，又取决于采用何种方式读取 A/D 转换结果。例如，某些 A/D 转换器芯片内部无多路模拟开关就需要外接，而 ADC0809 不用，因为它内部已有多路模拟开关，一旦 A/D 转换结束，它就会发出转换结束信号，再由 CPU 根据此信号决定是否读取 A/D 转换数据。

CPU 读取 A/D 转换数据的方法有三种：查询法、定时法和中断法。

查询法：CPU 启动 A/D 转换后，不断读转换结束信号 EOC，并判断它的状态。如果 EOC 为 "0"，表示 A/D 转换正在进行，则继续查询 EOC 的状态；反之，EOC 为 "1"，表示 A/D 转换结束。一旦 A/D 转换结束，CPU 即可读取 A/D 转换数据。

定时法：如果已知 A/D 转换所需时间，那么启动 A/D 转换后，只需等待超过该时间，就可以读取 A/D 转换数据。

中断法：上述两种方法在 A/D 转换期间独占了 CPU，使 CPU 运行效率降低。采用图 2-51 所示方法，CPU 可在启动 A/D 转换后，处理其他事情，当 A/D 转换结束时，EOC 变为为 "1"，从而触发 CPU 的中断，可由中断服务程序读取 A/D 转换数据。

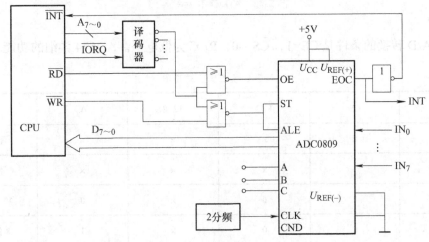

图 2-51　ADC0809 与 8 位数据总线 CPU 的接口设计

2）8 位数据总线与 12 位 A/D 转换器的接口。以 12 位 A/D 芯片 AD574 为例说明高于 8 位的 A/D 芯片与 8 位数据总线 CPU 的接口电路设计。

AD574 是 AD 公司生产的 12 位逐次比较型 A/D 转换器，其结构如图 2-52 所示。AD574 为 28 脚双列直插式封装。AD574 有两个模拟输入端，分别适用不同的电压范围，$10U_{IN}$ 适用于 ±5V 的模拟输入，$20U_{IN}$ 适用于 ±10V 的模拟输入。

主要引脚包括：$\overline{CS}$ 为片选端，低电平有效；CE 为片使能，高电平有效，必须在 $\overline{CS}$ 和 CE 同时有效时，AD574 才工作，否则处于禁止状态；$R/\overline{C}$ 为读出和转换控制，当 $R/\overline{C}=0$ 时，启动 A/D 转换过程，当 $R/\overline{C}=1$ 时，读出 A/D 转换结果；$12/\overline{8}$ 用于决定是进行 12 位转换还是 8 位信号转换；STS 为转换结束信号，当开始 A/D 转换后，STS 信号变为高电平，表示转换正在进行，转换完成后，STS 变为低电平。

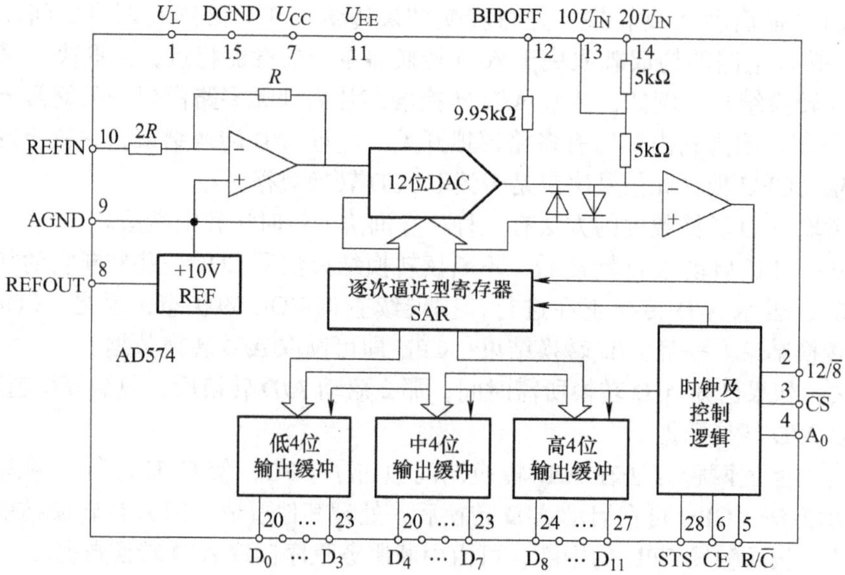

图 2-52　AD574 内部结构图

启动 A/D 转换的条件是 CE=1，$\overline{\text{CS}}$ =0，R/ $\overline{\text{C}}$ 为低电平。AD574 详细的功能见表 2-9。

表 2-9　AD574 功能表

CE	$\overline{\text{CS}}$	R/$\overline{\text{C}}$	12/$\overline{8}$	A_0	操作
0	×	×	×	×	不工作
×	1	×	×	×	不工作
1	0	0	×	0	12 位转换
1	0	0	×	1	8 位转换
1	0	1	接 +15V	×	12 位并行输出
1	0	1	接地	0	高 8 位输出
1	0	1	接地	1	低 4 位输出

图 2-53 为 8 位数据总线的 CPU 与 12 位的 AD574 的接口电路，CPU 需要执行两条输入指令，才能将 A/D 转换数（$DO_0 \sim DO_{11}$）传送给 CPU。CPU 首先读低 8 位（$DO_0 \sim DO_7$），再读高 4 位（$DO_8 \sim DO_{11}$）。如果选用的 CPU 有 16 位数据线，那么 CPU 只需要执行一条输入指令，就能将 A/D 转换数（$DO_0 \sim DO_{11}$）传送给 CPU。

3）16 位数据总线与 12 位 A/D 转换器的接口。图 2-54 所示为通过锁存器和缓冲器进行 A/D 转换器芯片的控制。采用 16 位数据总线的 DSP 进行控制。图中的 Ctrl_Data 和

Ctrl_RC 表示地址译码电路对应的两个地址。通过锁存器锁存数据总线，控制 AD1674 的 R/C̄ 端。当开始转换后，DSP 不断读取地址 Ctrl_Data，并判断 STS 所对应位是否为 0，如果为 1，则说明开始转换，DSP 继续读取地址 Ctrl_Data，直到 STS 所对应位为 0，说明转换结束，读取的 16 位数据总线中的低 12 位则为本次 A/D 转换结果。

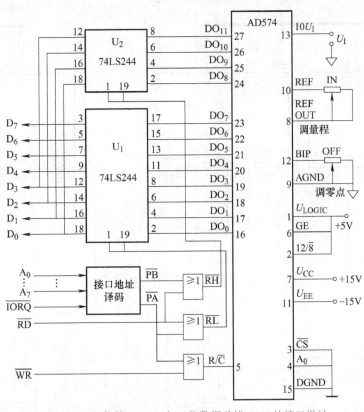

图 2-53　12 位的 AD574 与 8 位数据总线 CPU 的接口设计

4）AD7715 的接口设计。AD7715 是 AD 公司生产的 16 位模数转换器。它具有 0.0015% 的非线性、片内可编程增益放大器、差动输入、三线串行接口、缓冲输入和输出更新速度可编程等特点。其内部结构如图 2-55 所示。

AD7715 的主要引脚功能包括：SCLK 为串行时钟逻辑输入；MCLK IN 为器件的主时钟信号，可由晶振提供，也可由与 CMOS 兼容的时钟驱动，其频率必须是 1MHz 或 2.4576MHz；当器件的主时钟信号由晶振提供时，MCLK OUT 与 MCLK IN 引脚和晶振两脚相连，当 MCLK IN 为外部时钟引脚时，MCLK OUT 能提供一个反向的时钟信号，供外电路使用；C̄S̄ 为片选信号，低电平有效；R̄ĒSĒT̄ 为复位信号，低电平有效；AIN（+）和 AIN（−）为模拟输入，分别为片内可编程增益放大器差动模拟输入的正、负端；REF IN（+）和 REF IN（−）为参考输入的正端和负端；D̄R̄D̄Ȳ 低电平表明 AD7715 数据寄存器有新的数据，当完成全部 16 位的读操作时，此引脚变成高电平；DOUT 和 DIN 为串行输出端和输入端。

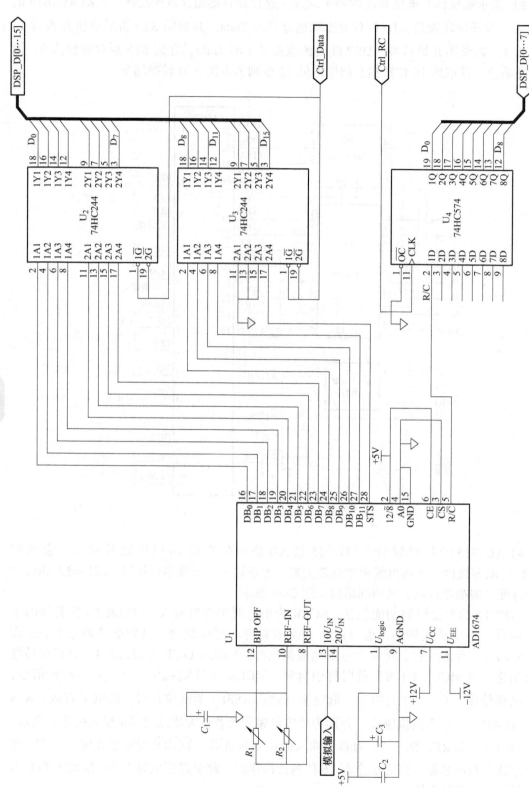

图 2-54　12 位的 AD1674 与 16 位数据总线 DSP 的接口设计

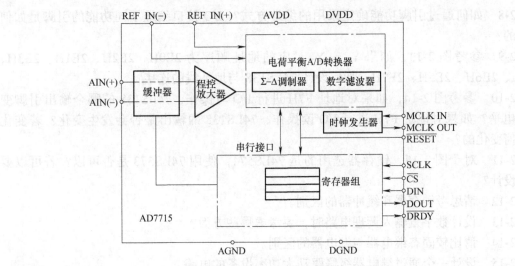

图 2-55　AD7715 的内部结构

AD7715 片内有四个寄存器，分别是通信寄存器、设定寄存器、测试寄存器和数据寄存器。具体操作规定可参照 AD7715 的数据手册。

AD7715 可以很方便地和具有 SPI 接口的单片机或微处理器配合使用，如图 2-56 所示。如果处理器不具备 SPI 接口，也可利用 I/O 引脚来模仿 SPI 接口或利用异步串行接口实现对 AD7715 的操作。

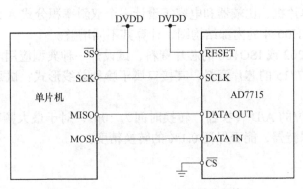

图 2-56　AD7715 与有 SPI 的单片机接口

思考题与习题

2-1　计算机控制系统与模拟控制系统相比有什么异同？

2-2　计算机控制系统有哪些组成部分？

2-3　计算机控制中的计算机不是狭义的 PC，请列举常用的有哪些？

2-4　常用的传感器有哪些？

2-5　二线制变送器为什么需具有低功耗的特征？

2-6　常用的电动执行机构有哪些？

2-7　常用的过程通道主要包括哪些类型？

2-8　如何通过引脚功能确定采用的编址方式？I/O 接口编址不同功能的引脚是如何配合的？

2-9　参考图 2-13，如果 $Y_0 \sim Y_7$ 对应的地址顺序为 2E0H、2E2H、2E1H、2E3H、2E4H、2E6H、2E5H、2E7H，如何设计 74LS138 与地址线的连接？

2-10　参考图 2-14，如果对地址 F7H 进行 I/O 写操作，74LS138 的哪个输出引脚变为低电平？如果对地址 F7H 进行 I/O 读操作，74LS138 的输出是否会发生变化？若变化是如何变化的？

2-11　对于图 2-17，锁存器选用的是 74LS574，使用 74LS573 是否可以？若可以要如何设计？

2-12　请思考锁存器和缓冲器的区别。

2-13　设计数字量输入调理电路时，要考虑哪些方面？

2-14　请比较固态继电器与继电器的区别。

2-15　设计一个通过继电器级联驱动大功率设备的电路。

2-16　D/A 有哪些常用的转换方式？分别是如何工作的？

2-17　DAC0832 中输入寄存器和 DAC 寄存器各有什么功能？为什么要有两个寄存器？

2-18　12 位的 D/A 转换器能否与 8 位数据总线 CPU 连接？

2-19　隔离放大器中采用什么方式实现隔离？

2-20　A/D 有哪些常用的转换方式？分别是如何工作的？

2-21　能否用单片机、比较器和电容等设计一个双斜率积分式 A/D 转换器？

2-22　请根据 LH0084 的内部结构图，计算其不同增益。

2-23　查阅 AD202 或 ISO100 的芯片资料，试设计一种典型应用电路，并分析电路。

2-24　查阅 AD7715 的芯片资料，其接口属于哪种总线形式？试采用一种型号处理器设计接口电路。

2-25　一个 10 位的 A/D 转换器，转换时间为 $10\mu s$，对于最大频率为 10Hz 的正弦波模拟信号，不设计保持器，能否保证 0.1% 的转换精度？

第 3 章　自动化控制策略

导读

　　在自动化控制系统的设计中，数据处理和控制策略对于实现高效、精确的控制效果至关重要。本章首先介绍数据处理的基本方法，包括标度变换方法和数字滤波技术。这些方法为后续控制算法提供了高质量的输入信息。然后深入探讨数字 PID 控制算法的原理、改进和实现，在 PID 参数整定部分，不局限于多数教科书中的 ZN 整定方法，而是通过分析其存在的问题，引入了已在工程实践中得到大量检验和广泛认可的 Lambda 参数整定方法。对于单回路难以控制的对象，本章讲授基于数字 PID 的复杂控制系统设计。

　　随着控制理论与计算机技术的迅速发展，工业过程现代化和企业要求的日益提高，各种先进的过程控制策略（Advanced Process Control，APC）应运而生，并在工业过程控制中，尤其是在生产过程的关键部位，得到许多成功的应用，成为自动化控制策略不可或缺的一部分。本章重点介绍应用最成功的先进控制策略——模型预测控制，分别探讨模型算法控制和动态矩阵控制的原理、参数选择和仿真。最后简要介绍其他几种先进控制策略，包括自适应控制、模糊控制、专家控制和神经网络控制等。

　　本章在帮助读者掌握数据处理和控制策略的基本原理基础上，通过引入工业界的一些新观点和新工具使读者了解工业界最新发展，帮助他们根据具体的工业应用需求，选择合适的控制策略，以达到期望的控制性能。

本章知识点

- 标度变换方法
- 数字滤波技术
- 数字 PID 控制算法及参数整定
- 基于数字 PID 的复杂控制系统设计
- 模型预测控制
- 常见的先进控制策略的思路

3.1 数据处理方法

现场的温度、压力、流量、液位和成分等经传感器转换，经常以标准电流信号变送到控制室，由计算机控制系统的过程输入通道采集到计算机。还需由计算机进行标度变换，将过程数据变换为实际的物理量进行显示和处理。计算机采集的数据可能包含噪声信息，数字滤波是提高数据采集系统可靠性的有效方法。

3.1.1 标度变换方法

1. 线性变换方法

当测量数据与实际物理量是线性关系时，可用下式进行变换

$$A_x = A_0 + (A_m - A_0)\frac{N_x - N_0}{N_m - N_0} \tag{3-1}$$

式中，A_0 为现场测量仪表的测量下限；A_m 为现场测量仪表的测量上限；A_x 为实际测量值的工程值；N_0 为仪表下限所对应的数字量；N_m 为仪表上限所对应的数字量；N_x 为实际测量值所对应的数字量。

【例 3-1】 某热处理炉温度测量变送器的量程为 $200 \sim 800℃$，通过 $4 \sim 20mA$ 二线制传送信号，在模拟量输入通道过程中，将电流转变为 $1 \sim 5V$ 的电压信号，并由 8 位精度，量程范围为 $0 \sim 5V$ 的 A/D 转换器进行采集，其转换输出为无符号数字量。在某一测量时刻，计算机采样并经数字滤波后的数字量为 CDH，求此时对应的温度值是多少？

解：A_0=200℃，A_m=800℃，N_x=CDH=205，N_m=FFH=255，N_0=0，则

$$A_x = A_0 + (A_m - A_0)\frac{N_x - N_0}{N_m - N_0} = \left[200 + (800 - 200)\frac{205}{255}\right]℃ = 682℃$$

所以，计算机采入 CDH 值，对应的温度值为 682℃。

2. 非线性变换方法

计算机从模拟量输入通道得到的检测值与其所代表的物理量之间不一定成线性关系。例如，差压流量传感器，如孔板、文丘里和内锥等，差压变送器输出的差压信号与实际流量之间成平方根关系。

$$F = K\sqrt{\Delta P} \tag{3-2}$$

式中，K 是流量系数。

测量流量时的标度变换公式为

$$\frac{F_x - F_0}{F_m - F_0} = \frac{K\sqrt{N_x} - K\sqrt{N_0}}{K\sqrt{N_m} - K\sqrt{N_0}} \tag{3-3}$$

再如，铂热电阻的阻值与温度的关系也是非线性的。Pt100 铂电阻适用范围 $-200 \sim 850℃$，根据 IEC 标准 751-1983 规定，Pt100 铂电阻的阻值与温度的关系为：

在 $-200 \sim 0℃$ 范围内，有 $R_t = R_0[1+At+Bt^2+C(t-100)t^3]$

在 $0 \sim 850℃$ 范围内，有 $R_t = R_0(1+At+Bt^2)$

式中，$A=3.90802 \times 10^{-3}℃^{-1}$；$B=-5.802 \times 10^{-7}℃^{-2}$；$C=-4.2735 \times 10^{-12}℃^{-4}$；$R_0=100\Omega$（$0℃$ 时的电阻值）。

一般地，可先离线计算出温度与铂热电阻阻值的对应关系表，即分度表，然后分段进行拟合，确定计算公式。可根据处理器的计算能力，拟合为线性公式，或不同形式的非线性公式。

热电偶的热电势与温度的关系也是非线性关系，可以采用与热电阻类似的方法进行处理。

3. 标度变换实现示例

在 Niagara 中，可对连接设备采集的数据进行标度变换，以线性转换为例进行说明，如图 3-1 所示。

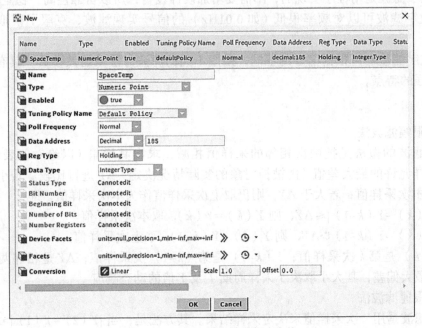

图 3-1　Niagara 中的线性标度变换

采集的数据点对应空间温度，名称为 SpaceTemp，为了显示实际的温度值，在 Conversion 项选择 Linear，即线性转换，然后需要设置斜率和偏置两个参数，分别对应 Scale 和 Offset。式（3-1）变为

$$A_x = A_0 + \frac{A_m - A_0}{N_m - N_0}(N_x - N_0)$$

$$= A_0 - \frac{A_m - A_0}{N_m - N_0}N_0 + \frac{A_m - A_0}{N_m - N_0}N_x$$

令

$$Scale = \frac{A_{\mathrm{m}} - A_0}{N_{\mathrm{m}} - N_0}$$

$$Offset = A_0 - \frac{A_{\mathrm{m}} - A_0}{N_{\mathrm{m}} - N_0} N_0$$

则通过计算斜率和偏置，下式与式（3-1）表达的关系是一致的。

$$A_x = Offset + Scale \times N_x$$

3.1.2　数字滤波技术

数字滤波就是通过一定的计算或判断程序减少干扰在有用信号中的比重。故实质上它是一种程序滤波。数字滤波克服了模拟滤波器的不足，它与模拟滤波器相比，有以下几个优点：

1）数字滤波是用程序实现的，不需要增加硬件设备，所以可靠性高，稳定性好。

2）数字滤波可以对频率很低（如 0.01Hz）的信号实现滤波，克服了模拟滤波器的缺陷。

3）数字滤波器可根据信号的不同，采用不同的滤波方法或滤波参数，具有灵活、方便和功能强的特点。

1. 程序判断滤波法

（1）限幅滤波法

限幅滤波的做法是把两次相邻的采样值相减，求出其增量（以绝对值表示），然后与两次采样允许的最大差值（由被控对象的实际情况决定）ΔY 进行比较。若小于或等于 ΔY，则取本次采样值；若大于 ΔY，则仍取上次采样值作为本次采样值，即

若 $|Y(k) - Y(k-1)| \leqslant \Delta Y$，则 $Y(k) = Y(k)$，取本次采样值。

若 $|Y(k) - Y(k-1)| > \Delta Y$，则 $Y(k) = Y(k-1)$，取上次采样值。

式中，$Y(k)$ 是第 k 次采样值；$Y(k-1)$ 是第 $(k-1)$ 次采样值；ΔY 是相邻两次采样值所允许的最大偏差，其大小取决于采样周期 T 及 Y 值的动态响应。

（2）限速滤波法

限速滤波是用三次采样值来决定采样结果。其方法是，当 $|Y(2) - Y(1)| > \Delta Y$ 时，再采样一次，取得 $Y(3)$，然后根据 $|Y(3) - Y(2)|$ 与 ΔY 的大小关系来决定本次采样值。设顺序采样时刻 $t1$，$t2$，$t3$ 所采集的参数分别为 $Y(1)$，$Y(2)$，$Y(3)$，那么

当 $|Y(2) - Y(1)| \leqslant \Delta Y$ 时，取 $Y(2)$ 输入计算机。

当 $|Y(2) - Y(1)| > \Delta Y$ 时，$Y(2)$ 不采用，但仍保留，继续采样取得 $Y(3)$。

当 $|Y(3) - Y(2)| \leqslant \Delta Y$ 时，取 $Y(3)$ 输入计算机。

当 $|Y(3) - Y(2)| > \Delta Y$ 时，取 $Y(2) = [Y(2) + Y(3)]/2$ 输入计算机。

2. 中值滤波法

中值滤波法是将被测参数连续采样 N 次（一般 N 取奇数），然后把采样值按大小顺序排列，再取中间值作为本次的采样值。

3. 算术平均值滤波法

算术平均值滤波法就是在一个采样周期内，对信号的 N 次测量值进行算术平均，作为时刻 k 的输出

$$\bar{x}(k) = \frac{1}{N}\sum_{i=0}^{N-1} x(k-i) \tag{3-4}$$

N 值决定了信号的平滑度和灵敏度。随着 N 的增大，平滑度提高，灵敏度降低。应视具体情况进行选取。为了提高运算速度，可以利用上次运算结果，通过递推平均滤波算式得到当前采样时刻的递推平均值

$$\bar{x}(k) = \bar{x}(k-1) + \frac{x(k)}{N} - \frac{x(k-N+1)}{N} \tag{3-5}$$

4. 加权平均值滤波

算术平均值对于 N 次以内所有的采样值来说，所占的比例是相同的，亦即取每次采样值的 $1/N$。有时为了提高滤波效果，将各采样值取不同的比例，然后再相加，此方法称为加权平均值法

$$\bar{x}(k) = \sum_{i=0}^{N-1} C_i x(k-i) \tag{3-6}$$

式中，C_0，C_1，$\cdots$，C_{N-1} 为各次采样值的系数，$\sum_{i=0}^{N-1} C_i = 1$。它体现了各次采样值在平均值中所占的比例。

5. 滑动平均值滤波

不管是算术平均值滤波，还是加权平均值滤波，都需连续采样 N 个数据，这种方法适合于有脉动干扰的场合。但是由于必须采样 N 次，需要时间较长，故检测速度慢。为了克服这一缺点，可采用滑动平均值滤波法，即依次存放 N 次采样值，每采进一个新数据，就将最早采集的那个数据丢掉，然后求包含新值在内的 N 个数据的算术平均值或加权平均值。

6. 一阶滞后滤波

一阶滞后滤波，也称惯性滤波法，是以典型的一阶 RC 低通滤波器（见图 3-2）为参考，用数字形式实现的滤波器。

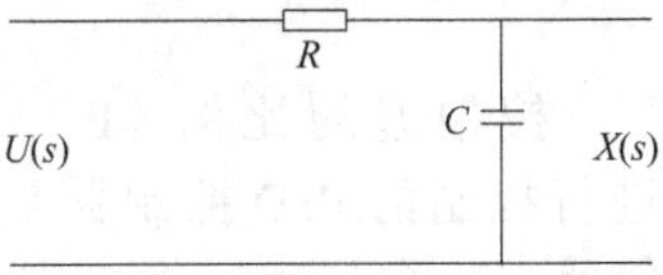

图 3-2　一阶 RC 低通滤波器

RC 滤波器的传递函数为

$$G(s) = \frac{1}{1 + T_f s} \tag{3-7}$$

式中，T_f 为滤波时间常数，$T_f = RC$。它可以离散化为

65

$$T_\mathrm{f}\frac{x(k)-x(k-1)}{T}+x(k)=u(k) \tag{3-8}$$

整理可得

$$x(k)=(1-\alpha)u(k)+\alpha x(k-1) \tag{3-9}$$

式中，$u(k)$ 为采样值；$x(k)$ 为滤波器的计算输出值；α 为滤波系数，$\alpha=\dfrac{T_\mathrm{f}}{T_\mathrm{f}+T}$，显然 $0<\alpha<1$；T 为采样周期。

这种滤波方法的当前滤波值与当前的测量值和前一步的滤波值有关，而前一步的滤波值又取决于再前一步的测量值和滤波值。因此，实际上，当前滤波值与"无穷多"个历史值有关。

7. 复合数字滤波

复合数字滤波就是把两种以上的滤波方法结合起来使用。例如把中值滤波的思想与算术平均的方法结合起来，就是一种常用的复合滤波法。具体方法是首先将采样值按大小排队，去掉最大和最小的，然后再把剩下的取平均值。这样显然比单纯的平均值滤波的效果要好。

图 3-3 所示为一个在现场仪表中经常被使用的一阶滞后滤波结合算术平均值滤波的复合滤波子程序。在该子程序中，每次测量值（用 U 表示）均使用一阶滞后滤波，计算结果用 X 表示，但在第 10 次测量时，用 10 次测量值的算数平均值代替当前次的一阶滞后滤波值。该滤波程序既能发挥一阶滞后滤波优点，又可通过算术平均滤波，将历史值对当前滤波值的影响限定在一定范围内，提高了系统的响应速度。

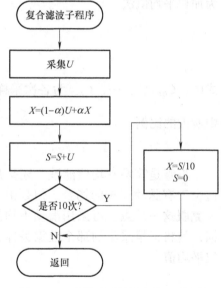

图 3-3　一阶滞后滤波结合算术平均值滤波的复合滤波子程序

3.2　数字 PID 控制

按偏差的比例（P）、积分（I）和微分（D）进行控制的 PID 控制器具有原理简单、易于实现等优点，多年来一直是应用最广泛的一种控制器。在计算机用于工业过程控制之前，模拟 PID 控制器在过程控制中占有垄断地位。在计算机用于过程控制之后，虽然出现了许多先进控制策略，但采用 PID 控制的回路仍占多数。

数字 PID 控制算法并非只是简单地重现模拟 PID 控制器的功能，而是在算法中结合了计算机控制的特点，根据各种具体情况，增加了许多功能模块，使传统的 PID 控制更加灵活多样，可以更好地满足生产过程的需要。

3.2.1　标准数字 PID 控制算法

1. 数字 PID 算法原理

在模拟控制系统中，采用如图 3-4 所示的 PID 控制，其算式为

$$u = K_p \left(e + \frac{1}{T_i} \int e \, dt + T_d \frac{de}{dt} \right) \tag{3-10}$$

或写成传递函数形式：

$$\frac{U(s)}{E(s)} = K_p \left(1 + \frac{1}{T_i s} + T_d s \right) \tag{3-11}$$

式中，K_p 为比例增益；T_i 为积分时间；T_d 为微分时间；u 为控制量；e 为被控量 y 与给定值 r 的偏差。

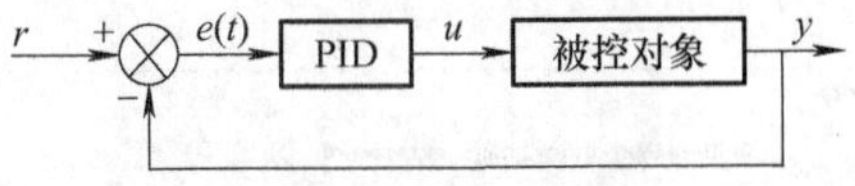

图 3-4　PID 控制系统框图

为了便于计算机实现 PID 控制算式，作如下近似，把式（3-10）改写成差分方程

$$\int e \, dt \approx \sum_{j=0}^{n} T e(j) , \quad \frac{de}{dt} \approx \frac{e(n) - e(n-1)}{T} \tag{3-12}$$

$$
\begin{aligned}
u(n) &= K_p \left\{ e(n) + \frac{T_c}{T_i} \sum_{j=0}^{n} e(j) + \frac{T_d}{T_c} \left[e(n) - e(n-1) \right] \right\} \\
&= K_p \left[e(n) + K_i \sum_{j=0}^{n} e(j) + K_d \frac{e(n) - e(n-1)}{T_c} \right]
\end{aligned} \tag{3-13}
$$

式中，K_i 为积分系数；K_d 为微分系数；T_c 为控制周期；n 为控制周期序号；$e(n-1)$ 和 $e(n)$ 分别为第（$n-1$）和第 n 控制周期所得的偏差；$u(n)$ 为第 n 时刻的控制量。

式（3-13）中，$u(n)$ 对应于执行机构（如调节阀）的位置，故称此式为位置型算式。通常 $u(n)$ 都送给 D/A 转换器，再变换成标准模拟量（如 4～20mA），然后作用于执行机构，直到下一个控制时刻到来为止。该式需要累加偏差 $e(j)$，不仅要占用较多的存储单元，而且不便于编程。因此，在计算机控制系统中，常采用增量型算式

$$
\begin{aligned}
\Delta u(n) &= K_p \left[e(n) - e(n-1) + \frac{T_c}{T_i} e(n) + T_d \frac{e(n) - 2e(n-1) + e(n-2)}{T_c} \right] \\
&= K_p \left[e(n) - e(n-1) + K_i e(n) + K_d \frac{e(n) - 2e(n-1) + e(n-2)}{T_c} \right]
\end{aligned} \tag{3-14}
$$

第 n 时刻的实际控制量为

$$u(n) = u(n-1) + \Delta u(n) \tag{3-15}$$

增量型算式在使用计算机实现时，只需用到 $e(n-1)$、$e(n-2)$ 和 $u(n-1)$ 这三个历史数据，通常采用平移法保存这些历史数据。比如，计算完 $u(n)$ 后，首先将 $e(n-1)$ 存入 $e(n-2)$ 单元，然后将 $e(n)$ 存入 $e(n-1)$ 单元，以及把 $u(n)$ 存入 $u(n-1)$ 单元，为下一时刻的计算做好准备，如图 3-5 所示。由此可见，增量型算法具有编程简单、历史数据可以递推使用、占用存储单元少和运算速度快的优点。

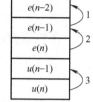

图 3-5　保存历史数据

2. 制冷的数字 PID 控制实现示例

在 Niagara 中，模拟一个制冷数字 PID 控制的实现，通过 PID 算法控制制冷阀门的开度。

Niagara 提供 LoopPoint 组件实现 PID 控制，如图 3-6 所示。其中，Controlled Variable 表示被控量，对应图 3-4 中的 y；Setpoint 表示给定值，对应图 3-4 中的 r；数字 PID 控制算法公式中的比例增益 K_p、积分系数 K_i 和微分系数 K_d 分别对应 Proportional Constant、Integral Constant 和 Derivative Constant。

LoopPoint (Loop Point)	
Facets	units=null,precision=1,min=-inf,max=+inf
Proxy Ext	null
Out	0.0 {ok}
Loop Enable	true {ok}
Input Facets	units=null,precision=1,min=-inf,max=+inf
Controlled Variable	0.0 {ok}
Setpoint	0.0 {ok}
Execute Time	+00000h 00m 00.500s
Actual Time	0
Loop Action	Direct
Disable Action	Zero
Tuning Facets	units=null,precision=3,min=-inf,max=+inf
Proportional Constant	0.000
Integral Constant	0.000
Derivative Constant	0.000
Bias	0.00
Maximum Output	100.00
Minimum Output	0.00
Ramp Time	+00000h 00m 00s
Propagate Flags	☐ disabled ☐ fault ☐ down ☐ alarm ☐ stale ☐ overridden ☐ null ☐ unackedAlarm

图 3-6　LoopPoint 组件

制冷 PID 控制的被控量为温度，输出为制冷阀开度。步骤如下：

1）在 Niagara 站点中创建一个文件夹，命名为 PIDControl。

2）双击该文件夹进入 WireSheet 视图，在该视图右键菜单选择 New->Numeric Writable，创建一个数值型数据点，将其命名为 SpaceTemp。

3）双击该点进入 Property Sheet，配置 Facets-units-Unit 为℃，如图 3-7 所示。

4）在该数据点上右键菜单选择 Action-Set，设置其默认值为 25。

5）在该点上右键菜单选择 Duplicate，复制生成另外一个数据点，将其命名为 Setpoint，右键选择 Action-Set，设置其默认值为 20。

6）在 PIDControl WireSheet 视图上右键新建一个 Numeric Writable 点，将其命名为 CoolValve，进入 Property Sheet，设置 Facets-units-Unit 为 %。

7）打开 Niagara KitControl Palette，在 HVAC 文件夹下拖拽 LoopPoint 组件至 PIDControl WireSheet 视图上，双击该组件进入 Property Sheet，可对 Proportional Constant 和 Integral Constant 进行设置。

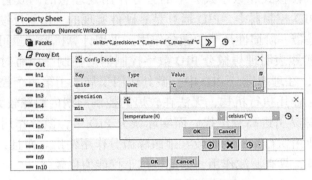

图 3-7　创建并配置数值型数据点

8）用 SineWave 组件模拟环境温度 10 ～ 30℃ 周期变化。在 KitControl Palette Util 文件中拖拽 SineWave 组件至 WireSheet 视图，双击进入 Property Sheet，配置 Facets、Period、Amplitude 和 Offset，如图 3-8 所示。

图 3-8　SineWave 组件模拟环境温度

9）参照图 3-9，完成组件间的连线。可调整给定值和 PID 参数，观察 PID 控制的输出变化。

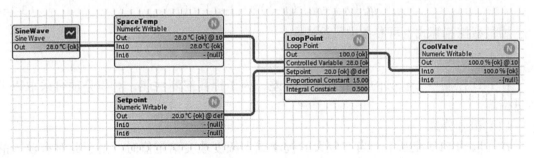

图 3-9　组件间的连线

3.2.2　数字 PID 控制算法的改进

在计算机控制系统中的数字 PID 算法是由软件实现的，因此，可非常方便地根据不同控制对象的情况以及控制品质的要求进行改进。本节主要讨论实际微分 PID 的实现，

69

如何改进积分作用和微分作用。

1. 实际微分 PID 控制

标准 PID 算法（模拟式和数字式）中的微分作用是理想的，故它们被称为理想微分 PID 算法。在模拟 PID 控制器中，PID 运算是靠硬件实现的，由于反馈电路本身特性的限制，实际上实现的是带一阶惯性环节的微分作用。采用计算机控制虽可方便地实现理想微分的差分形式，但实践表明理想微分 PID 数字控制器的控制品质有时不够理想。究其原因，如图 3-10 所示，在理想微分 PID 中，微分作用仅局限于第一个控制周期有一个大幅度的输出。一般的工业用执行机构，无法在较短的控制周期内跟踪较大的微分作用输出。而且，理想微分还容易引进高频干扰。而实际微分 PID 中，微分作用能持续多个控制周期，使得一般的工业用执行机构能比较好地跟踪微分作用输出。而且，由于实际微分 PID 中含有一阶惯性环节，具有滤波作用，因此，抗干扰能力也较强。

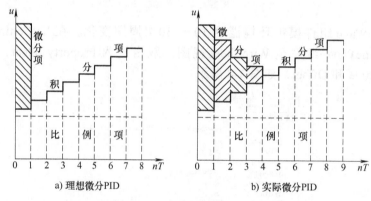

a) 理想微分PID b) 实际微分PID

图 3-10 PID 数字控制器的阶跃响应

实际上，在计算机控制系统中实现实际微分 PID，只需要在理想微分 PID 之后，增加一个数字滤波器中的一阶滞后滤波器即可。

在理想 PID 之后增加一阶滞后滤波：

$$u_m(n) = au_m(n-1) + (1-a)u(n) \tag{3-16}$$

增量型控制算式也可参考进行设计。

2. 积分项的改进

在 PID 控制中，积分的作用是消除残差，为了提高控制性能，对积分项可采取以下改进措施。

（1）积分分离

在一般的 PID 控制中，当有较大的扰动或大幅度改变给定值时，由于此时有较大的偏差，以及系统有惯性和滞后，故在积分项的作用下，往往会产生较大的超调和长时间的波动。特别对于温度、成分等变化缓慢的过程，这一现象更为严重。为此，可采用积分分离措施，当偏差 $e(n)$ 较大时，取消积分作用；当偏差 $e(n)$ 较小时，才使用积分作用。即

当 $|e(n)| > \beta$ 时，用 PD 控制。

当 $|e(n)| \leq \beta$ 时，用 PID 控制。

式中，β 为积分分离值。β 应根据具体对象及要求确定。若 β 值过大，则达不到积分分离的目的；若 β 值过小，一旦被控量无法跳出积分分离区，只进行 PD 控制，将会出现残差，如图 3-11 曲线 b 所示。

（2）抗积分饱和

为了提高运算精度，PID 计算通常采用双字节或浮点数。由于长时间存在偏差或偏差较大，计算出的控制量有可能超出 D/A 所能表示的数值范围或执行机构的极限位置。对于这种情况，尽管计算 PID 差分方程式所得的结果继续增大或减小，而执行机构已无相应的动作，这就称为积分饱和。当出现积分饱和时，势必使超调量增加，控制品质变坏。防止积分饱和的办法之一为，对运算出的控制量限幅，同时把积分作用切除掉。

（3）梯形积分

在 PID 控制器中，积分项的作用是消除残差，应提高积分项的运算精度。为此，可将矩形积分改为梯形积分，如图 3-12 所示。梯形积分的计算式为

$$\int_0^t e(t)\mathrm{d}t = \sum_{j=1}^n \frac{e(j) + e(j-1)}{2}T \tag{3-17}$$

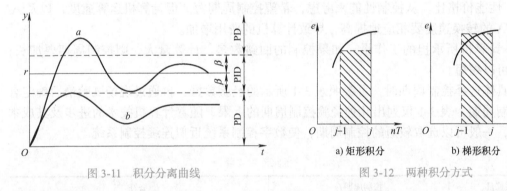

图 3-11　积分分离曲线　　　　　　　图 3-12　两种积分方式

3. 微分先行 PID 算法

当控制系统的给定值发生阶跃变化时，微分动作将导致控制量产生大幅度的变化，这样不利于生产的稳定操作。为了避免给定值变化过大对控制系统带来冲击，可在微分项中不考虑给定值，只对测量值（被控量）进行微分，即为微分先行 PID 算法。考虑到在正反作用下，偏差的计算方法不同，即

$$e(n) = y(n) - r(n)（正作用） \tag{3-18}$$

$$e(n) = r(n) - y(n)（反作用） \tag{3-19}$$

标准 PID 增量算式中的微分项为

$$\Delta u_\mathrm{d}(n) = K_\mathrm{d}\big[e(n) - 2e(n-1) + e(n-2)\big] \tag{3-20}$$

改进后的微分项算式为

$$\Delta u_\mathrm{d}(n) = K_\mathrm{d}\big[y(n) - 2y(n-1) + y(n-2)\big]（正作用） \tag{3-21}$$

71

$$\Delta u_{\mathrm{d}}(n) = -K_{\mathrm{d}}\left[y(n) - 2y(n-1) + y(n-2)\right](反作用) \qquad (3\text{-}22)$$

3.2.3　数字 PID 控制参数的整定

数字 PID 控制系统需要通过参数整定才能正常运行。与模拟 PID 控制不同的是，除了整定比例增益 K_{p}、积分时间 T_{i}、微分时间 T_{d} 和微分增益 K_{d} 外，还要确定系统的控制周期 T_{c}。

1. 控制周期的选取

控制周期的选取受到多方面因素的限制，需综合考虑确定。选取控制周期时，一般应考虑下列几个因素：

1）控制周期应远小于被控对象扰动信号的周期。

2）控制周期应比被控对象的时间常数小得多，否则无法反映瞬变过程。

3）考虑执行器的响应速度。如果执行器的响应速度比较慢，那么过短的控制周期将失去意义。

4）对象所要求的调节品质。在计算机运算速度允许的情况下，控制周期短，调节品质好。

5）性能价格比。从控制性能来考虑，希望控制周期短。但计算机运算速度，以及 A/D 和 D/A 的转换速度要相应地提高，导致计算机的费用增加。

6）计算机所承担的工作量。如果控制的回路数多、计算量大，则控制周期要加长；反之，可以缩短。

在具体选择控制周期时，可参照表 3-1 所示的经验数据，再通过现场试验最后确定合适的控制周期。表 3-1 仅列出几种经验控制周期的上限，随着计算机技术的进步及其成本的下降，一般可以选取较短的控制周期，使数字控制系统近似连续控制系统。

表 3-1　经验控制周期

被控量	控制周期 /s	备注
流量	$1 \sim 2$	优先选用 1s
压力	$2 \sim 3$	优先选用 2s
液位	$3 \sim 5$	优先选用 3s
温度	$5 \sim 8$	优先选用 5s，或对象纯迟延时间 τ
成分	$10 \sim 20$	优先选用 15s

2. PID 控制参数的工程整定法

随着计算机技术的发展，一般可以选较短的控制周期 T_{c}，它相对于被控对象的时间常数 T_{p} 来说也就更短了。所以数字 PID 控制参数的整定一般首先按模拟 PID 控制参数整定的方式来选择，然后再适当调整，并考虑控制周期 T_{c} 对整定参数的影响。

由于模拟 PID 控制器应用历史悠久，已研究出多种参数整定方法，很多资料都有详细论述，这里只作简要说明。

1）衰减曲线法：首先选用纯比例控制，给定值作阶跃扰动，从较小的比例增益开始，逐步增大，直到被控量出现 4∶1 衰减过程为止，然后按照经验公式计算 PID 参数。

2）稳定边界法：首先选用纯比例控制，给定值作阶跃扰动，从较小的比例增益开始，逐步增大，直到被控量临界振荡为止，然后按照经验公式计算 PID 参数。

3）动态特性法：上述两种方法直接在闭环系统上进行参数整定。而动态特性法却是在系统处于开环情况下进行参数整定。根据被控对象的阶跃响应曲线，按照经验公式计算 PID 参数。

上述 PID 控制参数的工程整定法基本上属于试验加试凑的人工整定法，这类整定工作不仅费时费事，而且往往需要熟练的技巧和工程经验。同时，被控对象特性发生变化时，也需要 PID 控制器的参数实时作相应调整以免影响控制品质。因此，PID 控制参数的自整定法成为过程控制的热门研究课题。所谓参数自整定就是在被控对象特性发生变化后，立即使 PID 控制参数随之作相应的调整，使得 PID 控制器具有一定的"自调整"或"自适应"能力。众多专家为此做了许多研究工作，提出了多种自整定参数法，本节简单介绍模型参数法、特征参数法和专家整定法。

（1）模型参数法

模型参数法是基于被控对象模型参数的自适应 PID 控制器，也就是在线辨识被控对象的模型参数，再用这些模型参数来自动调整 PID 控制器的参数。

基于被控对象模型参数的自适应 PID 控制算法的首要工作是，在线辨识被控对象的模型参数。这就需要占用计算机较多的软硬件资源，在工业应用中有时要受到一定的制约。

（2）特征参数法

所谓特征参数法就是抽取被控对象的某些特征参数，以其为依据自动整定 PID 控制参数。基于被控对象特征参数的 PID 控制参数自整定法的首要工作是，在线辨识被控对象某些特征参数，如临界增益和临界周期。这种在线辨识特征参数占用计算机较少的软硬件资源，在工业中应用比较方便。典型的有齐格勒 - 尼柯尔斯（Ziegler-Nichols）研究出的临界振荡法，在此基础上 K.J.Astrom 又进行了改进，采用具有滞环的继电器非线性反馈控制系统。

（3）专家整定法

人工智能和自动控制相结合，形成了智能控制；专家系统和自动控制相结合，形成了专家控制。用人工智能中的模式识别和专家系统中的推理判断等方法来整定 PID 控制参数，已取得工业应用成果。所谓专家整定法就是模仿人工整定参数的推理决策过程，自动整定 PID 控制参数。首先将人工整定的经验和技巧归纳为一系列整定规则，再对实时采集的被控系统信息进行分析判断，然后自动选择某个整定规则，并将被控对象的响应曲线与控制目标曲线比较，反复调整比较，直到满足控制目标为止。

3. Lambda 参数整定方法

齐格勒 - 尼柯尔斯（Ziegler-Nichols，ZN）整定方法给出了一条基于工程实践确定 PID 参数的途径，启发了很多工程师和学者沿着该途径开展研究，并在实践过程中，针对其问题提出了百种以上的 PID 参数整定方法。ZN 整定方法的主要问题包括：

1）ZN 整定的 PID 控制器，在设定值阶跃变化时会表现为 1/4 衰减振荡，所以设定值阶跃变化时过程变量会超过设定值并在其附近振荡几次。这种整定方法不能满足多样化的控制要求，例如不适用于设定值阶跃变化不允许超调的过程，而且控制目标是 1/4 衰减振荡，也易导致执行机构在闭环控制系统稳定前要反转几次方向，增加了机构的磨损。

2）ZN 整定方法不适用于大纯滞后被控对象，导致工业界普遍片面认为大纯滞后被控对象不能使用 PID 控制。

3）ZN 整定法要求控制系统首先使用纯比例控制，使闭环系统等幅振荡。现场往往不能接受这个整定过程。当被控对象没有纯滞后或者纯滞后很小时，即使比例作用非常强，闭环系统也很难等幅振荡。

4）ZN 整定方法通过查表获得 PID 参数，缺少根据需要灵活设置整定参数的途径。

Lambda 参数整定方法针对上述问题提出了新的整定思路，其整定目标不同于 ZN 整定方法，是实现有超调无振荡响应。该方法的有效性已在工程实践中得到了大量的检验和广泛的认可。

考虑到 PID 控制器是只有三个可调参数的线性控制方法，Lambda 参数整定方法将控制对象都简化为一阶纯滞后系统表示，对应时间常数 T、增益 K 和纯滞后时间 τ 三个特征参数。通过研究得出合理的比例增益与被控对象的时间常数成正比，增益和纯滞后时间成反比，为了避免比例增益过强引起振荡现象，并可根据期望的闭环响应速度调整比例增益，在公式中增加了期望闭环响应时间常数 T_1，形成 Lambda 参数整定公式

$$K_p = \frac{T}{K} \times \frac{1}{\tau + T_1}, T_i = T \tag{3-23}$$

Lambda 参数整定方法没有使用微分，但能够实现大部分过程工业的有效控制，其中，期望闭环响应时间常数一般可以纯滞后时间作为默认值，并根据期望的目标进行调整。

3.3 基于数字 PID 控制的复杂控制系统

简单控制系统指单输入单输出的单回路控制系统，是一种最基本、使用最广泛的控制系统。在实际计算机控制系统中，有些被控对象特性比较复杂，被控量不止一个，生产工艺对控制品质的要求又比较高；有些被控对象特性并不复杂，但控制要求却比较特殊，对于这些情况单回路控制系统就无能为力了。为此，需要在单回路 PID 控制的基础上，采取一些措施组成复杂控制系统。在复杂控制系统中可能有几个过程测量值、几个 PID 控制器以及不止一个执行机构；或者尽管主控制回路中被控量、PID 控制器和执行机构各有一个，但还有其他的过程测量值、运算器或补偿器构成辅助控制回路，这样主辅控制回路协同完成复杂控制功能。复杂控制系统中有几个闭环回路，因而也称多回路控制系统。

常用的复杂控制系统有串级、前馈、比值、选择性、分程、纯迟延补偿和解耦控制系统等，下面将分别叙述。

3.3.1 串级控制系统

有时为了提高控制品质，必须同时调节相互有联系的两个过程参数，用这两个被控参数构成串级控制系统，即由两个 PID 控制器串联而成，如图 3-13 所示。其中 PID₁ 为主

控制器，PID$_2$ 为副控制器，并有相应的主被控量 PV$_1$ 和副被控量 PV$_2$。主控制量 u_1 作为 PID$_2$ 副控制器的给定值 SV$_2$，副控制量 u_2 作用于执行机构，实施控制功能。

在串级控制系统中有内、外两个闭环回路。其中由副控制器 PID$_2$ 和副对象形成的内闭环称为副环或副回路；由主控制器 PID$_1$ 和主对象形成的外闭环称为主环或主回路。由于主、副控制器串联，副回路串在主回路之中，故称为串级控制系统。

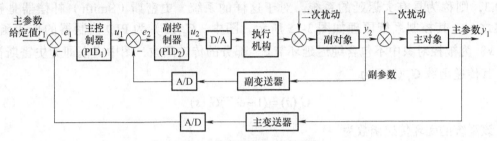

图 3-13　串级 PID 控制系统

串级控制系统的计算顺序是先主回路后副回路，控制方式有两种，一种是异步控制方式，即主回路的控制周期是副回路控制周期的整数倍。这是因为串级控制系统中主被控对象的响应速度慢，副被控对象的响应速度快。另一种是同步控制方式，即主、副回路的控制周期相同，但应以副回路控制周期为准，因为副被控对象的响应速度较快。

3.3.2　前馈控制系统

上述单回路和串级控制是基于反馈控制，只有被控量与给定值之间形成偏差后才会有控制作用。这样的控制无疑带有一定的被动性，特别是对于频繁出现的大扰动，控制品质往往不能令人满意。为此，对于可测量的扰动量可以直接通过前馈补偿器作用于被控对象，以便消除扰动对被控量的影响。

前馈补偿器属于开环控制，很少单独使用，通常采用和反馈控制相结合的方式构成前馈 - 反馈 PID 控制系统，如图 3-14 所示。图中，$G_f(s)$ 为前馈补偿器的传递函数；$G_d(s)$ 为扰动通道的传递函数，$G(s)$ 为对象控制通道的传递函数。若要前馈作用完全补偿干扰的影响，则应使干扰引起的被控量变化为 0。由此可得，前馈补偿器 $G_f(s)$ 的传递函数为

$$G_f(s) = -G_d(s)/G(s) \tag{3-24}$$

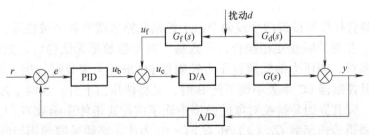

图 3-14　前馈 - 反馈 PID 控制系统

前馈补偿器将扰动控制量直接作用于执行器，响应速度比主回路快。为了进一步提高

串级 PID 控制系统的控制品质, 可以将前馈补偿器与串级 PID 控制相结合构成前馈 - 串级 PID 控制系统。

3.3.3 纯迟延补偿控制系统

被控对象的纯迟延 τ 与时间常数 T_p 之比 (τ/T_p) 越大, 系统就越不易控制。如果 $\tau/T_p > 0.3$, 则称为具有大迟延的系统。对于这样的系统, 史密斯 (Smith) 补偿器是解决方案之一, 其控制系统原理如图 3-15 所示。图中, $G_c(s)$ 为 PID 控制器的传递函数, $G_p(s)$ 为被控对象中不包含纯迟延环节 $e^{-\tau s}$ 部分的传递函数, 图中虚框即为史密斯补偿器, 其传递函数 $G_s(s)$ 为

$$G_s(s) = (1 - e^{-\tau s})G_p(s) \tag{3-25}$$

该系统的闭环传递函数为

$$\frac{Y(s)}{R(s)} = \frac{G_c(s)G_p(s)e^{-\tau s}}{1 + G_c(s)G_p(s)} \tag{3-26}$$

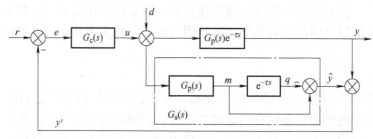

图 3-15   史密斯补偿器控制系统原理

此时系统的特征方程中已不包含 $e^{-\tau s}$ 项。这就是说, 已经消除了纯迟延对系统控制品质的影响。当然, 闭环传递函数分子上的 $e^{-\tau s}$ 说明被控量 y 响应还是比给定值 r 滞后 τ 时间。

史密斯补偿器对被控对象模型的误差十分敏感, 为了适应工业应用, 许多研究者又在史密斯补偿器的基础上研究了多种改进方案。

3.3.4 解耦控制系统

一个生产装置往往要设置两个或两个以上控制回路来调节各个被控量, 由于回路之间可能互相影响、互相关联或互相耦合, 导致每个被控参数都无法稳定。如图 3-16 所示的压力流量控制系统, 当压力偏低通过压力控制器 PC 来开大调节阀 A 时, 流量也将增加。于是, 通过流量控制器 FC 来关小调节阀 B 时, 又将使压力上升。这两个控制回路互相关联或互相耦合。究其原因是被控对象的模型中除了主控通道传递函数 $G_{11}(s)$ 和 $G_{22}(s)$ 外, 还有耦合通道传递函数 $G_{21}(s)$ 和 $G_{12}(s)$。为此, 必须采取解耦控制, 即在控制器与被控对象之间设置解耦器, 消除控制回路之间的关联。本节以双输入双输出系统为例进行说明。

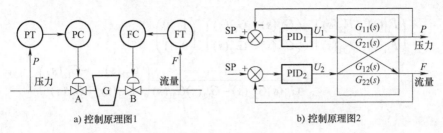

a) 控制原理图1　　　　　b) 控制原理图2

图 3-16　耦合控制系统

双输入双输出解耦控制系统中，在 PID 控制器与被控对象之间设置解耦器 $F_{ij}(s)$。被控量与控制量之间的系统传递矩阵为

$$\begin{pmatrix} Y_1(s) \\ Y_2(s) \end{pmatrix} = \begin{pmatrix} G_{11}(s) & G_{12}(s) \\ G_{21}(s) & G_{22}(s) \end{pmatrix} \begin{pmatrix} F_{11}(s) & F_{12}(s) \\ F_{21}(s) & F_{22}(s) \end{pmatrix} \begin{pmatrix} U_1(s) \\ U_2(s) \end{pmatrix} \tag{3-27}$$

如果使系统传递矩阵为对角矩阵，就解除了系统间耦合，Y_1 和 Y_2 两个控制回路不再关联，成为两个独立的单回路。为此，要求 $G(s)F(s)$ 乘积为对角矩阵，对其非零元素又有对角矩阵和单位矩阵两种选取方法。

1. 对角矩阵法

对角矩阵法要求 $G(s)F(s)$ 乘积的对角矩阵元素是被控对象主控通道的传递函数 $G_{11}(s)$ 和 $G_{22}(s)$，即

$$\begin{pmatrix} G_{11}(s) & G_{12}(s) \\ G_{21}(s) & G_{22}(s) \end{pmatrix} \begin{pmatrix} F_{11}(s) & F_{12}(s) \\ F_{21}(s) & F_{22}(s) \end{pmatrix} = \begin{pmatrix} G_{11}(s) & 0 \\ 0 & G_{22}(s) \end{pmatrix} \tag{3-28}$$

如果矩阵 $G(s)$ 的逆存在，将式（3-28）两边左乘 $G(s)$ 的逆矩阵，可得到解耦器矩阵为

$$\begin{aligned}
\begin{pmatrix} F_{11}(s) & F_{12}(s) \\ F_{21}(s) & F_{22}(s) \end{pmatrix} &= \begin{pmatrix} G_{11}(s) & G_{12}(s) \\ G_{21}(s) & G_{22}(s) \end{pmatrix}^{-1} \begin{pmatrix} G_{11}(s) & 0 \\ 0 & G_{22}(s) \end{pmatrix} \\
&= \frac{1}{G_{11}(s)G_{22}(s) - G_{12}(s)G_{21}(s)} \begin{pmatrix} G_{22}(s) & -G_{12}(s) \\ -G_{21}(s) & G_{11}(s) \end{pmatrix} \begin{pmatrix} G_{11}(s) & 0 \\ 0 & G_{22}(s) \end{pmatrix} \\
&= \frac{1}{G_{11}(s)G_{22}(s) - G_{12}(s)G_{21}(s)} \begin{pmatrix} G_{22}(s)G_{11}(s) & -G_{12}(s)G_{22}(s) \\ -G_{21}(s)G_{11}(s) & G_{11}(s)G_{22}(s) \end{pmatrix}
\end{aligned} \tag{3-29}$$

2. 单位矩阵法

单位矩阵法要求 $G(s)F(s)$ 乘积的对角矩阵是单位矩阵，即

$$\begin{pmatrix} G_{11}(s) & G_{12}(s) \\ G_{21}(s) & G_{22}(s) \end{pmatrix} \begin{pmatrix} F_{11}(s) & F_{12}(s) \\ F_{21}(s) & F_{22}(s) \end{pmatrix} = \begin{pmatrix} 1 & 0 \\ 0 & 1 \end{pmatrix} \tag{3-30}$$

如果矩阵 $G(s)$ 的逆存在，将式（3-30）两边左乘 $G(s)$ 的逆矩阵，可得到解耦器矩阵为

77

$$
\begin{pmatrix} F_{11}(s) & F_{12}(s) \\ F_{21}(s) & F_{22}(s) \end{pmatrix} = \begin{pmatrix} G_{11}(s) & G_{12}(s) \\ G_{21}(s) & G_{22}(s) \end{pmatrix}^{-1} \begin{pmatrix} 1 & 0 \\ 0 & 1 \end{pmatrix}
$$
$$
= \frac{1}{G_{11}(s)G_{22}(s) - G_{12}(s)G_{21}(s)} \begin{pmatrix} G_{22}(s) & -G_{12}(s) \\ -G_{21}(s) & G_{11}(s) \end{pmatrix}
$$

(3-31)

3. 前馈补偿法

前馈补偿法原理同样适用于解耦控制系统，用前馈补偿法解耦的控制系统如图 3-17 所示。图中，$F_{21}(s)$ 和 $F_{12}(s)$ 可看作是前馈补偿器，$G_{21}(s)$ 和 $G_{12}(s)$ 可看作是扰动通道，$G_{11}(s)$ 和 $G_{22}(s)$ 是主控通道。根据前馈控制的"不变性"原理，应使下列两式等于 0，即

$$
\frac{Y_2(s)}{V_1(s)} = G_{21}(s) + F_{21}(s)G_{22}(s) = 0 \tag{3-32}
$$

$$
\frac{Y_1(s)}{V_2(s)} = G_{12}(s) + F_{12}(s)G_{11}(s) = 0 \tag{3-33}
$$

由式（3-32）和式（3-33）可分别求得前馈解耦器的算式为

$$
F_{21}(s) = -\frac{G_{21}(s)}{G_{22}(s)} \tag{3-34}
$$

$$
F_{12}(s) = -\frac{G_{12}(s)}{G_{11}(s)} \tag{3-35}
$$

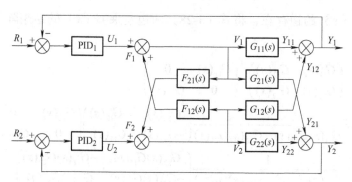

图 3-17　前馈补偿解耦控制系统

3.4　模型预测控制

20 世纪 50 年代末 60 年代初，以状态空间方法为基础的现代控制理论对控制理论的发展起到了积极的推动作用。状态反馈、自适应控制等一系列多变量控制系统设计方法被提出，对于状态不能直接测量的问题，也有观测器和估计器等工具。然而现代控制理论真正应用于工业生产过程，却遇到了前所未有的困难。因为实际工业过程往往很难建立其精

确的数学模型，即使一些对象能够建立起数学模型，其结构也往往十分复杂，难于设计并实现有效控制。自适应、自校正控制技术，虽然能在一定程度上解决不确定性问题，但其本质仍要求在线辨识对象模型，所以算法复杂、计算量大，且它对过程的未建模动态和扰动的适应能力差，系统的鲁棒性尚有待进一步解决，故应用范围受到限制。因此在实际工业过程中，应用现代控制理论设计的控制器的控制效果往往还不如 PID 控制器好。这就产生了理论和应用不协调的现象，但是也孕育了新的突破。模型算法控制（Model Algorithmic Control，MAC）和动态矩阵控制（Dynamic Matrix Control，DMC）被提出并在工业过程中得到成功的应用之后，沉闷的局面被打破。通过模型识别、优化算法、控制结构分析、参数整定等一系列的工作，基于模型控制的理论体系基本形成，并成为现代控制应用最成功的先进控制策略。

本节主要介绍模型算法控制和动态矩阵控制。

3.4.1　模型算法控制

模型算法控制主要包括：内部模型、反馈校正、滚动优化和参考输入轨迹等部分。它采用基于脉冲响应的非参数模型作为内部模型，用过去和未来的输入输出信息，根据内部模型，预测系统未来的输出状态，经过用模型输出误差进行反馈校正以后，再与参考输入轨迹进行比较，应用二次型性能指标进行滚动优化，然后再计算当前时刻应加于系统的控制动作，完成整个控制循环，MAC 系统控制原理如图 3-18 所示。由于这种算法的基本思想是，首先预测系统未来的输出状态，再去确定当前时刻的控制动作，即先预测后控制，所以具有预见性，它明显优于先有信息反馈，再产生控制动作的经典反馈控制系统，

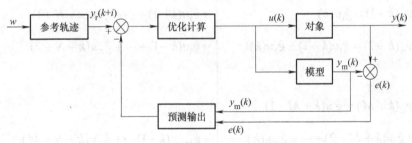

图 3-18　MAC 系统控制原理图

1. 输出预测

模型算法控制采用被控对象的脉冲响应模型描述。设被控对象真实模型的离散差分形式为

$$y(k+1) = g_1u(k) + g_2u(k-1) + \cdots + g_Nu(k-N+1) + \xi(k+1)$$
$$= g(z^{-1})u(k) + \xi(k) \tag{3-36}$$

式中，$y(k+1)$ 为 $k+1$ 时刻系统的输出；$u(k)$ 为 k 时刻系统的输入；$\xi(k+1)$ 为 $k+1$ 时刻系统的不可测干扰或噪声；N 为脉冲响应序列长度，$N=20 \sim 50$；$g_1, g_2, \cdots, g_N$ 为系统的真实脉冲响应序列值，$g(z^{-1}) = g_1 + g_2z^{-1} + \cdots + g_Nz^{-N+1}$。

系统的真实脉冲传递函数为

$$G(z^{-1}) = z^{-1}g(z^{-1}) \tag{3-37}$$

由于系统的真实模型未知，需要通过实测或参数估计得到。通过实测或参数估计得到的模型称为内部模型或预测模型

$$y_{\mathrm{m}}(k+1) = \hat{g}_1 u(k) + \hat{g}_2 u(k-1) + \cdots + \hat{g}_N u(k-N+1) = \hat{g}(z^{-1})u(k) \tag{3-38}$$

式中，$y_{\mathrm{m}}(k+1)$ 为 $k+1$ 时刻预测模型输出；$\hat{g}_1, \hat{g}_2, \cdots, \hat{g}_N$ 为系统的实测或估计脉冲响应序列值，$\hat{g}(z^{-1}) = \hat{g}_1 + \hat{g}_2 z^{-1} + \cdots + \hat{g}_N z^{-N+1}$。

内部模型的传递函数为

$$\hat{G}(z^{-1}) = z^{-1}\hat{g}(z^{-1}) \tag{3-39}$$

脉冲响应模型如图 3-19 所示。

在实际工业控制过程中，常采用多步预测输出的办法来扩大预测的信息量，以提高系统的抗干扰性和鲁棒性。

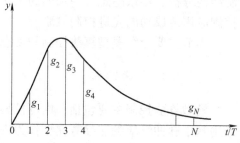

图 3-19　脉冲响应模型

对于多步预测情况，预测模型输出为

$$y_{\mathrm{m}}(k+i) = \hat{g}(z^{-1})u(k+i-1) \quad (i=1,2,\cdots,P) \tag{3-40}$$

式中，P 为多步输出预测时域长度（$N \geqslant P \geqslant M$）；$M$ 为控制时域长度。

将式（3-40）从 $i=1$ 到 $i=P$ 写成展开式有

$$
\begin{aligned}
y_{\mathrm{m}}(k+1) &= \hat{g}_1 u(k) & &+\hat{g}_2 u(k-1) + \cdots + \hat{g}_N u(k-N+1) \\
y_{\mathrm{m}}(k+2) &= \hat{g}_1 u(k+1) + \hat{g}_2 u(k) & &+\hat{g}_3 u(k-1) + \cdots + \hat{g}_N u(k-N+2) \\
&\ \ \vdots & &\qquad\qquad \vdots \\
y_{\mathrm{m}}(k+M) &= \hat{g}_1 u(k+M-1) & & \\
&+\hat{g}_2 u(k+M-2) + \cdots + \hat{g}_M u(k) & &+\hat{g}_{M+1}u(k-1)\cdots + \hat{g}_N u(k-N+M) \\
&\ \ \vdots & &\qquad\qquad \vdots \\
y_{\mathrm{m}}(k+P) &= \sum_{i=1}^{P-M+1} \hat{g}_i u(k+M-1) & & \\
&+\hat{g}_{P-M+2}u(k+M-2) + \cdots + \hat{g}_P u(k) & &+\hat{g}_{P+1}u(k-1) + \cdots + \hat{g}_N u(k-N+P)
\end{aligned}
\tag{3-41}
$$

待求未知控制量产生的预测输出　　　　　　已知控制量产生的预测输出

式（3-41）推导时考虑到在 $k+M-1$ 时刻后控制量不再改变，即有

$$u(k+M-1) = u(k+M) = \cdots = u(k+P-1)$$

显然，多步预测模型输出包括两部分。第一是过去已知的控制量所产生的预测模型输

出部分，它相当于多步预测模型输出初值；第二是由现在和未来将施加于系统，影响系统未来行为的控制量所产生的预测模型输出部分，它可根据某一优化指标选取待求的现在和未来控制量，以获得所期望的预测模型输出。

将式（3-40）写成矢量矩阵形式

$$Y_m(k+1) = GU(k) + F_0 U(k-1) \tag{3-42}$$

式中，$Y_m(k+1)$ 为预测模型输出矢量，$Y_m(k+1) = (y_m(k+1), y_m(k+2), \cdots, y_m(k+P))^T$；$U(k)$ 为待求控制矢量，$U(k) = (u(k), u(k+1), \cdots, u(k+M-1))^T$；$U(k-1)$ 为已知控制矢量，$U(k-1) = (u(k-N+1), u(k-N+2), \cdots, u(k-2), u(k-1))^T$。

$$G = \begin{pmatrix} \hat{g}_1 & & & \\ \hat{g}_2 & \hat{g}_1 & & 0 \\ \vdots & \vdots & & \\ \hat{g}_P & \hat{g}_{P-1} & \cdots & \sum_{i=1}^{P-M+1} \hat{g}_i \end{pmatrix}_{P \times M} \tag{3-43}$$

$$F_0 = \begin{pmatrix} \hat{g}_N & \hat{g}_{N-1} & \hat{g}_{N-2} & \cdots & \hat{g}_3 & \hat{g}_2 \\ & \hat{g}_N & \hat{g}_{N-1} & \cdots & \hat{g}_4 & \hat{g}_3 \\ & & & & \vdots & \vdots \\ & \ddots & & & & \\ 0 & & \hat{g}_N & \cdots & \hat{g}_{P+2} & \hat{g}_{P+1} \end{pmatrix}_{P \times (N-1)} \tag{3-44}$$

考虑到实际对象中存在着时变或非线性等因素，模型存在误差，加上系统中的各种随机干扰，使得预测模型不可能与实际对象的输出完全一致，因此，需要对上述开环模型进行修正。在预测控制中常用输出误差反馈校正方法，即闭环预测。具体做法是，将第 k 步的实际对象输出测量值 $y(k)$ 与预测模型输出 $y_m(k)$ 之间的误差，加到模型的预测输出上，即得到闭环输出预测

$$Y_P(k+1) = Y_m(k+1) + h[y(k) - y_m(k)] = GU(k) + F_0 U(k-1) + he(k) \tag{3-45}$$

式中，$Y_P(k+1)$ 为系统输出预测矢量，$Y_P(k+1) = (y_P(k+1), y_P(k+2), \cdots, y_P(k+P))^T$；$Y_m(k+1)$ 为预测模型输出矢量，$Y_m(k+1) = (y_m(k+1), y_m(k+2), \cdots, y_m(k+P))^T$；$e(k)$ 为 k 时刻预测模型输出误差，$e(k) = y(k) - y_m(k)$；$h = (h_1, h_2, \cdots, h_P)^T$（一般令 $h_1 = 1$）。

2. 参考轨迹

在模型算法控制中，控制的目的是使系统的输出沿着一条事先规定的曲线逐渐到达设定值，这条指定的曲线称为参考轨迹 y_r，通常参考轨迹采用从现在时刻实际输出值出发的一阶指数形式。它在未来 i 个时刻的值为

$$y_r(k+i) = y(k) + [r - y(k)]\left(1 - e^{-\frac{iT_0}{\tau}}\right) \quad (i = 1, 2, \cdots) \tag{3-46}$$

$$y_r(k) = y(k)$$

式中，τ 为参考轨迹时间常数；T_0 为采样周期。

若令 $\alpha_r = e^{-T_0/\tau}$，则式（3-46）可写成

$$y_r(k+i) = \alpha_r^i y(k) + (1-\alpha_r^i)\omega \quad (i=1,2,\cdots) \tag{3-47}$$

$$y_r(k) = y(k)$$

采用上述形式的参考轨迹，将减小过量的控制作用，使系统的输出能平滑地到达设定值。还可看出，参考轨迹的时间常数越大，则 α_r 的值也越大，系统的柔性越好，鲁棒性越强，但控制的快速性却变差。因此，在 MAC 系统的设计中，α_r 是一个很重要的参数，它对闭环系统的动态特性和鲁棒性将起重要作用。

3. 最优控制律计算

当选用包括输出预测误差和控制量加权的二次型性能指标，其表示式如下：

$$J_P = \sum_{i=1}^{P} q_i[y_P(k+i) - y_r(k+i)]^2 + \sum_{j=1}^{M} \lambda_j[u(k+j-1)]^2 \tag{3-48}$$

式中，q_i、λ_j 为多步预测输出误差和控制量的加权系数。

将性能指标写成矢量 / 矩阵形式

$$\begin{aligned}
\boldsymbol{J}_P &= [\boldsymbol{Y}_P(k+1) - \boldsymbol{Y}_r(k+1)]^T \boldsymbol{Q}[\boldsymbol{Y}_P(k+1) - \boldsymbol{Y}_r(k+1)] + \boldsymbol{U}^T(k)\lambda\boldsymbol{U}(k) \\
&= [\boldsymbol{G}\boldsymbol{U}(k) + \boldsymbol{F}_0\boldsymbol{U}(k-1) + \boldsymbol{h}e(k) - \boldsymbol{Y}_r(k+1)]\boldsymbol{Q}[\boldsymbol{G}\boldsymbol{U}(k) + \boldsymbol{F}_0\boldsymbol{U}(k-1) \\
&\quad + \boldsymbol{h}e(k) - \boldsymbol{Y}_r(k+1)] + \boldsymbol{U}^T(k)\lambda\boldsymbol{U}(k)
\end{aligned} \tag{3-49}$$

式中，$\boldsymbol{Y}_r(k+1)$ 为参考输入矢量。

$$\boldsymbol{Y}_r(k+1) = [y_r(k+1), y_r(k+2), \cdots, y_r(k+P)]^T$$

$$\boldsymbol{Q} = \text{diag}(q_1, q_2, \cdots, q_P)$$

$$\lambda = \text{diag}(\lambda_1, \lambda_2, \cdots, \lambda_M)$$

上式对未知控制矢量 $\boldsymbol{U}(k)$ 求导，即可求出控制律，令 $\partial J_P / \partial U(k) = 0$，有

$$\boldsymbol{U}(k) = (\boldsymbol{G}^T\boldsymbol{Q}\boldsymbol{G} + \lambda)^{-1}\boldsymbol{G}^T\boldsymbol{Q}[\boldsymbol{Y}_r(k+1) - \boldsymbol{F}_0\boldsymbol{U}(k-1) - \boldsymbol{h}e(k)] \tag{3-50}$$

式（3-50）可以一次同时算出 M 个控制量，但在实际执行时，由于模型误差、系统的非线性特性和干扰等不确定因素的影响，如按式（3-50）求得的控制律去进行当前和未来 M 步的开环顺序控制，则经过 M 步控制后，可能会偏离期望轨迹较多。为了及时纠正这一误差，可采用闭环控制算法，即按式（3-50）算得控制量后，实际只执行当前一步，下一时刻的控制量 $u(k+1)$ 再按式（3-50）递推一步重算。因此，式（3-50）可写成

$$U(k) = (1,0,\cdots,0)(\boldsymbol{G}^{\mathrm{T}}\boldsymbol{Q}\boldsymbol{G}+\lambda)^{-1}\boldsymbol{G}^{\mathrm{T}}\boldsymbol{Q}[\boldsymbol{Y}_{\mathrm{r}}(k+1)-\boldsymbol{F}_0\boldsymbol{U}(k-1)-\boldsymbol{h}e(k)]$$
$$= \boldsymbol{d}^{\mathrm{T}}[\boldsymbol{Y}_{\mathrm{r}}(k+1)-\boldsymbol{F}_0\boldsymbol{U}(k-1)-\boldsymbol{h}e(k)] \tag{3-51}$$

式中，

$$\boldsymbol{d}^{\mathrm{T}} \overset{\mathrm{def}}{=} (1,0,\cdots,0)(\boldsymbol{G}^{\mathrm{T}}\boldsymbol{Q}\boldsymbol{G}+\lambda)^{-1}\boldsymbol{G}^{\mathrm{T}}\boldsymbol{Q} = (d_1,d_2,\cdots,d_P) \tag{3-52}$$

3.4.2　动态矩阵控制

动态矩阵控制是一种重要的预测控制算法，由 Culter（1980 年）提出。与模型算法控制的不同之处是，它采用在工程上易于测取的对象阶跃响应做模型，算法比较简单，计算量较少，鲁棒性较强，适用于有纯时延、开环渐近稳定的非最小相位系统，近年来已在冶金、石油和化工等部门的过程控制中得到成功的应用。

1. 预测模型

当在系统的输入端加上一控制增量后，在各采样时间 $t = T$、$2T$、$\cdots$、NT 分别可在系统的输出端测得一系列采样值，它们可用动态系数 $\hat{a}_1$、$\hat{a}_2$、$\cdots$、$\hat{a}_N$ 来表示（图 3-20），由此构成被控对象的阶跃响应非参数模型。N 是阶跃响应的截断点，称为模型时域长度，N 的选择应使过程响应值已接近其稳态值，即 $\hat{a}_N \approx \hat{a}_\infty$。根据线性系统的比例和叠加性质，利用这一模型，可由给定的输入控制增量，预测系统未来时刻的输出。如在 k 时刻加一控制增量 $\Delta u(k)$，在未来 N 个时刻的模型输出预测值为

$$y_{\mathrm{m}}(k+1/k) = y_0(k+1/k) + \hat{a}_1 \Delta u(k)$$
$$y_{\mathrm{m}}(k+2/k) = y_0(k+2/k) + \hat{a}_2 \Delta u(k)$$
$$\vdots$$
$$y_{\mathrm{m}}(k+N/k) = y_0(k+N/k) + \hat{a}_N \Delta u(k)$$

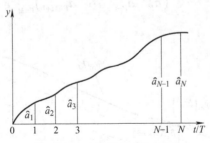

图 3-20　系统阶跃响应曲线

写成矢量形式为

$$\boldsymbol{Y}_{\mathrm{m}}(k+1) = \boldsymbol{Y}_0(k+1) + \boldsymbol{T}\Delta u(k) \tag{3-53}$$

式中，$\boldsymbol{Y}_{\mathrm{m}}(k+1)$ 为 k 时刻有 $\Delta u(k)$ 作用时未来 N 个时刻的预测模型输出矢量

$$\boldsymbol{Y}_{\mathrm{m}}(k+1) = [y_{\mathrm{m}}(k+1/k), y_{\mathrm{m}}(k+2/k), \cdots, y_{\mathrm{m}}(k+N/k)]^{\mathrm{T}}$$

83

$Y_0(k+1)$ 为 k 时刻无 $\Delta u(k)$ 作用时未来 N 个时刻的输出初始矢量

$$Y_0(k+1) = [y_0(k+1/k), y_0(k+2/k), \cdots, y_0(k+N/k)]^{\mathrm{T}}$$

T 为阶跃响应动态系数矢量，$\quad T = (\hat{a}_1, \hat{a}_2, \cdots, \hat{a}_N)^{\mathrm{T}}$

式（3-53）是假定 $\Delta u(k)$ 不再变化而得到的预测结果。如果控制增量在未来 M 个采样间隔都在变化，即 $\Delta u(k)$、$\Delta u(k+1)$、$\cdots$、$\Delta u(k+M-1)$，则系统在未来 P 个时刻的预测模型输出（如图 3-21 所示）为

$$y_{\mathrm{m}}(k+1/k) = y_0(k+1/k) + \hat{a}_1 \Delta u(k)$$
$$y_{\mathrm{m}}(k+2/k) = y_0(k+2/k) + \hat{a}_2 \Delta u(k) + \hat{a}_1 \Delta u(k+1)$$
$$\vdots$$
$$y_{\mathrm{m}}(k+P/k) = y_0(k+P/k) + \hat{a}_P \Delta u(k) + \hat{a}_{P-1} \Delta u(k+1)$$
$$+ \cdots + \hat{a}_{P-M+1} \Delta u(k+M-1)$$

写成矢量/矩阵形式有

$$Y_{\mathrm{m}}(k+1) = Y_0(k+1) + A\Delta U(k) \tag{3-54}$$

式中，$\quad Y_{\mathrm{m}}(k+1) = [y_{\mathrm{m}}(k+1/k), y_{\mathrm{m}}(k+2/k), \cdots, y_{\mathrm{m}}(k+P/k)]^{\mathrm{T}}$

$$Y_0(k+1) = [y_0(k+1/k), y_0(k+2/k), \cdots, y_0(k+P/k)]^{\mathrm{T}}$$

$$\Delta U(k) = [\Delta u(k), \Delta u(k+1), \cdots, \Delta u(k+M-1)]^{\mathrm{T}}$$

A 为动态矩阵

$$A = \begin{pmatrix} \hat{a}_1 & & & \\ \hat{a}_2 & \hat{a}_1 & & 0 \\ \vdots & \vdots & & \\ \hat{a}_P & \hat{a}_{P-1} & \cdots & \hat{a}_{P-M+1} \end{pmatrix}_{P \times M} \tag{3-55}$$

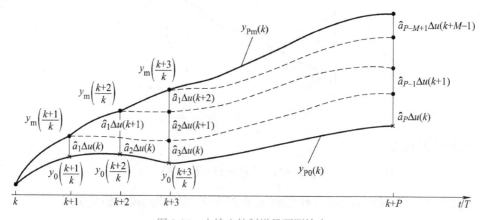

图 3-21　由输入控制增量预测输出

模型输出初值是由 k 时刻以前加在系统输入端的控制增量产生的。假定从 $(k-N)$ 到 $(k-1)$ 时刻加入的控制增量分别为 $\Delta u(k-N)$、$\Delta u(k-N+1)$、$\cdots$、$\Delta u(k-1)$，而在 $(k-N-1)$ 时刻假定 $\Delta u(k-N-1)=\Delta u(k-N-2)=0$，则对于 $y_0(k+1/k)$、$y_0(k+2/k)$、$\cdots$、$y_0(k+P/k)$ 各个分量来说，有下列关系式：

$$y_0(k+1/k)=\hat{a}_N\Delta u(k-N)$$
$$\underbrace{+\hat{a}_N\Delta u(k-N+1)+\hat{a}_{N-1}\Delta u(k-N+2)+\cdots+\hat{a}_3\Delta u(k-2)+\hat{a}_2\Delta u(k-1)}_{N-1项}$$

$$y_0(k+2/k)=\hat{a}_N\Delta u(k-N)+\hat{a}_N\Delta u(k-N+1)+\hat{a}_N\Delta u(k-N+2)$$
$$+\hat{a}_{N-1}\Delta u(k-N+3)+\cdots+\hat{a}_4\Delta u(k-2)+\hat{a}_3\Delta u(k-1)$$
$$\vdots$$
$$y_0(k+P/k)=\underbrace{\hat{a}_N\Delta u(k-N)+\hat{a}_N\Delta u(k-N+1)+\cdots+\hat{a}_N\Delta u(k-N+P)}_{P+1个\hat{a}_N的项}$$
$$+\cdots+\hat{a}_{P+2}\Delta u(k-2)+\hat{a}_{P+1}\Delta u(k-1)$$

将上式写成矢量 / 矩阵形式，有

$$\boldsymbol{Y}_0(k+1)=\underbrace{\begin{pmatrix} \hat{a}_N & \hat{a}_N & \hat{a}_{N-1} & \hat{a}_{N-2} & \cdots & & \hat{a}_3 & \hat{a}_2 \\ \hat{a}_N & \hat{a}_N & \hat{a}_N & \hat{a}_{N-1} & \cdots & & \hat{a}_4 & \hat{a}_3 \\ \vdots & \vdots & \vdots & \vdots & & & \vdots & \vdots \\ \hat{a}_N & \hat{a}_N & \hat{a}_N & \hat{a}_N & \cdots & \hat{a}_{N-1} & \cdots & \hat{a}_{P+2} & \hat{a}_{P+1} \end{pmatrix}}_{P+1个\hat{a}_N}{}_{P\times N} \times \begin{pmatrix} \Delta u(k-N) \\ \Delta u(k-N+1) \\ \Delta u(k-N+2) \\ \vdots \\ \Delta u(k-1) \end{pmatrix}_{N\times 1} \tag{3-56}$$

$$=\overline{\boldsymbol{A}}_0\Delta\boldsymbol{U}(k-1)$$

式中，$\Delta\boldsymbol{U}(k-1)=[\Delta u(k-N),\Delta u(k-N+1),\cdots,\Delta u(k-1)]^{\mathrm{T}}$

$$\overline{\boldsymbol{A}}_0=\underbrace{\begin{pmatrix} \hat{a}_N & \hat{a}_N & \hat{a}_{N-1} & \hat{a}_{N-2} & \cdots & & \hat{a}_3 & \hat{a}_2 \\ \hat{a}_N & \hat{a}_N & \hat{a}_N & \hat{a}_{N-1} & \cdots & & \hat{a}_4 & \hat{a}_3 \\ \vdots & \vdots & \vdots & \vdots & & & \vdots & \vdots \\ \hat{a}_N & \hat{a}_N & \hat{a}_N & \hat{a}_N & \cdots & \hat{a}_{N-1} & \cdots & \hat{a}_{P+2} & \hat{a}_{P+1} \end{pmatrix}}_{P+1个\hat{a}_N}{}_{P\times N}$$

对式（3-56）作进一步变换，将控制增量化为全量形式，并注意到 $\Delta u(k-N-1)=0$，则有

$$\boldsymbol{Y}_0(k+1)=\begin{pmatrix} \hat{a}_N-\hat{a}_{N-1} & \hat{a}_{N-1}-\hat{a}_{N-2} & \hat{a}_{N-2}-\hat{a}_{N-3} & \cdots & \hat{a}_3-\hat{a}_2 & \hat{a}_2 \\ & \hat{a}_N-\hat{a}_{N-1} & \hat{a}_{N-1}-\hat{a}_{N-2} & \cdots & \hat{a}_4-\hat{a}_3 & \hat{a}_3 \\ 0 & & \ddots & & \vdots & \vdots \\ & & & \hat{a}_N-\hat{a}_{N-1} & \cdots & \hat{a}_{P+2}-\hat{a}_{P+1} & \hat{a}_{P+1} \end{pmatrix} \times \begin{pmatrix} u(k-N+1) \\ u(k-N+2) \\ \vdots \\ u(k-1) \end{pmatrix}_{N\times 1} \tag{3-57}$$

$$=\boldsymbol{A}_0\boldsymbol{U}(k-1)$$

式中，$U(k-1) = [u(k-N+1), u(k-N+2), \cdots, u(k-1)]^T$

$$A_0 = \begin{pmatrix} \hat{a}_N - \hat{a}_{N-1} & \hat{a}_{N-1} - \hat{a}_{N-2} & \hat{a}_{N-2} - \hat{a}_{N-3} & \cdots & \hat{a}_3 - \hat{a}_2 & \hat{a}_2 \\ & \hat{a}_N - \hat{a}_{N-1} & \hat{a}_{N-1} - \hat{a}_{N-2} & \cdots & \hat{a}_4 - \hat{a}_3 & \hat{a}_3 \\ 0 & & \ddots & & \vdots & \vdots \\ & & \hat{a}_N - \hat{a}_{N-1} & \cdots & \hat{a}_{P+2} - \hat{a}_{P+1} & \hat{a}_{P+1} \end{pmatrix}$$

将式（3-57）代入式（3-54）中，即可求出用过去施加于系统的控制量表示初值的预测模型输出。

$$Y_m(k+1) = A\Delta U(k) + A_0 U(k-1) \tag{3-58}$$

式（3-58）表明，预测模型输出由两部分组成，第一项为待求的未知控制增量对预测模型输出的贡献；第二项为过去已施加的控制量对预测模型输出的贡献。

由于模型误差和干扰等的影响，系统的输出预测值需在预测模型输出的基础上，用实际输出误差修正，即

$$\begin{aligned} Y_p(k+1) &= Y_m(k+1) + h[y(k) - y_m(k)] \\ &= A\Delta U(k) + A_0 U(k-1) + he(k) \end{aligned} \tag{3-59}$$

式中，$Y_p(k+1) = [y_p(k+1), y_p(k+2), \cdots, y_p(k+P)]^T$

$$e(k) = y(k) - y_m(k)$$

$$h = (h_1, h_2, \cdots, h_p)^T$$

2. 最优控制律计算

最优控制律由二次型性能指标确定

$$\begin{aligned} J_p &= [Y_p(k+1) - Y_r(k+1)]^T Q[Y_p(k+1) - Y_r(k+1)] + \Delta U^T(k)\lambda\Delta U(k) \\ &= [A\Delta U(k) + A_0 U(k-1) + he(k) - Y_r(k+1)]^T Q[A\Delta U(k) \\ &\quad + A_0 U(k-1) + he(k) - Y_r(k+1)] + \Delta U^T(k)\lambda\Delta U(k) \end{aligned} \tag{3-60}$$

由 $\partial J_p / \partial\Delta U(k) = 0$，化简后有

$$\Delta U(k) = (A^T QA + \lambda)^{-1} A^T Q[Y_r(k+1) - A_0 U(k-1) - he(k)] \tag{3-61}$$

将式（3-61）展开，即可求出从 k 到 $k+M-1$ 时刻的顺序开环控制增量，即

$$\Delta u(k+i-1) = d_i^T[Y_r(k+1) - A_0 U(k-1) - he(k)] \tag{3-62}$$

式中，$d_i^T = (A^T QA + \lambda)^{-1} A^T Q$ 的第 i 行。

若只执行当前时刻的控制增量，则只需计算 d_i^T 的第 1 行即可。

3.4.3 预测控制系统的参数选择

预测控制算法的参数包括：预测时域长度 P、控制时域长度 M、误差加权矩阵 Q 和

控制加权矩阵 λ 等。Q、λ、P 和 M 等参数都隐含在控制参数 d_i 中，不易直接考察它们的取值对控制性能的影响，只能通过试凑和仿真研究来初步选定。所有这些都给缺乏经验的设计者在设计预测控制系统时带来困难。本节以单输入单输出的模型算法控制为例，给出预测时域长度 P、控制时域长度 M、误差加权矩阵 Q、控制加权矩阵 λ 以及采样周期 T_0 等几个主要参数的选择原则和计算方法，供设计时参考。

1. 预测时域长度 P

预测时域长度 P 与误差矩阵 Q 联系在一起，构成优化性能指标式中的第一项。为了使滚动优化真正有意义，应该使预测时域长度 P（即优化范围）包括对象的真实动态部分，也就是说应把当前控制影响较大的所有响应都包括在内。对有时延或非最小相位系统，P 必须选得超过对象脉冲响应（或阶跃响应）的时延部分，或非最小相位特性引起的反向部分，并覆盖对象的重要动态响应。

预测时域长度 P 的大小，对于控制的稳定性和快速性有较大影响，下面分两种极端情况来讨论。一是 P 取得足够小，如 $P=1$，则多步预测优化问题退化为在一步内通过计算控制量，达到输出跟踪参考输入的目标。如果模型准确，则它可使对象输出在各采样点跟踪输出期望值，即实现一步最小拍控制。但对模型失配及有干扰的情况，和对有时延及非最小相位系统，则上述一步跟踪目标无法实现，且有可能导致系统失稳。另一种极端情况是保持有限的控制时域长度 M，而把 P 取得充分大。当 P 增加很大后，优化性能指标中，稍后时刻的输出预测值几乎只取决于 M 个控制增量的稳态响应，虽为动态优化，但实际上则接近稳态优化。此时系统的动态响应将接近于对象的固有特性，这对改善系统的快速性和动态响应不会产生什么明显作用。此外，大的 P 还会使控制矩阵的阶次显著增高，增加计算时间。

总结上述两种极端情况，前者虽然快速性好，但稳定性和鲁棒性较差。后者虽然稳定性好，但动态响应慢，且增加了计算时间，降低了系统的实时性。实际上，这两种 P 的取法都是不可取的。实际选择时，可在上述两者间取值，使系统既能获得所期望的稳定鲁棒性，又能具有所要求的动态快速性。

综合上面的结果，一般 P 的选择方法是，先取

$$q_i = \begin{cases} 0 & \text{对应 } q_i \text{ 的时延及反向部分} \\ 1 & \text{其他部分} \end{cases}$$

然后，选择 P，使预测时域长度包含对象脉冲响应的主要动态部分，以此初选结果进行仿真研究。若快速性不够，则可适当减小 P，若稳定性较差，则可增大 P。

2. 控制时域长度 M

控制时域长度 M 在优化性能指标式中表示所要计算和确定的未来控制量改变的数目。由于优化主要是针对未来 P 个时刻的输出预测误差进行的，它们最多只受到 P 个控制增量的影响，所以应有 $M \leqslant P$。

在 P 已确定时，一般情况下，M 选得越小，则越难保证在各采样点使输出紧跟期望值变化，反映在性能指标中效果也越差。例如，若取 $M=1$，则意味着只用一步控制量就

87

要使系统在以后的输出 $k+1$、$k+2$、$\cdots$、$k+P$ 时刻都能跟踪期望值变化，显然，对于复杂动态过程这是不可能的。为了改善跟踪性能，就要用增加控制步数 M 来提高对系统的控制能力，使各采样点的输出误差尽可能小。也就是说，把 P 个点的输出误差优化，要求由给出的 M 个控制变量来分担。对于原被控对象有不稳定极点的系统，M 至少要取为过程不稳定极点和欠阻尼极点数之和，才能得到满意的动态特性。但也不是 M 越大越好，M 越大，控制的机动性越强，可提高控制的灵敏度，但系统的稳定性和鲁棒性随之而下降。为提高系统的稳定性和鲁棒性，又要求 M 选得小些，因 M 越小，远程跟踪控制能力虽有所削弱，但可得到一个稳定的控制。因此，M 的选择，应兼顾快速性和稳定性，综合平衡考虑。此外，当控制时域长度 M 增大时，控制矩阵 $(G^TQG+\lambda I)^{-1}$ 维数也增加，计算控制参数 d_i 的时间迅速增加，从而会使系统的实时性下降。

还必须指出，通过上面的分析和仿真研究均表明，在许多情况下，M 和 P 这两个参数在性能指标中起着类似相反的作用，即增大 M 与减小 P 有着类似的控制效果。因此，为简便计，在设计时可先根据对象的动态特性初选 M，然后再根据仿真和调试结果确定 P，这样可减少调试时间。

3. 误差加权矩阵 Q

误差加权矩阵一般选为对角阵

$$Q = \mathrm{diag}(q_1,q_2,\cdots,q_p) \tag{3-63}$$

权系数的大小反映了在优化性能指标中不同时刻对输出预测值逼近期望值的重视程度，它决定了相应误差项在优化指标中所占的比重。q_i 值的选择对系统的稳定性有直接影响。为了使控制系统稳定，通常 q_i 的选择应满足下列条件：

$$\sum_{i=1}^{P}\left(\sum_{j=1}^{i}\hat{g}_j\right)q_i\sum_{l=1}^{N}\hat{g}_l > 0 \tag{3-64}$$

此外，对于时延和因非最小相位特性引起的反向部分，q_i 应取为零，即

$$q_i = 0(i < N_1)$$

式中，N_1 为系统时延或因反向部分引起的时延。

在一般情况下，可采用下列策略，即选

$$q_i = \begin{cases} 0 & (i < N_1) \\ 1 & (i \geq N_1) \end{cases}$$

再调整其他控制参数，来获得所要求的动静态特性。

4. 控制加权矩阵 λ

控制加权矩阵通常选为对角阵

$$\lambda = \mathrm{diag}(\lambda_1,\lambda_2,\cdots,\lambda_M) \tag{3-65}$$

λ_i 常取相同值 λ。由性能指标式可知：权矩阵 λ 的作用是限制控制量的剧烈变化，以减少对系统过大的冲击。只要式（3-64）满足，则任何系统总可以通过增大 λ 来实现稳定控制。但当 λ 充分大时，控制作用减弱，闭环系统虽然稳定，但因有一个接近单位圆的极点，它使闭环动态响应变得相当缓慢，不易得到满意的动态响应，所以一般 λ 常取得较小。调整权系数 λ 时，不要把着眼点放在控制系统的稳定性上，这一要求可通过调整 P 和 M 来实现。引入 λ 的目的主要是限制变化剧烈的控制量对系统引起的过大冲击。因此，若已取 $q_i = 1(i > N_1)$，则 λ 为一可调参数，可先令 $\lambda = 0$ 或等于一个较小的数值，此时若控制系统稳定，但控制量变化太大，则适当加大 λ，直到得到满意的控制效果为止。实际上，即使 λ 取得很小，对控制量仍有明显的抑制作用。

5. 预测控制系统参数整定的实现

总结上面的讨论，预测控制系统参数整定的步骤如下：

1）初选预测时域长度 P，使之能覆盖过程响应的主要动态部分。

2）选

$$q_i = \begin{cases} 0 & (i < N_1) \\ 1 & (i \geq N_1) \end{cases}$$

3）初选 $\lambda = 0$，并设定控制时域长度

$$M = \begin{cases} 1\sim 2 & \text{对具有简单动态响应的对象} \\ 4\sim 8 & \text{对包括有振荡等复杂动态响应的对象} \end{cases}$$

4）计算控制系统 d_i，仿真检验系统的动态响应，若不稳定或过程过于缓慢，则调整 P，直到满意为止。

5）以上述结果检验控制量的变化幅度，若偏大，则可略加大 λ 的值。

6）当模型失配时，可调整反馈滤波器参数，直到获得所期望的稳定性和鲁棒性为止。

6. 采样周期 T_0 与模型长度 N 的选择

采样周期 T_0 的选择，原则上应使采样频率满足香农定理的要求，即采样频率应大于 2 倍截止频率。如采样周期太长，将会丢失一些有用的高频信息，无法重构出连续时间信号，且使模型不准，控制质量下降。采样周期也不能太短，否则计算机计算不过来，且有可能出现离散非最小相位零点，影响闭环系统的稳定。因此，采样周期的选择应在控制效果与稳定性之间综合平衡考虑。

在大多数情况下，采样周期的选择是不严格的，因太小或太大之间的范围是很宽的。比较好的经验规则是选取

$$\frac{T_{95}}{T_0} = 5 \sim 15 \tag{3-66}$$

89

式中，T_{95} 为过渡过程上升到 95% 的调节时间。

Astrom 建议用

$$\frac{T_r}{T_0} = N_r \qquad (3\text{-}67)$$

式中，T_r 为过程上升时间。

对于一阶系统，T_r 等于系统的时间常数，此时 N_r 的合理选择约为 2 ～ 4。对于阻尼系数为 ζ、自然振荡频率为 ω_n 的二阶系统，上升时间为

$$T_r = \frac{e^{\phi/\tan\varphi}}{\omega_n}$$

式中，$\zeta = \cos\varphi$。若 $\zeta = 0.7$，则 $\omega_n T_0 \approx 0.5 \sim 1$（$\omega_n$ 的单位为 rad/s）。

此时，采样周期的合理选择是

$$\frac{T_r}{T_0} = N_r = 2 \sim 4 \qquad (3\text{-}68)$$

上面给出的采样周期 T_0 的选择规则是针对一般最小化参数模型的，自然也可作为选择预测控制系统采样周期时的参考。但对于非参数模型，采样周期的选择还与模型长度 N 有关，为了使模型参数 $\hat{g}_i(i=1,2,\cdots,N)$ 尽可能完整地包含对象的动态信息，通常要求脉冲响应（或阶跃响应）到 NT_0 时已接近稳态值，即 $g_N \to 0$。因此，采样周期 T_0 的减少，将会使模型维数 N 增加，导致计算量因 N 的增大而增大，计算机算不过来，使系统的实时性降低。因而应适当地选取采样周期，使模型的维数 N 控制在 20 ～ 50 的范围内。如果达不到上述要求，从实时性的要求出发，建议采用最小化的参数模型来设计预测控制系统。

3.4.4 预测控制仿真计算工具

MATLAB 是 Matrix 和 Laboratory 两个词的组合，意为矩阵实验室，是由美国 MathWorks 公司出品的商业数学软件，该软件将数值分析、矩阵计算、科学数据可视化以及非线性动态系统的建模和仿真等诸多强大功能集成在一个易于使用的视窗环境中。目前，在工程计算、控制设计、信号处理与通信、图像处理、信号检测、金融建模设计与分析等领域获得了非常广泛的应用。MATLAB 的基本数据单位是矩阵，它的指令表达式与数学、工程中常用的形式十分相似，因此，解算问题要比用 C、FORTRAN 等语言简捷得多。

MATLAB 也提供了一个"模型预测控制工具箱（Model Predictive Control Toolbox）"，可为模型预测控制的研究和应用提供很大的助力。本节将对这个工具箱的使用进行简单的介绍。

1. MPC 工具箱中阶跃响应参数矩阵的形式与构建

对于有 n_v 个输入和 n_y 个输出的多输入多输出系统，可得到一系列的阶跃响应参数矩阵

$$S_i = \begin{pmatrix} s_{1,1,i} & s_{1,2,i} & \cdots & s_{1,n_v,i} \\ s_{2,1,i} & s_{2,2,i} & \cdots & s_{2,n_v,i} \\ \vdots & \vdots & & \vdots \\ s_{n_y,1,i} & s_{n_y,2,i} & \cdots & s_{n_y,n_v,i} \end{pmatrix} \tag{3-69}$$

式中，$s_{l,m,i}$ 表示第 m 个输入对第 l 个输出的第 i 步阶跃响应参数。

MPC 工具箱按照下面的形式存储阶跃响应参数矩阵。

$$plant = \begin{pmatrix} S_1 \\ S_2 \\ \vdots \\ S_n \\ nout(1) & 0 & \cdots & 0 \\ nout(2) & 0 & \cdots & 0 \\ \vdots & \vdots & & \vdots \\ nout(n_y) & 0 & \cdots & 0 \\ n_y & 0 & \cdots & 0 \\ delt2 & 0 & \cdots & 0 \end{pmatrix}_{(n \cdot n_y + n_y + 2) \times n_v} \tag{3-70}$$

式中，$delt2$ 为采样周期；$nout(i)$ 表示输出是稳定过程 [$nout(i) = 1$] 还是积分过程 [$nout(i) = 0$]。

阶跃响应模型除直接测量阶跃响应数据构建外，还可以从实验数据辨识得到，也可以由传递函数或状态空间模型得到，MPC 工具箱也提供了这方面的函数，可构建如式（3-70）形式的阶跃响应参数矩阵。

MPC 工具箱提供了函数 tfd2step 完成由传递函数转变为阶跃响应参数矩阵的功能。

plant=tfd2step（tfinal，delt2，nout，g1，…，g25）

其中，tfinal 为阶跃响应的截断时间；delt2 为阶跃响应的采样周期；g1，…，g25 为传递函数。tfd2step 最多可处理 25 个传递函数的多输入多输出系统。

对于传递函数，MPC 工具箱也采用标准的矩阵形式，见式（3-71）。

$$g = \begin{pmatrix} b_0 & b_1 & b_2 & \cdots \\ a_0 & a_1 & a_2 & \cdots \\ delt & delay & & \cdots \end{pmatrix} \tag{3-71}$$

式中，$delt$ 为采样周期；$delay$ 为纯时延；b_0，b_1，…为传递函数分子的系数；a_0，a_1，…为传递函数分母的系数。

另外，MPC 工具箱还提供函数 ss2step，可实现由状态空间模型转变为阶跃响应模型。另外，还可以使用 MPC 工具箱中的函数，针对实际测量数据，对多输入单输出系统进行辨识。感兴趣的同学可查阅 MATLAB 模型预测控制工具箱的手册。

2. 模型预测控制的仿真

MPC 工具箱还提供函数 mpccon 计算 MPC 控制器增益，类似式（3-62）中的 d_i^T，函数原型为

Kmpc=mpccon（model，ywt，uwt，M，P）

其中，model 为式（3-70）所示形式的阶跃响应参数矩阵；ywt 为输出误差加权系数，与误差加权矩阵 Q 对应；uwt 为控制量的加权系数，与控制加权矩阵 λ 对应。M 为控制时域长度；P 为预测时域长度。

模型预测控制仿真使用函数 mpcsim 计算。函数原型为

[y，u，ym]=mpcsim（plant，model，Kmpc，tend，r，usat，tfilter，dplant，dmodel，dstep）

其中，plant 和 model 分别是对象的阶跃响应参数矩阵和对应模型的阶跃响应参数矩阵；tend 为仿真的时间长度；r 为设定值或者随时间变化的参考轨迹；usat 为控制量约束矩阵；它是一个常数或是一个随时间变化控制量的下限、上限和变化率限；tfilter 为噪声滤波器和未测量干扰滞后的时间常数；dplant 是干扰与对象输出之间对应的阶跃响应参数矩阵；dmodel 是干扰与对应模型输出之间对应的阶跃响应参数矩阵；dstep 为对象的扰动，可以是一个常数或者随时间变化的轨迹；y 为系统的输出；u 为控制量；ym 为模型输出。

图 3-22 所示为 mpcsim 的控制结构图，其中 ym、model 隐含在了图中的控制器里。

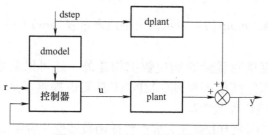

图 3-22　mpcsim 的控制结构图

3.5　其他先进控制策略简介

随着工业应用领域的扩大，控制精度和性能要求的提高，必须考虑控制对象参数乃至结构的变化、非线性的影响、运行环境的改变以及环境干扰等时变的和不确定因素，才能得到满意的控制效果。在实际应用需求的激励下，在计算机的高速、小型、大容量、低成本所提供的良好物质条件下，一系列新型的先进控制策略应运而生，并迅速在实际中得到应用、改进和发展。本节将针对几个有代表性的先进控制策略进行介绍。

3.5.1　自适应控制

自适应控制是针对对象特性的变化、漂移和环境干扰对系统的影响而提出来的。它的基本思想是通过在线辨识使这种影响逐渐降低以至消除。

自适应控制策略可以归纳成模型参考自适应控制和自校正控制两类。这两类自适应控制策略都是在控制器和控制对象组成的闭环回路外，再建立一个附加调节回路，用于调整控制器参数。

1. 模型参考自适应控制

模型参考自适应控制如图 3-23 所示，其设计目标是：使系统在运行过程中，力求保持被控过程的响应特性与参考模型的动态性能的一致性，而参考模型始终具有所期望的闭环性能。

模型参考自适应控制的主要技术问题是实现性能比较和自适应控制器的设计，其实际运行过程可分为三个阶段：

1）比较参考模型的期望输出与控制对象的实际输出，产生误差。

2）按自适应规律计算控制器参数。

3）调整可调控制器。

2. 自校正控制

自校正控制又称为自优化控制或模型辨识自适应控制，自校正控制的附加调节回路由辨识器和控制器设计组成，如图 3-24 所示。

自校正控制实际运行过程可分为三个阶段：

1）辨识器根据对象的输入和输出信号在线估计对象的参数。

2）以对象参数的估计值 $\hat{\theta}$ 作为对象参数的真值 θ。送入控制器设计机构，按设计好的控制规律进行计算。

3）计算结果 v 送入可调控制器，形成新的控制输出，以补偿对象特性的变化。

93

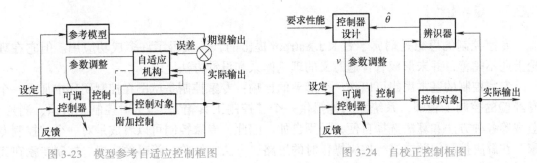

图 3-23　模型参考自适应控制框图　　　　图 3-24　自校正控制框图

自适应控制是一种逐渐修正、渐近趋向期望性能的过程，适用于模型和干扰变化缓慢的情况。对于模型参数变化快，环境干扰强的工业场合，以及比较复杂的生产过程，应用存在困难。

3.5.2　模糊控制

模糊控制是用语言归纳操作人员的控制策略，运用语言变量和模糊集合理论形成控制算法的一种控制。1974 年 Mamdani 首次用模糊逻辑和模糊推理实现了第一台试验性的蒸汽机控制，开始了模糊控制在工业中的应用。

模糊控制不需要建立控制对象精确的数学模型，只要求把现场操作人员的经验和数据总结成较完善的语言控制规则，因此它能绕过对象的不确定性、不精确性、噪声以及非线性、时变性、时滞等影响。系统的鲁棒性强，尤其适用于非线性、时变、滞后系统的控制。模糊控制的基本结构如图 3-25 所示。

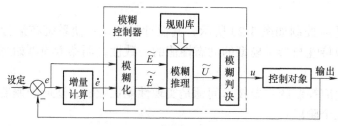

图 3-25　模糊控制框图

在最简单的模糊控制器中它需要完成的主要功能是：

1）把精确量（一般是系统的误差及误差变化率）转换成模糊量。

2）按总结的语言规则（在图 3-25 的规则库中）进行模糊推理。

3）把推理的结果从模糊量转换成可以用于实际控制的精确量。

模糊控制由于理论研究较成熟、实现较简单、适应面广而获得了广泛的应用。从复杂的水泥回转窑，到单回路的温度控制，以及洗衣机等很普及的家用电器都有所应用。现在，许多公司和生产厂家都能生产定型的模糊控制器，提供各种型号和功能的模糊控制芯片，从而大大地促进了模糊控制技术的广泛应用。但是，模糊控制要想获得较好的效果，必须具有完善的控制规则。对于某些复杂的工业过程，有时难以总结出较完整的经验；并且当对象动态特性发生变化，或者受到随机干扰时都会影响模糊控制的效果。

3.5.3　专家控制

专家控制的思想是瑞典学者 K.J.Astrom 提出的，并获得了许多成功应用。但它在理论上还不完善，并未形成有普遍意义的理论体系和设计方法。

专家控制的基本思想可以作一个形象的比喻：专家控制是试图在控制闭环中加入一个有经验的控制工程师，系统能为他提供一个"控制工具箱"，即可对控制、辨识、测量、监视等各种方法和算法选择自便，调用自如。因此，专家控制可以看成是对一个"控制专家"在解决控制问题或进行控制操作时的思路、方法、经验、策略的模拟。控制专家在完成控制任务时主要进行三件工作：观察、检测系统中的有关变量和状态；运用自己的知识和经验判断当前系统运行的情况并分析比较各种可以采用的控制策略；选择控制策略予以执行。这三个基本功能体现在图 3-26 所示专家控制器的三个基本模块中，用计算机予以实现，就构成了最基本的专家控制器。

图 3-26　专家控制器框图

3.5.4　神经网络控制

神经网络是由大量的、简单的处理单元（称为神经元）广泛地互相连接而形成的复杂网络系统，反映了人脑功能的许多基本特征，是一个高度复杂的非线性动力学习系统。神经网络与控制相结合，为解决复杂的非线性、不确定、不确知系统的控制问题开辟了新途径。

神经网络在自动控制系统中应用方式是多种多样的，基本上可分为单神经元的应用和神经网络的应用。以结构简单、易于实现实时控制的单个神经元控制为例进行说明，如图 3-27 所示。

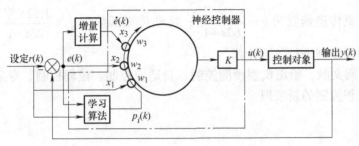

图 3-27　单神经元控制框图

神经控制器有多个输入 $x_i(k)$，$i=1$，2，$\cdots$，n 和一个输出 $u(k)$。每个输入有相应的权值 $w_i(k)$，$i=1$，2，$\cdots$，n。输出为输入的加权求和：

$$u(k+1) = K\sum_{i=1}^{n} w_i(k)x_i(k) \tag{3-72}$$

式中，K 为比例系数，$K>0$。神经网络的学习过程就是通过学习算法调整权值 $w_i(k)$ 的过程。学习算法可以是各式各样的，例如可以和神经元的输出以及控制对象的状态输出、环境变量等产生联系，以实现在线自学习。

📖 思考题与习题

3-1　某热处理炉温度测量变送器的量程为 200 ～ 800℃，通过 4 ～ 20mA 二线制传送信号，在模拟量输入通道过程中，将电流转变为 1 ～ 5V 的电压信号，并由 10 位精度、量程范围为 0 ～ 10V 的 A/D 转换器进行采集，其转换输出为无符号数字量。在某一测量时刻，计算机采样并经数字滤波后的数字量为 132H，求此时对应的温度值是多少？

3-2　软件滤波有哪些优点？常用的有哪些？

3-3　按照软件滤波原理，试编写其程序实现流程图。

3-4　数字 PID 的位置型控制算法与增量型控制算法有何区别？

3-5　根据制冷系统中数字 PID 控制实现步骤，尝试在 Niagara 中进行实现。

3-6　解释 Lambda 参数整定方法的基本原理及其优势。

3-7　试编写数字 PID 的程序，并设定不同控制对象，尝试采用不同的参数整定方法对参数进行整定，并比较效果。

95

3-8 含有理想微分的标准数字 PID 控制算式与含实际微分的数字 PID 算式有何区别？试对两者进行阶跃响应的计算机数字仿真。

3-9 请写出数字 PID 增量型算式如何实现积分分离？

3-10 对于串级控制的副控制器，能否采用微分先行 PID 算法？

3-11 请说明模型预测控制的算法实现方案，试编写 Matlab 程序实现预测控制，并与 PID 进行控制效果的比较。

3-12 动态矩阵控制与模型算法控制有何异同？

3-13 图 3-22 为 mpcsim 的控制结构图，试按照模型预测控制的结构图，画出包含 ym、model 的完整结构图。

3-14 设对象传递函数为 $g = \dfrac{5.72e^{-14s}}{60s+1}$，扰动传递函数为 $g_d = \dfrac{1.52e^{-15s}}{25s+1}$，试利用 MPC 工具箱对模型预测控制进行仿真计算。

3-15 请查阅文献，给出模型预测控制、自适应控制、模糊控制、专家控制和神经网络控制等先进过程控制的新发展。

第4章 数据通信与互联技术

导读

现代化工业生产规模不断扩大，自动化水平不断提高，对生产过程的控制和管理也日趋复杂，大量的智能单元应用于工业现场。计算机与智能单元之间，计算机与计算机之间的数据共享和信息交换，对数据通信与网络互联技术的需求日益广泛，要求也越来越高。而随着以互联网为基础的新一代信息技术的兴起以及向工业领域的融合渗透，各国纷纷提出以智能制造为核心的再工业化战略，以工业互联网推动信息技术与制造技术深度融合，促进工业数字化、互联化、智能化发展。

本章首先介绍通信系统的性能指标，以此为基础，引出和这些性能指标紧密相关的数据传输技术，让读者了解数据传输的基本形式。然后介绍工业环境常用的异步串行传输与现场总线。在互联技术中，首先介绍互联网的基本原理，让读者理解互联网是如何利用其中的各项技术支持数据的快速传递的。然后，介绍以太网技术与无线网络。在无线网络中，将近年来发展起来的低功耗广域网的主流协议引入本章。

本章知识点

- 通信系统的性能指标（有效性指标、可靠性指标）
- 数据传输技术（信道的频率特性、基带传输、载波传输、宽带传输）
- 异步串行传输（RS-232、RS-485、主从方式通信、Modbus 协议）
- 现场总线（概念、代表性现场总线）
- 互联网的基本原理（分组交换、计算机网络的体系结构、网络互联设备、TCP 协议、IPv4、IPv6、以太网技术、无线网络）

4.1 通信系统的性能指标

通信系统的任务是传递信息，因而信息传输的有效性和可靠性是通信系统最主要的质量指标。有效性是指所传输信息的内容有多少；而可靠性是指接收信息的可靠程度。通信有效性实际上反映了通信系统资源的利用率。通信过程中用于传输有用报文的时间比例越高越有效。同样，真正要传输的数据信息位在所传报文中占的比例越高也说明有效性越好。

4.1.1 有效性指标

数据传输速率是单位时间内传送的数据量。它是衡量数字通信系统有效性的指标之一。当信道一定时，信息传输的速率越高，有效性越好。传输速率计算公式为

$$S_b = \frac{1}{T}\log_2 n \qquad (4\text{-}1)$$

式中，T 为发送 1 位代码所需要的最小单位时间；n 为信号的有效状态。

1. 比特率

比特（bit）是数据信号的最小单位。通信系统每秒传输数据的二进制位数被定义为比特率，记作 bit/s。

工业数据通信中常用的标准数据信号速率为 9.6kbit/s、31.25kbit/s、50kbit/s、1Mbit/s、2.5Mbit/s、10Mbit/s 以及 100Mbit/s 等。

2. 波特率

波特（baud）是指信号大小方向变化的一个波形。把每秒传输信号的个数，即每秒传输信号波形的变化次数定义为波特率。

比特率和波特率较易混淆，但它们是有区别的。每个信号波形可以包含一个或多个二进制位。若单比特信号的传输速率为 9600bit/s，则其波特率为 9600baud，它意味着每秒可传输 9600 个二进制脉冲。如果信号波形由两个二进制位组成，当传输速率为 9600bit/s 时，则其波特率只有 4800baud。

3. 协议效率

协议效率是衡量通信系统软件有效性的指标之一。协议效率是指所传输的数据包中的有效数据位与整个数据包长度的比值。一般是用百分比表示，它是对通信帧中附加量的量度，不同的通信协议通常具有不同的协议效率。协议效率越高，其通信有效性越好。在通信参考模型的每个分层，都会有相应的层管理和协议控制的加码。从提高协议编码效率的角度来看，减少层次可以提高编码效率。

4.1.2 可靠性指标

数字通信系统的可靠性可以用误码率来衡量。误码率是衡量数字通信系统可靠性的指标。它是二进制码元在数据传输系统中传错的概率，数值上近似为

$$P_e \approx N_e / N \qquad (4\text{-}2)$$

式中，N 为传输的二进制码元总数；N_e 为传输错的码元数。理论上应有 $N \to \infty$。实际使用中，N 应足够大，才能把 P_e 近似为误码率。理解误码率定义时应注意以下几个问题：

1）误码率应该是衡量数据传输系统正常工作状态下传输可靠性的参数。

2）对于一个实际的数据传输系统，不能笼统地说误码率越低越好，要根据实际传输要求提出误码率要求。在数据传输速率确定后，误码率越低，数据传输系统设备越复杂，造价越高。

3）对于实际数据传输系统，如果传的不是二进制码元，则要折合成二进制码元来计算，差错的出现具有随机性，在实际测量一个数据传输系统时，被测量的传输二进制码元数越大，越接近于真正的误码率值。在实际的数据传输系统中，人们需要对一种通信信道进行大量、重复的测试，求出该信道的平均误码率，或者给出某些特殊情况下的平均误码率。根据测试，目前当电话线路的传输速率为 300 ~ 2400bit/s 时，平均误码率在 10^{-5} ~ 10^{-4} 之间；当传输速率为 4800 ~ 9600bit/s 时，平均误码率在 10^{-4} ~ 10^{-2} 之间。而计算机通信的平均误码率要求低于 10^{-9}。因此，普通通信信道若不采取差错控制，则不能满足计算机通信的要求。

4.2　数据的传输技术

二进制码元是数据传输的最基础单元，通信系统的性能指标也是针对二进制码元传输的速度、效率以及可靠性进行制定的。数据传输技术重点就是保证二进制码元在数据源与数据宿之间，通过一个或多个数据信道，按照同一种形式实现数据的有效沟通。

4.2.1　信道的频率特性

不同频率的信号通过信道以后，其波形会发生不同的变化，该现象就是信道的频率特性。

频率特性分为幅频特性和相频特性。幅频特性指不同频率信号通过信道后，其幅值受到不同衰减的特性；相频特性指不同频率的信号通过信道后，其相角发生不同程度改变的特性。理想信道的频率特性应该是对不同频率产生均匀的幅频特性和线性相频特性，而实际信道的频率特性并非理想，因此，通过信道后的波形会产生畸变。如果信号的频率在信道带宽范围内，则传输的信号基本上不失真，否则，信号的失真将较严重。

信道频率特性不理想是由于传输线路并非理想线路。实际的传输线路存在电阻、电感、电容，由它们组成分布参数系统。由于电感、电容的阻抗随频率而变，故信号的各次谐波的幅值衰减不同，其相角变化也不尽相同。当然，信道的频率特性不仅与介质相关，还和中间通信设备的电气特性有关。

电话线是经常使用的远距离通信介质，但电话线频带很窄，约 30 ~ 3000Hz，如图 4-1 所示。若用数字信号直接通信，经过电话线传输后，信号就会产生畸变，如图 4-2 所示，接收一方将因为数字信号逻辑电平模糊不清而无法鉴别，从而导致通信失败。

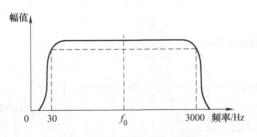

图 4-1　电话线的幅频特性

99

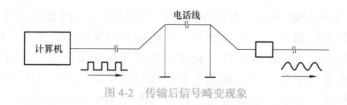

图 4-2　传输后信号畸变现象

4.2.2　基带传输

基带传输就是在基本不改变数据信号频率的情况下，在数字通信中直接传送数据的基带信号，即按数据波的原样进行传输，不采用任何调制措施。它是目前广泛应用的最基本的数据传输方式。

目前大部分计算机局域网，包括控制局域网，都采用基带传输方式。这种传输方式，信号按数据位流的基本形式传输，整个系统不用调制解调器，因此，系统价格低廉。系统可采用双纹线或同轴电缆作为传输介质，也可采用光缆作为传输介质。与宽带网相比，基带网的传输介质比较便宜，可以达到较高的传输速率（一般为 1M ～ 10Mbit/s），但其传输距离一般不超过 25km，传输距离加长，传输质量会降低。

4.2.3　载波传输

利用调制手段，将数字信号变换成某种能在通信线上传输而不受影响的波形信号，正弦波正是最理想的选择。这不仅因为产生正弦波很方便，更重要的是正弦波不易受通信线（电话线）固有频率的影响。显然，以电话线为例，其调制信号应由其频率靠近图 4-1 所示频带中心的那些正弦波组成。

信号发送端的调制器将待传输的数字信号转换成模拟信号，接收方用解调器检测此模拟信号，再把它转换成数字信号。将调制器和解调器合二为一的装置称为调制解调器，又称 MODEM。

调制的方式有多种，如幅移键控 ASK、频移键控 FSK、相移键控 PSK。其中频移键控 FSK（Frequency Shift Keying）是一种最常用的调制方法。它把数字信号的"1"和"0"调制成不同频率的模拟信号，其原理如图 4-3 所示。在图中，两个不同频率的模拟信号（正弦波），分别由电子开关 S_1 和 S_2 控制，在运算放大器的输入端相加，当信号为"1"时，控制上面的电子开关 S_1 导通，送出一串频率较高的模拟信号，当信号为"0"时，控制下面的电子开关 S_2 导通，送出一串频率较低的模拟信号，于是在运算放大器的输出端，得到了被调制的信号。

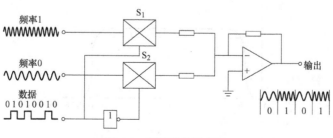

图 4-3　频移键控示意图

100

4.2.4　宽带传输

宽带传输是数字信号传输的一种方式，即将数字信号变换为特定带宽的模拟信号传输，然后在接收端又将模拟信号变换为数字信号的传输方式，其中的变换仍由调制解调器来完成。在计算机局部网络中经常使用宽带传输形式，它能容纳全部广播并可进行高速数据传输，并允许在同一信道上进行数字信息和模拟信息服务。

对比基带传输，宽带传输将一条宽带信道划分为多条逻辑信道（只是在宽带信道中划分，还是一条数据线），实现多路复用，因此信道的容量大大增加。宽带传输的距离比基带远。

4.3　异步串行传输与现场总线

异步串行传输是一种基础的数据传输方式，很多协议是以此为基础制定的。现场总线（Fieldbus）是构成控制网络的一类重要技术。在现场总线出现之前，在控制领域中，现场信息的传输主要通过第 2 章介绍的 4 ～ 20mA 的电流信号。随着计算机技术的发展，很多现场仪表具备了更强的数字处理能力，大量的一般控制功能可以下放到现场去解决，以减少主机的负担，同时减少通向控制室的电缆数量，这是促使现场总线产生的重要原因。

4.3.1　异步串行传输

异步传输方式在工业中应用非常广泛，经典的 RS-232 总线和 RS-485 总线都采用了异步传输方式，以此为基础，可以很方便地构成不同形式的网络系统。

1. RS-232 与 RS-485 总线

RS-232 是早期个人计算机的标配外部总线接口，现在，已经被 USB 总线所取代。RS-485 则是在 RS-232 基础上发展起来的传输距离更远、可靠性更高，可以多节点联网的总线标准。

4.1-RS-232 与 RS-485 总线

RS-232 是由美国电子工业协会（EIA）联合贝尔等公司共同制定的用于数据终端设备（DTE）和数据通信设备（DCE）之间串行二进制数据通信的标准。该标准对 DB-25 连接器引脚的电平和功能等加以规定。后来 IBM 的 PC 将 RS-232 简化成了 DB-9 连接器。

（1）RS-232 总线标准

RS-232 的 DB-25 和 DB-9 连接器如图 4-4 所示，引脚功能见表 4-1。

RS-232 采用负逻辑，规定 –15 ～ –3V（一般用 –12V）表示逻辑"1"；规定 +3 ～ +15V（一般用 +12V）表示逻辑"0"。

RS-232 标准规定，在码元畸变小于 4% 的情况下，DTE 和 DCE 之间最大传输距离为 15m。虽然当前 PC 中的 RS-232 已被 USB 接口所取代，但工业控制领域，RS-232 总线依然常见。在工业领域应用时，一般只使用 RxD、TxD、GND 三条线，采用最简单的连接方式进行连接。

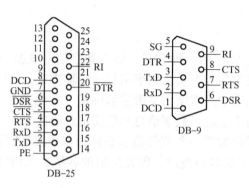

图 4-4 RS-232 的 DB-25 和 DB-9 连接器及引脚功能

表 4-1 RS-232 引脚功能

符号	方向	功能
PE	—	保护接地
TxD	输出	发送数据
RxD	输入	接收数据
$\overline{RTS}$	输出	请求发送
$\overline{CTS}$	输入	清除发送
$\overline{DSR}$	输入	数据通信设备准备好
GND	—	信号地
DCD	输入	数据载体检测
$\overline{DTR}$	输出	数据终端准备好
RI	输入	振铃指示

（2）RS-485 总线标准

RS-232 可以实现点对点的通信方式，但这种方式不能实现联网功能，RS-485 解决了这个问题。RS-485 数据信号采用差分传输方式，也称平衡传输，使其能在远距离条件下以及电子噪声大的环境下有效传输信号，可廉价地配置成本地网络以及多支路通信链路。

如图 4-5 所示，它使用一对双绞线，将其中一线定义为 A，另一线定义为 B。"使能"端是用于控制发送驱动器与传输线的切断与连接。当"使能"端起作用时，发送驱动器处于高阻状态。发送驱动器 A 和 B 之间的正电平在 +2 ～ +6V，是逻辑"1"，负电平在 –6 ～ –2V，表示逻辑"0"。当在接收端 A 和 B 之间有大于 +200mV 的电平时，输出正逻辑电平，表示逻辑"1"，小于 –200mV 时，输出负逻辑电平，表示逻辑"0"。

RS-485 网络一般采用总线拓扑结构（见图 4-6），每个网段最多连接 32 个节点，传输距离不超过 1200m，如果应用需要超过这个限制，可利用中继器进行扩展。为了减少信号长线传输时，由于阻抗不连续造成的波反射问题，在总线的两端配置终端电阻。

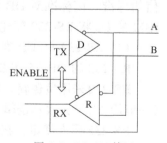

图 4-5 RS-485 接口

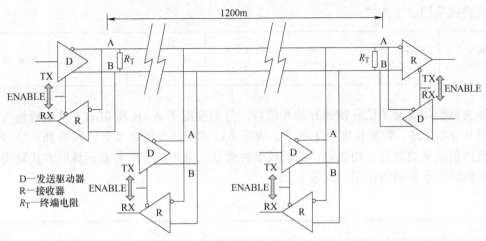

图 4-6　RS-485 总线拓扑的网络连接

RS-485 接口采用差分方式传输信号，并不需要相对于某个参照点来检测信号。但人们往往忽视了收发器有一定的共模电压范围，RS-485 收发器共模电压范围为 –7 ～ +12V，只有满足上述条件，整个网络才能正常工作。当网络线路中共模电压超出此范围时就会影响通信的稳定可靠，甚至损坏接口，这时，就需要增加一条地线，按照 RS-485 规范建议，在每个节点的信号地与该地线之间串接一个 100Ω/0.5W 的电阻。

2. 主从方式通信及自定义协议设计

RS-232 和 RS-485 本身只是物理层的接口规范，只规定了物理接口的机械、电气特性等，并没有对通信中的链路连接、网络控制权问题作出相关规定。因而，在实际应用中，往往还需自定义通信协议。

主从通信是异步传输网络中常用的通信方式。网段的一个节点被指定为主节点，其他节点为从节点。由主节点负责控制该网段上的所有通信连接。为保证每个节点都有机会传送数据，主节点通常对从节点依次逐一轮询，形成严格的周期性报文传输。主节点不停地传送报文给从节点，并等待相应的从节点的应答报文。任一时刻都只允许一个节点向总线发送报文。所有从节点只有在得到主节点许可的条件下才能有发送报文的机会。从节点与从节点之间不能直接通信。

对于主从通信方式的实现，既可以由使用者定义具体的帧格式实现通信，也可以直接利用一些成熟的协议形式，如 Modbus 协议。

为了保证网络节点按照主从方式进行数据的传输，自定义串行协议需明确如下内容：

1）数据传输的比特率。

2）字节或字符是否使用奇 / 偶校验？使用奇校验还是偶校验？停止位是几位？

3）根据系统实际需要，设计帧格式，并确定是否需要帧校验，以及校验的范围。

下面以一个实例，说明自定义异步串行协议的设计和运行。

（1）帧格式设计

设定串行通信比特率为 1200bit/s。以字节（8 位）作为构成数据帧的单位，每字节传输时，由于是异步传输，采用偶校验，偶校验之后设计 1 位停止位。

4.2- 主从方式
通信及自定义
协议

帧格式采用以下方式：

帧头 （AAH）	从站地址 （1字节）	功能码 （1字节）	数据长度 （1字节）	数据 （0～255 字节）	校验和 （1字节）	帧尾（0DH）

帧头和帧尾定义了信息帧的开始和结束，分别使用了 AAH 和 0DH。从站地址为 1 字节，可从 0 至 255。数据长度为 1 字节，表明该帧携带数据的字节数。校验和 1 字节，校验的范围包括从站地址、功能码、数据长度和数据，采用按字节异或运算的方式获得校验和。功能码表示该帧的作用，见表 4-2。

表 4-2　功能码说明

序号	功能码	说明
1	01H	主站发给从站的召测帧
2	02H	从站返回给主站的数据帧
3	03H	广播信息，所有从站都接收

主站发送的召测帧的形式如下：

AAH	从站地址 i	01H	校验和	0DH

当从站正确地接收到召测本站的召测帧，则向主站返回如下形式的回应帧。

AAH	本站地址	02H	数据长度	数据	校验和	0DH

（2）通信程序设计

主站通信子程序流程图如图 4-7 所示。主站发送召测帧后，等待接收 i 从站返回的数据帧，同时设定时间，如果超时没有正确接收返回数据，则本次召测失败，如重复 3 次召测失败，则记录后，召测下一个从站。

从站通信子程序流程图如图 4-8 所示。从站接收到数据帧，首先判断是否接收到了本站的召测帧，如是召测本站的，则向主站返回回应帧，如不是，则退出子程序。

3. Modbus 协议

Modbus 协议是 Modicon 公司（现在的施耐德电气）于 1979 年为可编程逻辑控制器（PLC）通信而发表的。Modbus 协议由于公开发表并且无版权要求等优势，现在已经成为一种通用的工业标准，而不仅仅局限于 PLC 的通信。通过此协议，不同厂商生产的控制设备可以连成工业网络，进行集中监控。

4.3-Modbus 协议

（1）Modbus 协议的查询回应机制

Modbus 协议采用主从方式通信，即仅一设备（主设备）能初始化传输（查询），其他设备（从设备）根据主设备查询提供的数据做出相应回应。主设备可单独和从设备通信，也能以广播方式和所有从设备通信。如果单独通信，从设备返回一消息作为回应，如果是以广播方式查询的，则不作任何回应。

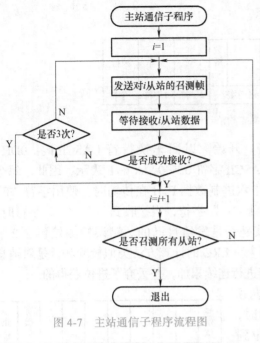

图 4-7 主站通信子程序流程图

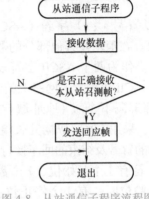

图 4-8 从站通信子程序流程图

Modbus 协议的查询—回应关系如图 4-9 所示。

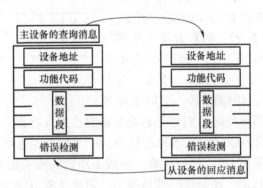

图 4-9 Modbus 协议的查询—回应关系

查询消息中的功能代码告知被选中的从设备要执行何种功能。数据段包含了从设备要执行功能的附加信息。例如：功能代码 03 是要求从设备读保持寄存器并返回它们的内容。数据段必须包含要告知从设备的信息：从何寄存器开始读及要读的寄存器数量。

如果从设备产生一正常的回应，在回应消息中的功能代码是在查询消息中的功能代码的回应。数据段包括了从设备收集的数据，如寄存器值或状态。如果有错误发生，功能代码将被修改以用于指出回应消息是错误的，同时数据段包含了描述此错误信息的代码。

（2）ASCII 帧模式与 RTU 帧模式

Modbus 通信协议具有两种帧模式，分别为 ASCII 或 RTU。用户选择想要的模式，并确定串口通信参数（比特率、校验方式等），在一个 Modbus 网络上的所有设备都必须选择相同的传输模式和串口参数。

1）ASCII 帧模式。当 Modbus 网络选定以 ASCII（美国标准信息交换代码）模式通信时，消息帧以字符为单位构成，如图 4-10 所示。

:	地址	功能代码	数据数量	数据1	…	数据n	LRC	回车	换行
1字符	2字符	2字符	2字符	n个字符			2字符	1字符	1字符

图 4-10　ASCII 模式的消息帧

消息以冒号（：）字符（ASCII 码：3AH）开始，以回车换行符（ASCII 码：0DH，0AH）结束。在消息帧其他部分的数据都使用 ASCII 字符 0 ～ 9，A ～ F 表示，因此，每个 8 位的字节都作为两个 ASCII 字符表示的，如十六进制数据 F1H 在传输时，使用字符“F”和“1”的 ASCII 码表示。网络上的设备不断侦测“：”字符，当接收到一个“：”字符时，每个设备都解码下个域（地址域）来判断该帧是否是发给自己的。错误检测域包含 2 个 ASCII 字符，采用 LRC（纵向冗长检测）进行计算。LRC 的计算方法类似校验和，是对消息域中除开始的冒号及结束的回车换行号外的内容进行连续累加，并丢弃了进位获得的。

每个字符有 1 个起始位、7 个数据位，当设置 1 个奇偶校验位时，有 1 个停止位；当无校验时，则有 2 个停止位。每个字符按照从最低有效位到最高有效位的顺序传送。如图 4-11 所示。

起始位	1	2	3	4	5	6	7	奇偶位	停止位

a) 有奇偶校验

起始位	1	2	3	4	5	6	7	停止位	停止位

b) 无奇偶校验

图 4-11　ASCII 模式的字符

2）RTU 帧模式。使用 RTU（远程终端设备）模式的消息帧如图 4-12 所示，消息发送至少要以 3.5 个字符时间的停顿间隔开始（如图 4-12 中的 T1-T2-T3-T4）。消息帧以字节为单位构成，每个字节用 8 位二进制表示。传输的第一个域是设备地址。网络设备当接收到地址时，判断是否是发给自己的。在最后 1 个传输字符之后，一个至少 3.5 个字符时间的停顿标定了消息的结束。一个新的消息可在此停顿后开始。错误检测域包含 2 个字节，采用 CRC 进行计算。生成多项式一般采用 CRC-16。

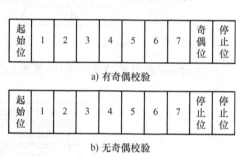

这种方式的主要优点是：在同样的波特率下，可比 ASCII 方式传送更多的数据。

起始位	地址	功能代码	字节数量	数据1	…	数据n	CRC	结束符
T1–T2–T3–T4	8bit	8bit	8bit	n个8bit			16bit	T1–T2–T3–T4

图 4-12　RTU 模式的消息帧

每个字节有 1 个起始位、8 个数据位，当设置 1 个奇偶校验位时，有 1 个停止位；当无校验时，则有 2 个停止位。每个字节按照从最低有效位到最高有效位的顺序传送。RTU 模式的字节如图 4-13 所示。

起始位	1	2	3	4	5	6	7	8	奇偶位	停止位

a) 有奇偶校验

起始位	1	2	3	4	5	6	7	8	停止位	停止位

b) 无奇偶校验

图 4-13　RTU 模式的字节

3）功能码。两种消息帧中的功能码包含了 2 个字符（ASCII）或 8 位（RTU）。可能的代码范围是十进制的 1 ～ 255。当然，有些

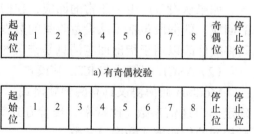

代码是适用于所有控制器，有些只是应用于某种控制器，还有些保留以备后用，Modbus 功能码见表 4-3。

当消息从主设备发往从设备时，功能代码将告知从设备需要执行哪些行为。当从设备回应时，它使用功能代码域来指示是正常回应（无误），还是有某种错误发生（称作异议回应）。对正常回应，从设备仅回应相应的功能代码。对异议回应，从设备返回帧的功能代码是在主设备发送的功能码基础上修改某位。

表 4-3　Modbus 功能码

功能码	名称	作用
01	读取线圈状态	取得一组逻辑线圈的当前状态（ON/OFF）
02	读取输入状态	取得一组开关输入的当前状态（ON/OFF）
03	读取保持寄存器	在一个或多个保持寄存器中取得当前的二进制值
04	读取输入寄存器	在一个或多个输入寄存器中取得当前的二进制值
05	强置单线圈	强置一个逻辑线圈的通断状态
06	预置单寄存器	把具体二进制值装入一个保持寄存器
07	读取异常状态	取得 8 个内部线圈的通断状态，这 8 个线圈的地址由控制器决定，用户逻辑可以将这些线圈定义，以说明从机状态，短报文适宜于迅速读取状态
08	回送诊断校验	把诊断校验报文送从机，以对通信处理进行评鉴
09	编程（只用于 484）	使主机模拟编程器作用，修改 PC 从机逻辑
10	控询（只用于 484）	可使主机与一台正在执行长程序任务从机通信，探询该从机是否已完成其操作任务，仅在含有功能码 9 的报文发送后，本功能码才发送
11	读取事件计数	可使主机发出单询问，并随即判定操作是否成功，尤其是该命令或其他应答产生通信错误时
12	读取通信事件记录	可使主机检索每台从机的 Modbus 事务处理通信事件记录。如果某项事务处理完成，记录会给出有关错误
13	编程（184/384 484 584）	可使主机模拟编程器功能修改 PC 从机逻辑
14	探询（184/384 484 584）	可使主机与正在执行任务的从机通信，定期控询该从机是否已完成其程序操作，仅在含有功能 13 的报文发送后，本功能码才发送
15	强置多线圈	强置一串连续逻辑线圈的通断
16	预置多寄存器	把具体的二进制值装入一串连续的保持寄存器
17	报告从机标识	可使主机判断编址从机的类型及该从机运行指示灯的状态
18	（884 和 MICRO 84）	可使主机模拟编程功能，修改 PC 状态逻辑
19	重置通信链路	发生非可修改错误后，使从机复位于已知状态，可重置顺序字节
20	读取通用参数（584L）	显示扩展存储器文件中的数据信息
21	写入通用参数（584L）	把通用参数写入扩展存储文件，或修改之
22～64	保留作扩展功能备用	
65～72	保留以备用户功能所用	留作用户功能的扩展编码
73～119	非法功能	
120～127	保留	留作内部作用
128～255	保留	用于异常应答

例如：一从主设备发往从设备的消息要求读一组保持寄存器，将产生如下功能代码：

0 0 0 0 0 0 1 1 （03H）

对正常回应，从设备仅回应同样的功能代码。对异议回应，它返回：

1 0 0 0 0 0 1 1 （83H）

除功能代码因异议错误作了修改外，从设备将一独特的代码放到回应消息的数据域中，这能告诉主设备发生了什么错误。主设备应用程序得到异议的回应后，典型的处理过程是重发消息，或者诊断发给从设备的消息并报告给操作员。

4）两种模式的查询与回应帧实例。一主设备读取地址为 06H 的从设备的一组保持寄存器的值，其功能代码应为 03H。分别用 ASCII 模式和 RTU 模式为例演示查询帧和回应帧。

查询帧：

域名称	数值	ASCII		RTU
帧头		":"		
地址	06H	"0"	"6"	06H
功能码	03H	"0"	"3"	03H
第一个寄存器的高位地址	00H	"0"	"0"	00H
第一个寄存器的低位地址	6BH	"6"	"B"	6BH
寄存器的数量的高位字节	00H	"0"	"0"	00H
寄存器的数量的低位字节	03H	"0"	"3"	03H
校验码		LCR（2字符）		CRC（2字节）
帧尾		回车 换行		

回应帧：

域名称	数值	ASCII		RTU
帧头		":"		
地址	06H	"0"	"6"	06H
功能码	03H	"0"	"3"	03H
字节数	06H	"0"	"6"	06H
数据高位字节	12H	"1"	"2"	12H
数据低位字节	23H	"2"	"3"	23H
数据高位字节	34H	"3"	"4"	34H
数据低位字节	45H	"4"	"5"	45H
数据高位字节	56H	"5"	"6"	56H
数据低位字节	67H	"6"	"7"	67H
校验码		LCR（2字符）		CRC（2字节）
帧尾		回车 换行		

4.3.2 现场总线概述

1. 现场总线的概念

现场总线是构成控制网络的一种重要技术。按照 IEC 的定义，现场总线是一种应用于生产现场，在现场设备之间、现场设备与控制装置之间实行双向、串行、多节点数字通信的技术。这是由 IEC/TC65 负责测量和控制系统数据通信部分国际标准化工作的 SC65/WG6 定义的。

2. 现场总线的产生

在现场总线出现之前，过程控制领域中，现场信息的传输主要通过统一标准模拟信号，如 0.02 ~ 0.1Mpa 的气压信号，或 4 ~ 20mA 的电流信号等。

随着计算机技术和通信技术的发展，使现场总线的产生具备了技术基础。20 世纪 70 年代，数字式计算机引入到控制系统，而此时的计算机提供的是集中式控制处理。20 世纪 80 年代微处理器开始被嵌入到各种仪器设备中。随着微处理器的发展和广泛应用，产生了以微处理器为核心，实施信息采集、显示、处理、传输及优化控制等功能的智能设备。这些智能化设备具备了诸如自动量程转换、自动调零、自校正、自诊断等功能。通信技术的发展，促使传送数字化信息的网络技术开始得到广泛应用。

与此同时，市场也对现场总线提出了强烈的需求。随着工业生产的规模越来越大，生产的过程也日益强化。此外，随着经济的国际化，企业之间的竞争不可避免，这就迫使企业的生产向着稳产、高效、优质、低耗、节能、环保与安全的方向发展。因此对生产过程进行检测与控制的点数与质量要求也越来越高。随着测控点的增加，所需的控制电缆数势必随之增长，以发电量为 30 万 kW 的电站为例，其所需的电缆长度可达 500km 以上，试想在电站的锅炉房内，空间有限，已密布着各种水、蒸汽、空气与燃料的管道，还要布置如此众多的电缆，不仅给工程设计带来了困难，而且对安装及维修也带来了极大的不便。因此，寻求现场仪表的数字化、智能化，使大量的一般控制功能下放到现场去解决，以减少主机的负担，同时减少通向控制室的电缆数量。另外，从实际应用的角度出发，控制界也不断在控制精度、可操作性、可维护性、可移植性等方面提出新需求。由此，导致了现场总线的产生。

3. 现场总线的标准化

现场总线需要如 4 ~ 20mA 二线制一样，形成一个统一的标准，才能更有效地实现控制网络的互操作性和互用性。但是，由于行业和地域发展历史等原因，或某个公司和企业集团不愿放弃已有的现成总线市场以及受自身商业利益驱使，总线标准化工作进展缓慢，至今仍没有一个公认的完整的国际统一标准。2003 年形成的 IEC61158 第 3 版是影响广泛的现场总线标准，见表 4-4。

4.4-现场总线的标准化

随着工业以太网的发展，2007 年，在 IEC61158 第 3 版的基础上，加入多种实时以太网解决方案，成为新的 IEC61158 现场总线标准（第 4 版），包括 20 个类型，见表 4-5。

表 4-4　IEC61158 第 3 版的现场总线标准

类型号	总线名称	主要支持公司
类型 1	IEC 技术报告（即相当于 FF 的 H1）	美国 Fisher-Rosemount
类型 2	ControlNet	美国 Rockwell
类型 3	Profibus	德国 Siemens
类型 4	P-Net	丹麦 Process Data
类型 5	FF HSE（High Speed Ethernet）	美国 Fisher-Rosemount
类型 6	SwiftNet	美国 Boeing
类型 7	WorldFIP	法国 Alstom
类型 8	Interbus	德国 Phoenix Contact
类型 9	FF 应用层（Application Layer）	美国 Fisher-Rosemount
类型 10	Profinet	德国 Siemens

表 4-5　IEC61158 现场总线标准（第 4 版）

类型号	技术名称		类型号	技术名称	
类型 1	TS61158	现场总线	类型 11	TCnet	实时以太网
类型 2	CIP	现场总线	类型 12	EtherCAT	实时以太网
类型 3	Profibus	现场总线	类型 13	Ethernet Powerlink	实时以太网
类型 4	P-NET	现场总线	类型 14	EPA	实时以太网
类型 5	FF HSE	高速以太网	类型 15	Modbus-RTPS	实时以太网
类型 6	SwiftNet	被撤消	类型 16	SERCOS Ⅰ、Ⅱ	现场总线
类型 7	WorldFIP	现场总线	类型 17	VNET/IP	实时以太网
类型 8	INTERBUS	现场总线	类型 18	CC_Link	现场总线
类型 9	FF H1	现场总线	类型 19	SERCOS Ⅲ	实时以太网
类型 10	PROFINET	实时以太网	类型 20	HART	现场总线

4.3.3　代表性现场总线

1. CAN 总线

CAN（Controller Area Network）总线最初是为汽车监测控制系统而设计的，由于其高性能、高可靠性以及独特的设计，越来越受到人们的重视，其应用范围已不再局限于汽车工业，在过程工业、机械工业、纺织机械、农用机械、机器人、数控机床和医疗器械等领域都有应用。

（1）通信模型

CAN 技术规范（Version2.0）包括 A 和 B 两部分，描述了 CAN 报文标准格式（11 位标识符）和扩展格式（29 位标识符）。

CAN 只采用了 ISO/OSI 模型中的物理层和数据链路层。很多公司以此为基础，设计了自己的应用层标准，形成新的总线如：Honeywell 公司的 SDS 总线和 Rockwell 公司的 Devicenet 等。

CAN 总线报文中的位流按照非归零码（NRZ）方法编码，具有隐性或显性两种逻辑状态。"0" 为显性位，"1" 为隐性位。显性位能改写隐性位。

报文中包括数据帧、远程帧、出错帧和超载帧 4 种不同类型的帧。其中，数据帧携带数据由发送器至接收器；远程帧通过总线单元发送，以请求发送具有相同标识符的数据帧；出错帧由检测出总线错误的任何单元发送；超载帧用于提供当前的和后续的数据帧的附加延迟。

（2）主要特征

CAN 总线直接通信距离最远可达 10km（速率在 5kbit/s 以下）；通信速率可达 1Mbit/s（通信距离最长为 40m）。CAN 节点通过报文滤波进行信息帧接收，可实现点对点、一点对多点及全局广播等几种方式传送接收数据，无须专门的调度。

"载波监测，多主掌控 / 冲突避免" 的通信模式构成了 CAN 的非破坏性总线仲裁技术。该技术允许在总线上的任一设备有一定的机会取得总线的控制权来向外发送信息，从而实现多主工作方式。如果在同一时刻有两个以上的设备欲发送信息，就会发生数据冲突，CAN 总线能够实时地检测这些冲突情况并作出相应的仲裁，而使得获得仲裁的信息帧不受任何损坏地继续传送。

图 4-14 为 3 个 CAN 消息帧在总线上的竞争情况。CAN 总线当总线空闲时呈隐性电平，此时任何一个节点都可以向总线发送一个显性电平作为一个帧的开始（SOF）。如果有两个或两个以上的节点同时发送，就会产生竞争。CAN 按位对标识符进行仲裁。各发送节点在向总线发送电平的同时，也对总线上的电平进行读取，并与自身发送的电

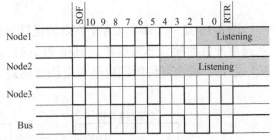

图 4-14　3 个 CAN 消息帧在总线上的竞争情况

平进行比较，如果电平相同则继续发送下 1 位，不同则停止发送，退出总线竞争。剩余的节点则继续上述过程，直到总线上只剩下一个节点发送的电平，总线竞争结束，优先级最高的节点获得了总线的使用权。不同的标识符也使信息帧具有不同的优先级。

（3）节点实现技术

以一种独立控制器 SJA1000 为例介绍 CAN 节点的开发。SJA1000 的内部结构如图 4-15 所示。接口管理逻辑负责连接外部主控制器，该控制器可以是微型控制器或任何其他器件，经过 SJA1000 复用的地址 / 数据总线访问寄存器和控制读 / 写选通信号都在这里处理。当收到一个报文时，通过可编程的验收滤波器确定主控制器要接收哪些报文，通过验收滤波器的报文存储在 RXFIFO 中。

$AD_7 \sim AD_0$ 为多路地址 / 数据总线，配合读写信号，微处理器可对 SJA1000 内部的寄存器进行写入或读取；MODE 可进行模式的选择，1 为 Intel 模式，0 为 Motorola 模式。读和写的控制引脚根据 MODE 引脚连接的不同状态，引脚功能分别与 Intel 模式或 Motorola 模式相匹配。

111

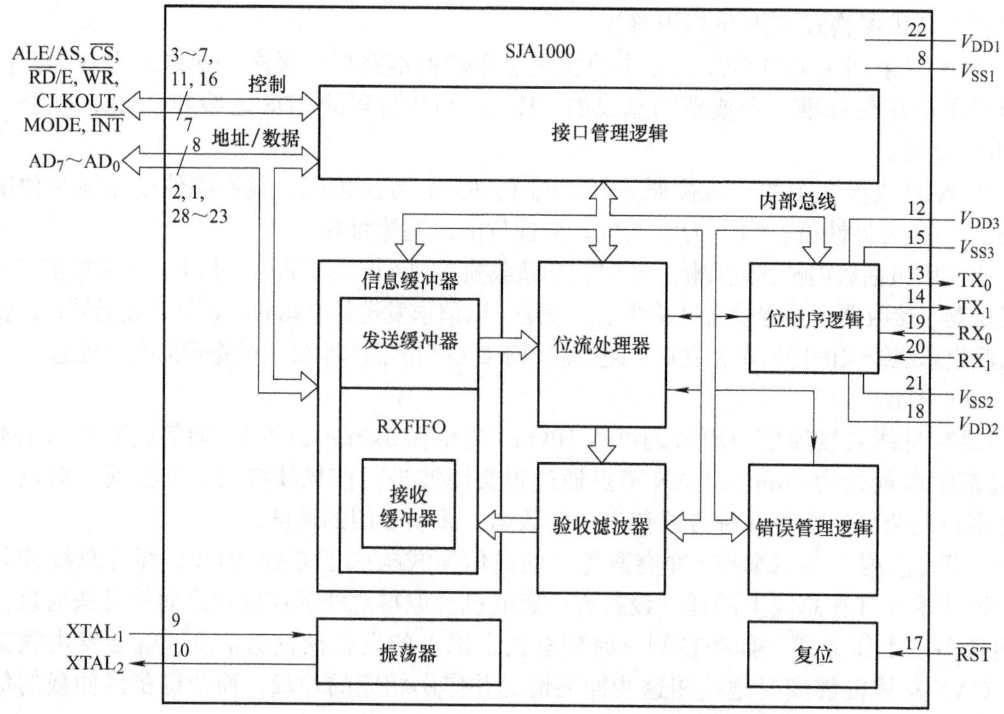

图 4-15　SJA1000 的内部结构图

　　图 4-16 是一个简单 CAN 节点的设计示例。通过 MODE 引脚的设置，SJA1000 与 51 系列单片机的接口非常简单，其中 PCA82C250/251 是协议控制器与物理传输线路之间的接口芯片。两个器件的额定电源电压分别是 12V（PCA82C250）和 24V（PCA82C251）。

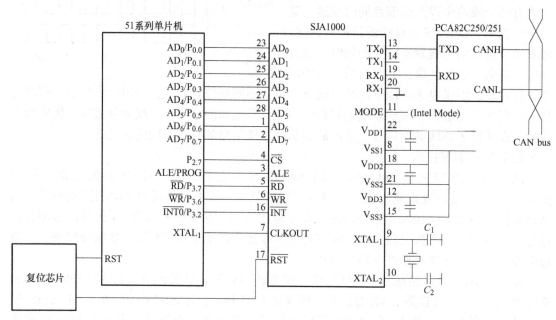

图 4-16　CAN 节点设计示例

2. Profibus 总线

Profibus（Process Field Bus）总线包括 Profibus-DP、Profibus-FMS 和 Profibus-PA 三种类型。DP 用于分散外设间高速数据传输，适用于加工自动化领域；FMS 适用于纺织、楼宇自动化、可编程控制器和低压开关等；PA 用于过程自动化的总线类型。

（1）通信模型

Profibus 通信模型如图 4-17 所示。参照了 ISO/OSI 参考模型的第 1 层（物理层）和第 2 层（数据链路层），另外增加了用户层，其中 FMS 还采用了第 7 层（应用层）。

Profibus-DP 和 Profibus-FMS 的第 1 层和第 2 层相同，物理层可以使用 RS-485 或光纤；Profibus-PA 有第 1 层和第 2 层，但与 DP/FMS 有区别，物理层服从 IEC 61158-2 标准，可以实现总线供电，数据的发送采用对总线系统的基本电流调节 ±9mA 的曼彻斯特编码实现。

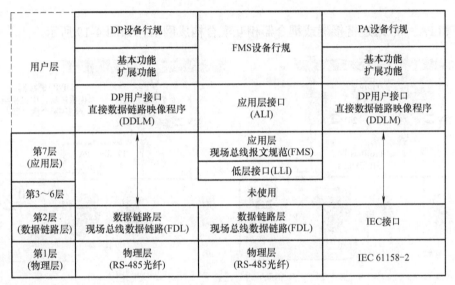

图 4-17 Profibus 通信模型

（2）主要特征

Profibus 支持主 - 从系统、纯主站系统和多主多从混合系统等几种传输方式，其总线存取协议如图 4-18 所示，包括主站之间的令牌传递方式和主站与从站之间的主从方式。

令牌传递程序保证每个主站在一个确切规定的时间内得到总线存取权（令牌）。在 Profibus 中，令牌传递仅在各主站之间进行。主站得到总线存取令牌时可与从站通信。每个主站均可向从站发送或读取信息。因此，可能有以下三种系统配置：纯主—从系统，纯主—主系统和混合系统。

图中的三个主站构成令牌逻辑环，当某主站得到令牌电文后，该主站可在一定的时间内执行主站的工作，在这段时间内，它可依照主—从关系表与所有从站通信，也可依照主—主关系表与所有主站通信。

令牌环是所有主站的组织链，按照主站的地址构成逻辑环，在这个环中，令牌在规定的时间内按照地址的升序在各主站中依次传递。

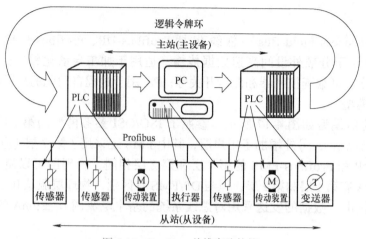

图 4-18　Profibus 总线存取协议

DP 和 PA 一般通过链接器或耦合器相互配合构成网络，如图 4-19 所示。

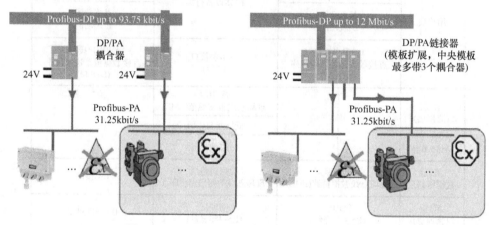

图 4-19　DP 和 PA 通过链接器或耦合器相互连接

（3）节点实现技术

原则上只要微处理器配有内部或外部的异步串行接口，Profibus 协议在任何微处理器上都可能实现。但是如果协议的传输速率超过 500kbit/s 或与 IEC1158-2 传输技术连接时，则推荐使用协议芯片。西门子提供了 Profibus 协议芯片的系列产品。

对于从站的开发提供了以下解决方案：SPC（Siemens Profibus Controller）的设计基于 OSI 参考模型的第 1 层，需要附加一个微处理器用于实现第 2 层和第 7 层的功能；SPC2 中已经集成了第 2 层的执行总线协议的部分，附加微处理器执行第 2 层的其余功能；SPC3 由于集成了全部 Profibus-DP 协议，有效地减轻了处理器的压力，因此可用于 12Mbit/s 总线；SPC4 支持 DP、FMS 和 PA 协议类型，且可以工作于 12Mbit/s 总线。

然而，在自动化工程领域也有一些简单的设备，如：开关、热元件，不需要微处理器来获取它们的状态。另一种称作 LSPM2（Lean Siemens Profibus Multiplexer）/SPM2 的芯片是适应这些设备的低成本改造方案。LSPM2 与 SPM2 有相同的功能，只是减少了 I/O 端口和诊断端口的数量。

ASPC2 主要用于复杂的主站设计，可以支持 12Mbit/s 总线。

图 4-20 为数字量输出智能节点的原理图。微控制器选用 Philips 公司的 P87C51RD2，采用 74HC273 锁存器控制数字量的输出状态，通信控制器采用 Siemens 公司的 SPC3，RS-485 驱动器采用 TI 公司的 65ALS1176。

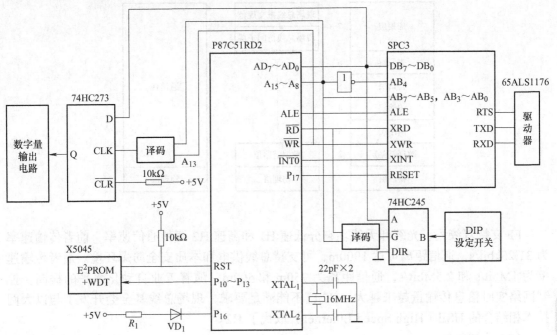

图 4-20 数字量输出智能节点原理图

3. FF 总线

FF（Foundation Fieldbus）标准由现场总线基金会（Fieldbus Foundation）组织开发。基金会的前身是由美国 Rosemount 公司为首，联合 ABB、Foxboro、Yokogawa 等 80 多家公司组成的 ISP（Interoperable System Protocol）基金会和以 Honeywell 公司为首，联合欧洲等地 150 多家公司组成的 World FIP（World Factory Instrumentation Protocol）基金会。两个基金会于 1994 年合并成立现场总线基金会。因此，FF 总线得到了很多自控设备供应商的支持。

（1）通信模型

基金会现场总线的核心部分之一是实现现场总线信号的数字通信。为了实现系统的开放性，其通信模型参考了 ISO/OSI 参考模型，并在此基础上根据自动化系统的特点进行演变后得到。基金会现场总线的参考模型如图 4-21 所示，只具备了 ISO/OSI 参考模型 7 层中的 3 层，即第 1 层（物理层）、第 2 层（数据链路层）和第 7 层（应用层），并按照现场总线的实际要求，把应用层划分为 2 个子层——总线访问子层与总线报文规范子层。省去了中间的 3～6 层，即不具备网络层、传输层、会话层与表示层。不过它又在原有 ISO/OSI 参考模型第 7 层应用层之上增加了新的一层——用户层。

在相应软硬件开发的过程中，往往把除去最下端的物理层和最上端的用户层之后的中间部分作为一个整体，统称为通信栈。这时，现场总线的通信参考模型可简单地视为 3 层，即：物理层、通信栈、用户层。

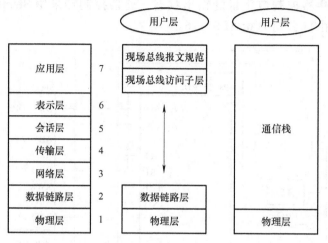

图 4-21　FF 总线通信模型

　　FF 支持双绞线、光纤和无线。它分低速 H1 和高速 H2 两种通信速率，前者传输速率为 31.25kbit/s，通信距离可达 1900m，可支持总线供电和本质安全防爆环境。后者传输速率为 1Mbit/s 和 2.5Mbit/s，通信距离为 750m 和 500m。随着工业自动化水平的提高，控制网络实时信息传输量越来越大，H2 已不能满足要求，现场总线基金会开发了与以太网技术相结合的 HSE（High Speed Ethernet）取代了 H2。

　　（2）主要特征

　　FF 总线的网络调度来源于链路活动调度器。它拥有总线上所有设备的清单，由它来掌管总线段上各设备对总线的操作。任何时刻每个总线段上都只有一个链路活动调度器处于工作状态。总线段上的设备只有得到链路活动调度器 LAS 的认可，才能向总线上传输数据。

　　链路活动调度器应具有以下五种基本功能：

　　1）向设备发送强制数据 CD。

　　2）向设备发送传递令牌 PT。

　　3）为新入网的设备探测未被采用过的地址 PN。

　　4）定期对总线段发布数据链路时间和调度时间。

　　5）监视设备对传递令牌 PT 的响应。

　　链路活动调度器的工作按照一个预先安排好的调度时间表周期性地向现场设备循环发送 CD。如果在发布下一个 CD 令牌之前还有时间，则可用于发布传递令牌 PT，或发布时间信息 TD，或发布节点探测信息。

　　为满足不同的应用需要，基金会现场总线设置了几种类型的虚拟通信关系（Virtual Communication Relationship，VCR）：客户服务器型、报告分发型和发布 - 预订接收型。

　　1）客户服务器型虚拟通信关系。客户服务器型虚拟通信关系用于现场总线上两个设备间由用户发起的、一对一的、排队式、非周期通信。这里的排队意味着消息的发送与接收是按以优先级为基础所安排的顺序进行，先前的信息不会被覆盖。

当一个设备得到传递令牌时，这个设备可以对现场总线上的另一设备发送一个请求信息，这个请求者称为客户，而接收这个请求的称为服务器。当服务器收到这个请求，并得到了来自链路活动调度者的传递令牌时，就可以对客户的请求作出响应。

采用这种通信关系在一对客户与服务者之间进行的请求-响应式数据交换，是一种按优先权排队的非周期性通信。由于这种非周期通信是在受调度的周期性通信的间隙中进行的，设备与设备之间采用令牌传送机制共享周期性通信以外的间隙时间，因而，存在发生传送中断的可能性。当这种情况发生时，采用再传送程序来恢复中断了的传送。

客户服务器型虚拟通信关系常用于设置参数或实现某些操作，例如改变给定值，对控制器参数的访问与调整，对报警的确认，设备的上载与下载等。

2）报告分发型虚拟通信关系。报告分发型虚拟通信关系是一种排队式、非周期通信，也是一种由用户发起的一对多的通信方式。

当一个带有事件报告或趋势报告的设备收到来自链路活动调度器的传递令牌时，就通过这种报告分发型虚拟通信关系，把它的报文分发给由它的虚拟通信关系规定的一组地址，即有一组设备将接收该报文。

报告分发型虚拟通信关系区别于客户服务器型虚拟通信关系的最大特点是它采用一对多通信。一个报告者对应由多个设备组成的一组收听者。

这种报告分发型虚拟通信关系用于广播或多点传送事件与趋势报道。数据持有者按事先规定好的 VCR 的目标地址向总线设备多点投送其数据，可以按地址一次分发所有报告，也可以按每种报文的传送类型将其排队，然后按分发次序传送给接收者。

由于这种非周期通信是在受调度的周期性通信的间隙中进行的，因而要尽量避免非周期通信可能存在的、由于传送受阻而发生的断裂。按每种报文的传送类型进行排队然后分别发送的方式在一定程度上可以缓解这一矛盾。

报告分发型虚拟通信关系最典型的应用场合是将报警状态、趋势数据等通知操作台。

3）发布—预定接收型虚拟通信关系。发布—预定接收型虚拟通信关系主要用来实现缓冲型一对多通信。当数据发布设备收到令牌时，将对总线上的所有设备发布或广播它的消息。希望接收这一发布消息的设备称为预定接收者，或称为订阅者。缓冲型意味着只有最近发布的数据保留在缓冲器内，新的数据会完全覆盖先前的数据。

数据的产生与发布者采用该类 VCR 把数据放入缓冲器中。发布者缓冲器的内容会在一次广播中同时传送到所有数据用户，即预定接收者的缓冲器内。为了减少数据生成和数据传输之间的延迟，要把数据广播者的缓冲器刷新和缓冲器内容的传送同步起来。缓冲型工作方式是这种虚拟通信关系的重要特征。

这种虚拟通信关系中的令牌由链路活动调度者按准确的时间周期性发出，也可以由数据用户按非周期的方式发起，即这种通信可由链路活动调度者发起，也可由用户发起。VCR 的属性将指明采用的是哪种方式。

现场设备通常采用发布—预定接收型虚拟通信关系，按周期性的调度方式为用户应用功能块的输入输出刷新数据，例如刷新过程变量、操作输出等。

表 4-6 列出了 FF 通信中采用的虚拟通信关系的类型与典型应用。

表 4-6　虚拟通信关系

VCR 类型	通信特点	信息类型	典型应用
客户服务器型	排队，一对一，非周期	设置参数或操作模式	改变模式，调整控制参数，设置给定值
报告分发型	排队，一对多，非周期	事件通告，趋势报告	向操作台通告报警状态，报告历史数据趋势
发布—预定接收型	缓冲，一对多，受调度或非周期	刷新功能块的输入输出数据	向 PID 控制功能块和操作台发送测量值

（3）节点实现技术

可用作基金会现场总线通信控制器的芯片有多家公司生产，例如日本的横河公司、富士公司，英国的 SHIPSTAR 公司，巴西的 SMAR 公司等。各家公司的产品功能繁简各不相同，各具特色。本书仅以 SMAR 公司 FB3050 为例简单介绍。

FB3050 的数据总线宽度为 8 位，外接 CPU 的 16 位地址线。16 位地址线经过 FB3050 缓冲和变换后输出，输出的地址线称作存储器总线，CPU 和 FB3050 二者都能够通过存储器总线访问挂接在该总线上的存储器。因此挂接在该总线上的存储器是 CPU 和 FB3050 的公用存储器，如图 4-22 所示。

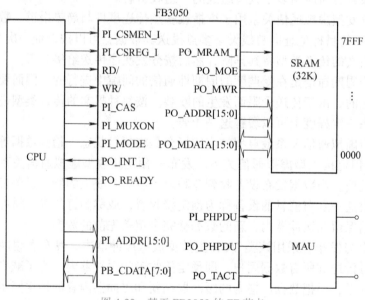

图 4-22　基于 FB3050 的 FF 节点

4. LonWorks 总线

LonWorks（Local Operating Networks）总线最初由美国 Echelon 公司开发，是一个开放的、全分布式监控系统专用网络平台技术。该总线建立了一套从协议开发、芯片设计、芯片制造、控制模块开发制造、OEM 控制产品、最终控制产品、分销、系统集成等一系列完整的开发、制造、推广、应用体系结构，吸引了数万家企业参与到这项工作中来。

（1）通信模型

LonWorks 的核心技术是具有 3 个处理器的神经元芯片（Neuron Chip），3 个处理器分别是应用处理器、网络处理器和 MAC 处理器。该芯片同时具备通信与控制功能，并且固化了 LonTalk 协议。

LonTalk 提供了 IOS/OSI 参考模型的 7 层服务，这同其他现场总线一般只选择部分层次的模型有显著区别，见表 4-7。3 个处理器分别承担不同层协议的处理工作。

表 4-7　LonTalk 协议通信模型与对应处理器

OSI 层次		LonWorks 提供的服务	处理器
应用层		标准网络变量类型	应用处理器
表示层		网络变量、外部帧传送	网络处理器
会话层		请求 - 响应、认证、网络管理	网络处理器
传送层		应答、非应答、点对点、广播、认证等	网络处理器
网络层		地址、路由	网络处理器
链路层	链路层	帧结构、数据解码、CRC 错误检查	MAC 处理器
	MAC 子层	带预测 P- 坚持 CSMA、碰撞规避、优先级、碰撞检测	
物理层		介质、电气接口	MAC 处理器

LonTalk 协议在物理层协议中支持多种通信协议，因此，LonWorks 网络可以允许使用非常广泛的通信介质，如：双绞线、电力线载波、无线电、同轴电缆、光纤甚至用户自定义的通信介质。

（2）主要特征

为了能在大网络系统和多通信介质、重负载下保持网络高效率，LonTalk 协议使用带预测的 P- 坚持 CSMA 介质访问控制。在通信过程中，对所有的节点都根据网络积压参数等待随机时间片来访问介质，有效地避免了网络的频繁碰撞。每一个节点发送报文前都要随机地插入 $0 \sim W$ 个随机时间片。W 则根据网络积压参数的变化进行动态调整，其公式是

$$W = BL \times Wbase \tag{4-3}$$

式中，$Wbase = 16$；BL 为网络积压的估计值。

BL 值是对当前网络繁忙程度的估计。每个节点都有一个 BL 值，当侦测到一个 MAC 层协议数据单元时，或发送一个 MAC 层协议数据单元时 BL 加 1；每隔一个固定报文周期 BL 减 1；当 BL 减到 1 时，就不再减，总是保持 $BL \geq 1$。

带预测的 P- 坚持 CSMA 如图 4-23 所示。当一个节点有信息需发送时，首先检测通道有没有信息发送，以确定网络是否空闲。如果空闲，随后节点产生一个随机等待，当延时结束，网络仍为空闲时，节点发送报文。可以看出，采用带预测的 P- 坚持 CSMA 允许网络在轻负载情况下，插入随机等待时间片较少，节点发送速度快；而在重负载情况下，随着 BL 值的增加，插入的随机等待时间片较多，又能有效地避免碰撞。

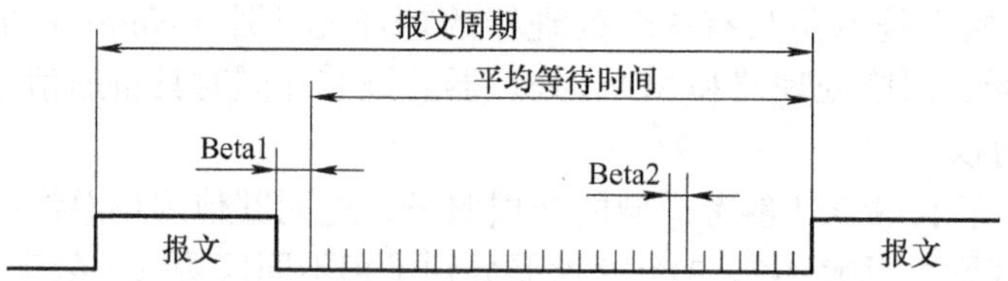

图 4-23 带预测的 P- 坚持 CSMA 示意图

（3）节点实现技术

LonWorks 节点设计的核心是神经元芯片。为了经济、标准化设计，Echelon 公司设计了神经元芯片。选择神经元这一名称是为了指出正确的网络控制机制和人脑的相似性。人脑中没有控制中心。几百万个神经元联网，每个神经元通过为数众多的路径向其他神经元发送信息。每一个神经元通常都奉献于某一专门功能，但失去任何一个不一定影响网络的整体性能。Echelon 公司设计了最初的神经元，但是派生产品现在通常由其合作伙伴，如 Cypress、东芝和摩托罗拉公司等生产。

神经元芯片内部具有 MAC 处理器、网络处理器和应用处理器 3 个微处理器，如图 4-24 所示。

MAC 处理器完成介质访问控制，处理 ISO 的 OSI 七层协议的第 1 层和第 2 层。它与网络处理器通过网络缓冲器进行数据传递。

网络处理器完成 OSI 的 3 ~ 6 层网络协议，通过网络缓冲器与 MAC 处理器进行通信，通过应用缓冲器与应用处理器进行通信。

应用处理器完成用户的编程，其中包括用户程序对操作系统的服务调用。

神经元芯片还有 512 字节 EEPROM，存储一些重要的非易失数据：网络配置和地址表，48 位神经元 ID 码、可下装的应用程序代码和非易失数据。这些数据即使节点掉电，仍然不会丢失。神经元还至少包含 2KB 的 RAM，用于堆栈段、应用程序和系统程序的数据区，LonTalk 协议应用缓冲区和网络缓冲区。

在神经元芯片上特设 11 个 I/O 口，这 11 个 I/O 口可根据不同的需求通过软件编程进行灵活配置，便于通外部设备接口。例如可配置成 RS-232、并口、定时与计数 I/O、位 I/O 等。

一个神经元芯片几乎包含一个现场节点的大部分功能块，因此一个神经元芯片配合收发器便可构成一个典型的现场控制节点，如图 4-25 所示。对于一些复杂的控制，如带有 PID 算法的单回路、多回路的控制就显得力不从心。神经元芯片可通过微处理器接口（MIP）连接其他微处理器，将其作为通信协处理器。

5. BACnet 协议

BACnet 为楼宇自动化控制网络（Building Automation and Control Networks）的简称，由美国暖通、空调和制冷工程师协会组织开发，可用在暖通空调系统的通信，也可以用在照明控制、门禁系统、火警侦测系统及其相关设备的通信。该协议提供五种业界常用的标准协议，可降低维护系统所需成本，并简化安装。

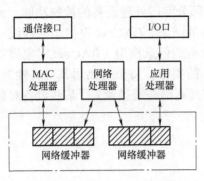

图 4-24　神经元芯片的处理器

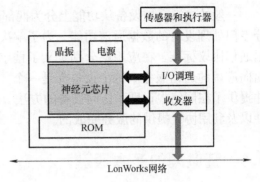

图 4-25　神经元芯片构成的现场控制节点

（1）通信模型

BACnet 建立在包含四个层次的简化分层架构上，这四层相当于 OSI 模型中的物理层、数据链路层、网络层和应用层，如图 4-26 所示。BACnet 协议定义了自己的应用层和网络层，物理层和数据链路层则是借用已有的物理层和数据链路层标准。

BACnet的协议层次				对应的OSI层次
BACnet应用层				应用层
BACnet网络层				网络层
ISO 8802-2 (IEEE 802.2)类型1	MS/TP (主从/令牌传递)	PTP (点到点协议)	LonTalk	数据 链路层
ISO 8802-3 (IEEE 802.3)	ARCNET	EIA-485 (RS-485)	EIA-232 (RS-232)		物理层

图 4-26　BACnet 的通信模型

（2）主要特征

BACnet 协议可以方便地将不同厂商、不同功能的产品集成在一个系统中，实现各厂商设备的互操作，最终实现整个楼宇控制系统的标准化和开发性，其物理层和数据链路层标准提供了以下五种选择方案。

1）第一种选择是 ISO 8802-2 类型 1 定义的逻辑链路控制协议，加上 ISO 8802-3 介质访问控制协议和物理层协议。其中，ISO 8802-3 是以太网的国际标准。

2）第二种选择是 ISO 8802-2 类型 1 定义的逻辑链路控制协议，加上 ARCNET（ATA/ANSI878.1）。ARCNET 是由 Datapoint 公司开发的一种局域网技术，采用令牌总线方案来管理共享线路。

3）第三种选择是主从 / 令牌传递（MS/TP）协议加上 RS-485 协议。由于 RS-485 标准只是一个物理层标准，不能解决设备访问传输介质的问题，BACnet 定义了 MS/TP 协议，使用一个令牌来控制设备对网络总线的访问。

4）第四种选择是点对点（PTP）协议加上 RS-232 协议，PTP 使两个 BACnet 设备能够实现点到点的通信机制。该协议是面向连接的，一旦连接成功建立，两个设备就可以透明地交换数据。

5）第五种选择是 LonTalk 协议。

一般的楼宇自控设备从功能上分为两部分。一部分专门处理设备的控制功能；另一部分专门处理设备的数据通信功能。为了解决异构性的问题，BACnet 提供了一种统一的数据通信协议标准。在应用层分别定义了楼宇自控设备的信息模型（BACnet 对象模型）和面向应用的通信服务。每个设备都是一个"对象"的实体，每个对象用其"属性"描述，并提供了在网络中识别和访问设备的方法。设备相互通信是通过读 / 写某些设备对象的属性以及利用协议提供的服务完成的。

4.4　互联网的基本原理

互联网是多个计算机网络相互连接而成的一个大型网络，它们通过电子、无线和光纤网络等一系列广泛的技术联系在一起。这些网络以 TCP/IP 协议族相连形成了互相连接的巨大网络。

1995 年 10 月 24 日，美国联邦网络委员会（The Federal Networking Council）通过了一项关于"互联网定义"的决议，联邦网络委员会认为，下述语言反映了对"互联网"这个词的定义。"互联网"指的是全球性的信息系统。①通过全球性的、唯一的地址逻辑连接在一起。这个地址是建立在互联网协议（IP）或今后其他协议的基础之上的。②可以通过传输控制协议和互联网协议（TCP/IP），或者今后其他接替的协议或与互联网协议兼容的协议来进行通信。③以让公共用户或者私人用户使用高水平的服务。这种服务是建立在上述通信及相关的基础设施之上的。

从这个技术角度给出的互联网定义可知：首先，互联网是全球性的；其次，互联网上的每一台主机都需要有"地址"；最后，这些主机是按照 TCP/IP 连接在一起的。

互联网符合上述技术要求并实现数据的快速传递主要得益于分组交换、网络互联设备和 TCP/IP。

4.4.1　分组交换

在电话问世不久，人们就发现让所有电话机都两两连接是不现实的，从而提出了"交换"的概念。交换就是按照某种方式动态地分配传输线路的资源。

从 1876 年贝尔发明电话以来，人们一直采用电路交换的方式来进行电话通信，如图 4-27 所示。在使用电路交换打电话之前，先拨号建立连接；当拨号的信令通过许多交换机到达被叫用户所连接的交换机时，该交换机就向用户的电话机振铃；在被叫用户摘机且摘机信号传送回主叫用户所连接的交换机后，呼叫即完成，这时从主叫端到被叫端就建立了一条连接。当通话结束挂机后，挂机信令通知这些交换机，使得交换机释放刚才这条物理通路。在建立电路之后、释放线路之前，即使站点之间无任何数据可以传输，整个线路仍不允许其他站点共享。就和打电话一样，人们讲话之前总要拨完号之后把这个连接建立起来，不管用户讲不讲话，只要不挂机，这个连接是专为该用户所用的，如果没有可用的连接，用户将听到忙音，因此线路的利用率较低。

电路交换方式对于互联网而言，存在很大的局限性。首先互联网的数据通信具有很强的突发性，峰值比特率和平均比特率相差较大，如果采用电路交换技术，若按峰值比特率分配电路带宽，则会造成资源的极大浪费；如果按照平均比特率分配带宽，则会造成数据的大量丢失。其次是和语音业务比较起来，互联网数据业务对时延没有严格的要求，但需要进行无差错的传输，而语音信号可以有一定程度的失真，但实时性一定要好。

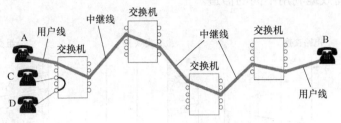

图 4-27　电路交换

分组交换采用了存储转发技术，其实质就是将要传输的数据按一定长度分成很多组，在每个分组里加上分组头。分组头包含接收地址和控制信息，其长度为 3 ～ 10 字节，用户数据部分长度是固定的，平均为 128 字节，最长不超过 256 字节。这样的数据分组也被称为数据包，如图 4-28 所示。当数据到达目的地之后，各数据包会被再重新组合起来，去掉分组头，形成一条完整的用户数据。

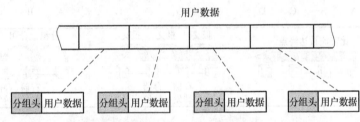

图 4-28　分组的划分

分组交换在传送数据之前不必先占用一条端到端的通信资源，分组在哪段链路上传送才占用这段链路的通信资源。每个节点首先将前一节点送来的分组收下并保存在缓冲区中，然后根据分组头部中的地址信息选择适当的链路将其发送至下一个节点，这样在通信过程中可以根据用户的要求和网络的能力来动态分配带宽。从发送终端发出的各个分组，将由分组交换网根据分组内部的地址和控制信息被传送到与接收终端连接的交换机，但对属于同一数据帧的不同分组所经过的传输路径却不是唯一的，即各分组交换机通信时能够根据交换网的当前状态为各分组选择不同的传输路径，以免线路拥挤造成网络阻塞。

存储转发原理并非完全新的概念，在 20 世纪 40 年代发明的电报通信也采用了基于存储转发原理的报文交换。在报文交换中心，一份电报被接收并穿成纸带。操作员以每份报文为单位，根据报文的目的站地址，拿到相应的发报机转发出去。这种报文交换的时延较长，现在已经很少使用了。分组交换虽然也采用存储转发原理，但由于使用了计算机进行处理，转发非常迅速。

图 4-29 展示了三种交换技术的主要区别。图中的 A 和 D 分别表示源点和终点，B 和 C 为中间节点。电路交换中，整个报文的比特流直达终点；报文交换中，整个报文先传送到相邻节点，全部存储下来后，查找转发表，转发到下一个节点；分组交换中，将报文划分为分组，P_1 ～ P_4 表示四个分组，每个分组均先传送到相邻节点，然后再存储转发到下

一个节点。通过比较可看出，若要连续传送大量的数据，且其传送时间远大于连接的建立时间，则电路交换的传输效率较高。报文交换和分组交换不需要预先分配传输信道，可提高信道的利用率。由于分组的长度往往远小于整个报文的长度，因此，分组交换比报文交换更灵活，可更高效地利用不同的信道。

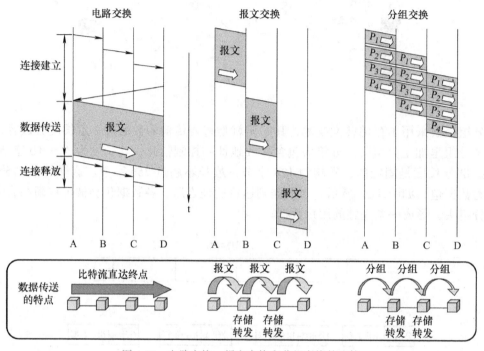

图 4-29　电路交换、报文交换和分组交换的比较

4.4.2　计算机网络的体系结构

　　早期的网络都是各个公司根据用户的要求而独立开发的，随着全球化进程，用户迫切要求能够相互交换信息。为了使不同体系结构的计算机网络都能互联，国际标准化组织（International Organization for Standardization，ISO）提出了著名的开放系统互联参考模型（Open Systems Interconnection Reference Model，OSI/RM），简称 OSI。

　　OSI 定义了网络互联的七层框架（物理层、数据链路层、网络层、传输层、会话层、表示层、应用层），如图 4-30。每一层实现各自的功能和协议，并完成与相邻层的接口通信。下面对 OSI 各层进行功能上的大概阐述。为了使数据分组从源传送到目的地，源端 OSI 模型的每一层都必须与目的端的对等层进行通信，这种通信方式称为对等层通信。

　　理论上，通信系统只要遵循 OSI 标准，一个系统就可以和位于世界上任何地方的、也遵循这同一标准的其他任何系统进行通信。然而 OSI 标准在市场化方面却失败了。因为，在完整的 OSI 标准制定出来时，因特网已抢先在全世界覆盖了相当大的范围，并没有厂家的产品支持 OSI 标准。

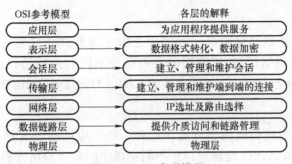

图 4-30 OSI 参考模型

最终，法律上的国际标准 OSI 并没有得到市场的认可。非国际标准 TCP/IP 获得了最广泛的应用，这样 TCP/IP 常被称为事实上的国际标准。TCP/IP 协议是一系列协议的总和，其命名源于其中最重要的两个协议，一个是 TCP（Transmission Control Protocol，传输控制协议），另一个是 IP（Internet Protocol）。

TCP/IP 体系结构是包括应用层、传输层、网络层、数据链路层和物理层的五层结构，有时也用四层表示方法，即用网络接口层代替数据链路层和物理层。TCP/IP 五层协议和 OSI 的七层协议对应关系如图 4-31 所示。

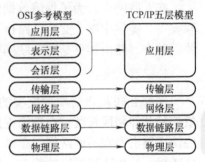

图 4-31 TCP/IP 五层协议和 OSI 的七层协议对应关系

1. 物理层

物理层的主要任务描述为确定与传输媒体接口的一些特性，即：

1）机械特性：指明接口所用接线器的形状和尺寸、引线数目和排列、固定和锁定装置等。

2）电气特性：指明在接口电缆的各条线上出现的电压范围。

3）功能特性：指明某条线上出现的某一电平的电压表示何种意义。

4）过程特性：指明对于不同功能的各种可能事件的出现顺序。

2. 数据链路层

数据链路层在物理线路上提供可靠的数据传输，使之对网络层呈现为一条无错的线路。它将比特组合成字节，再将字节组合成帧，使用链路层地址来访问介质，并进行差错检测。数据链路层又分为 2 个子层：逻辑链路控制子层（LLC）和媒体访问控制子层（MAC）。

MAC 子层处理 CSMA/CD 算法、数据出错校验、成帧等；LLC 子层定义了一些字段使上次协议能共享数据链路层。

3. 网络层

网络层通过 IP 寻址来建立两个节点之间的连接，为源端的运输层送来的分组，选择合适的路由和交换节点，正确无误地按照地址传送给目的端的运输层。这一层就是经常说的 IP 协议层。

4. 传输层

传输层向应用层提供通信服务，为应用进程之间提供端到端的逻辑通信（但网络层是为主机之间提供逻辑通信）。传输层需要有两种不同的传输协议，即面向连接的 TCP（Transmission Control Protocol）和无连接的 UDP（User Datagram Protocol）。

5. 应用层

应用层为计算机用户的应用进程提供服务。每个应用层协议都是为了解决某一类应用问题，而问题的解决又往往是通过位于不同主机中的多个应用进程之间的通信和协同工作来完成的。应用层的具体内容就是规定应用进程在通信时所遵循的协议。常用的应用层协议包括：远程登录协议 Telnet、文件传输协议 FTP、超文本传输协议 HTTP、域名服务 DNS、简单邮件传输协议 SMTP 和邮局协议 POP3 等。

4.4.3 网络互联设备

在互联网中，为了保障数据的有效和可靠传输，除网络节点外，还需要大量的网络互联设备，提供中继、交换、路由和协议转换等功能，分别对应中继器、网桥、路由器和网关。其中，路由器更是在互联网中承担着"交通枢纽"的作用。

1. 互联设备概述

网络互联从通信参考模型的角度可分为几个层次：在物理层使用中继器，通过复制值信号延伸网段长度；在数据链路层使用网桥，在局域网之间存储或转发数据帧；在网络层使用路由器在不同网络间存储转发分组信号；在传输层及传输层以上，使用网关进行协议转换，提供更高层次的接口。因此中继器、网桥、路由器和网关是不同层次的网络互联设备。

（1）中继器

中继器接收一个线路中的报文信号，将其进行整形放大、重新复制，并将新生成的复制信号转发至下一网段或转发到其他介质段。这个新生成的信号将具有良好的波形。有电信号中继器和光信号中继器。

中继器仅在网络的物理层起作用，它不以任何方式改变网络的功能。中继器对所通过的数据不作处理，主要作用在于延长电线和光线的传输距离。通过中继器连接到一起的两部分网络实际上是一个网段。中继器是一个再生器，而不是放大器。中继器应放置在信号失去可读性之前。中继器使得网络可以跨越一个较大的距离。在中继器的两端，其数据速率、协议（数据链路层）和地址空间都相同。

（2）网桥

网桥将数据帧送到数据链路层进行差错校验，再送到物理层，通过物理传输介质送到另一个子网或网段。它具备寻址与路径选择的功能。在接收到帧之后，要决定正确的路径将帧送到相应的目的站点。

网桥同时作用在物理层和数据链路层。网桥用于网段之间的连接，也可以在两个相同类型的网段之间进行帧中继。当一个帧到达网桥时，网桥不仅重新生成信号，而且检查目的地址，将新生成的原信号复制件仅仅发送到这个地址所属的网段。

图 4-32 显示了两个通过网桥连接在一起的网段。节点 A 和节点 D 处于同一个网段中。当节点 A 送到节点 D 的包到达网桥时，这个包被阻止进入下面其他的网段中，而 A 到 D 只在本中继网段内中继，被站点 D 接收。而当由节点 A 产生的包要送到节点 G 时，网桥允许这个包跨越并中继到整个下面的网段。数据包将在那里被站点 G 接收。因此网桥能使总线负荷得以减小。

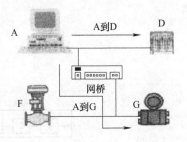

图 4-32　网桥的连接

网桥与中继器的区别在于：网桥具有使不同网段之间的通信相互隔离的逻辑，或者说网桥是一种聪明的中继器。它只对包含预期接收者网段的信号包进行中继。这样，网桥起到了过滤信号包的作用，利用它可以控制网络拥塞，同时隔离出现了问题的链路。但网桥在任何情况下都不修改包的结构或包的内容，因此只可以将网桥应用在使用相同协议的网段之间。

（3）路由器

路由器工作在物理层、数据链路层和网络层。它比中继器和网桥更加复杂。在路由器所包含的地址之间，可能存在若干路径，路由器可以为某次特定的传输选择一条最好的路径。

报文传送的目的地网络和目的地址一般存在于报文的某个位置。当报文进入时，路由器读取报文中的目的地址，然后把这个报文转发到对应的网段中。它会取消没有目的地的报文传输。对存在多个子网络或网段的网络系统，路由器是很重要的部分。

路由器是在具有独立地址空间、数据速率和介质的网段间存储转发信号的设备路由器连接的所有网段，其协议是保持一致的。

（4）网关

网关又被称为网间协议变换器，用于实现不同通信协议的网络之间，包括使用不同网络操作系统的网络之间的互联。由于它在技术上与它所连接的两个网络的具体协议有关，因而用于不同网络间转换连接的网关是不相同的。

2. 路由器的工作原理

路由器在互联网中承担着"交通枢纽"的作用，负责不同子网之间的连接，为数据包提供路由与转送服务。根据路由器提供的两项服务，其大致分为路由选择和分组转发两个部分，结构如图 4-33 所示。

路由器的核心构件是路由选择处理机，其主要工作就是为经过路由器的每个数据包寻找一条最佳的传输路径。为了完成这项工作，在路由器中保存着各种传输路径的相关数据，即路由表，供路由选择时使用，表中包含的信息决定了数据转发的策略。

路由表中保存着子网的标志信息、路由器的个数和下一个路由器的名字等内容。这些信息就像人们平时使用的地图一样，可以帮助路由器找到从源节点到目标节点的最佳路线。路由表可以由系统管理员固定设置好，也可以由系统动态修改。

路由表中通常包括：

1）目标地址，用来标识 IP 包的目标地址或者目标网络。

2）子网掩码，用来判断 IP 所属网络。

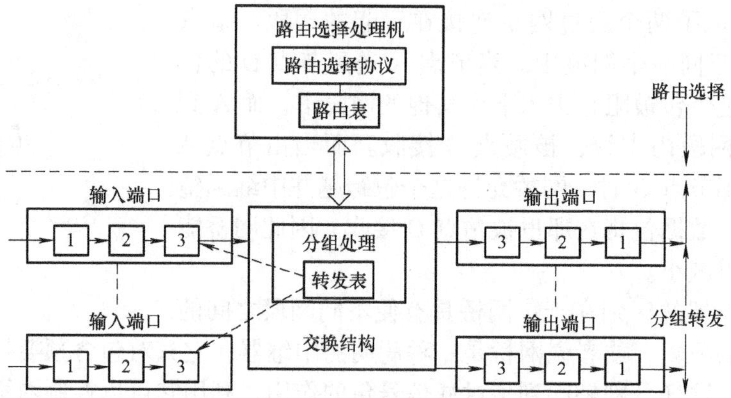

图 4-33　路由器的结构

3）下一跳地址，指明数据转发的下一个设备。

4）输出端口，指明数据将从本地路由器的哪个接口转发出去。

5）路由度量值 / 开销，用于比较不同路由的优劣。当到达一个目标地址的多个路由优先级相同时，路由开销最小的将成为最优路由。

6）路由优先级，标识路由加入路由表的优先级。

交换结构又称为交换组织，它的作用就是根据转发表，将从某个输入端口进来的分组从适当的输出端口转发出去。转发表是从路由表得出的，在转发表的每一行都必须包含从要到达的目标网络到输出端口和某些 MAC 地址的映射。转发表和路由表通常用不同的数据结构实现。转发表的结构应当优化查找过程，路由表则需要优化网络拓扑变化的计算。路由表总是通过软件实现，转发表有时为了加快速度，使用特殊的硬件实现。

作为互联网中不同网络之间互相连接的枢纽，路由器的处理速度是网络通信的主要瓶颈之一，它的可靠性则直接影响着网络互联的质量。

4.4.4　TCP 协议与 IP 协议

互联网是由许多网络连接在一起，按照 TCP/IP 协议来进行通信的。在数据传输过程中，首先由 TCP 把数据分成若干数据包，给每个数据包写上序号，以便接收端把数据还原成原来的格式；IP 给每个数据包写上发送主机和接收主机的地址，一旦写上源地址和目的地址，数据包就可以在物理网络上传送数据了。IP 还具有利用路由算法进行路由选择的功能，这些数据包可以通过不同的传输途径（路由）进行传输，由于路径不同，加上其他的原因，可能出现顺序颠倒、数据丢失、数据失真，甚至重复的现象，这些问题都由 TCP 来处理，它具有检查和处理错误的功能，必要时还可以请求发送端重发。简言之，IP负责数据的传输，而 TCP 负责数据的可靠传输。

1. TCP 协议

TCP 协议是一种面向连接的、可靠的、基于字节流的传输层通信协议。TCP 连接包括连接创建、数据传送和连接终止三个状态。操作系统将 TCP 连接抽象为套接字的编程接口给程序使用，并且要经历一系列的状态改变。

TCP 协议通过三步握手过程创建一个连接。第一步，客户端通过向服务器端发送一个 SYN 来创建一个主动连接，并把这段连接的序号设定为随机数 A；第二步，服务器端为一个合法的 SYN 回送一个 SYN-ACK，ACK 的确认码应为 A+1，SYN-ACK 包本身又有一个随机序号 B；第三步，客户端再发送一个 ACK，当服务端收到这个 ACK 的时候，就完成了三步握手，并进入了连接创建状态。此时包序号被设定为收到的确认号 A+1，而响应号则为 B+1。

在 TCP 的数据传送状态，很多重要的机制保证了 TCP 的可靠性和强壮性。它们包括：使用序号，对收到的 TCP 报文段进行排序以及检测重复的数据；使用 16 位的校验和来检测报文段的错误；使用确认和计时器来检测和纠正丢包或延时。

在 TCP 的连接创建状态，两个主机的 TCP 层间要交换初始序号（Initial Sequence Number，ISN）。这些序号用于标识字节流中的数据，并且还是对应用层的数据字节进行记数的整数。通常在每个 TCP 报文段中都有一对序号和确认号。TCP 报文发送者以自己的字节编号为序号，以接收者的字节编号为确认号。TCP 报文的接收者为了确保可靠性，在接收到一定数量的连续字节流后才发送确认。这是对 TCP 的一种扩展，通常称为选择确认（Selective Acknowledgement）。选择确认使得 TCP 接收者可以对乱序到达的数据块进行确认。每一个字节传输过后，ISN 都会递增 1。

通过使用序号和确认号，TCP 层可以把收到的报文段中的字节按正确的顺序交付给应用层。序号是 32 位的无符号数。对于 ISN 的选择是 TCP 中较关键的一个操作，它可以确保强壮性和安全性。

2. IPv4

互联网协议开发过程中的第四个修订版本 IPv4，是此协议第一个被广泛部署的版本。IPv4 为标准化互联网络的核心部分，也是使用最广泛的互联网协议版本。

IPv4 规定的数据分组的首部如图 4-34 所示。

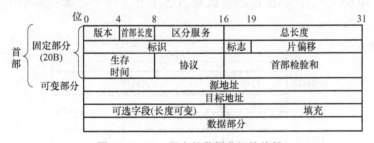

图 4-34　IPv4 规定的数据分组的首部

源地址和目标地址分别表示发送主机和接收主机的地址。IPv4 使用 32 位（4 字节）地址，IPv4 地址可被写作任何表示一个 32 位整数值的形式，但为了方便人类阅读和分析，它通常被写作点分十进制的形式，即四个字节被分开用十进制写出，中间用点分隔，如图 4-35 所示。

全球互联网是一个单一、抽象的网络。IP 地址给互联网上的每一台主机（或路由器）分配一个在全球范围内唯一的 32 位标识符。IP 地址的结构使得在互联网上可以很方便地进行寻址，找到注册的任意一台主机。IP 地址由互联网号码分配局（IANA）和五个区域互联网注册管理机构（RIR）——AFRINIC、ARIN、APNIC、LACNIC、RIPE NCC 进行管理，每个区域互联网注册管理机构均维护着一个公共的 WHOIS 数据库，提供 IP 地址分配的详情。

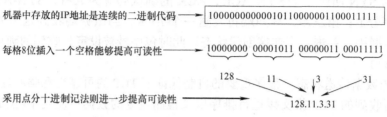

图 4-35　IPv4 规定的数据分组的首部

　　一个 IP 地址被分成网络识别码和主机识别码两部分。网络识别码在地址的高位字节中，主机识别码在剩下的部分中。IP 地址的编址方法经过了分类的 IP 地址、子网的划分、无分类编址（CIDR）三个历史阶段。

　　（1）分类的 IP 地址

　　在分类的 IP 地址中，IP 地址被划分为若干个固定类，每一类地址都由两个固定长度的字段组成，其中第一个字段是网络号，它标志主机所连接到的网络。一个网络号在整个互联网中是唯一的。第二个字段是主机号，它标志着特定的主机。主机号在所在网络中是唯一的。这种两级地址可以标记为：IP 地址：{ ＜网络号＞，＜主机号＞}。

　　在分类的 IP 地址中定义了五个类别：A、B、C、D 和 E，如图 4-36 所示。A、B 和 C 类地址的网络号字段长度分别为 1 字节、2 字节和 3 字节，在网络号字段的最前面有类别位，分别为 0、10 和 110；D 类地址为多播地址；E 类地址为保留地址。

　　A 类地址的主机号占 3 字节，每个 A 类网络中的最大主机数为 $2^{24}-2$，即 16777214。这里减 2 的原因是全 0 的主机号字段表示该网络的地址，全 1 的主机号字段表示该网络里的所有主机，被用作广播地址。B 类地址的主机号占 2 字节，每个 B 类网络中的最大主机数为 $2^{16}-2$，即 65534。C 类地址的主机号占 2 字节，每个 C 类网络中的最大主机数为 $2^{8}-2$，即 254。

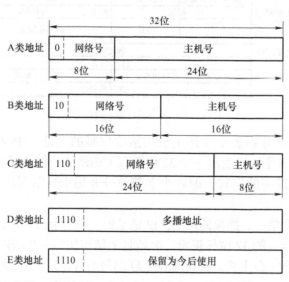

图 4-36　各类 IP 地址中的网络号和主机号的划分

（2）无分类编址

使用分类编址，一个组织只能申请 A 类、B 类、C 类地址，很不灵活，造成了 IP 地址的浪费，而且路由表中的项目数急剧增加，降低了互联网的效率。为了解决这些问题，在 1993 年左右，无类别域间路由（CIDR）正式地替换了分类网络。CIDR 消除了传统的 A 类、B 类和 C 类地址以及划分子网的概念，因而可以更加有效地分配 IPv4 的地址空间。CIDR 使用各种长度的"网络前缀"（Network-Prex）来代替分类地址中的网络号和子网号。无分类的两级编址的记法为：IP 地址 ::={ < 网络前缀 >，< 主机号 >}。

CIDR 还使用"斜线记法"，又称为 CIDR 记法，即在 IP 地址前面加上一个斜线"/"，然后写上网络前缀所占的位数。CIDR 把网络前缀都用相同的连续的 IP 地址组成"CIDR 地址块"。通过 CIDR 地址块的任何一个地址，可以知道这个地址块的起始地址和具有的地址数。如已知一个地址 128.14.35.3/20，括号中是用二进制表示，其中前 20 位是网络前缀（用下划线标出），后 12 位是主机号。

128.14.35.3/20（<u>10000000000011100010001</u>100000011）

这个地址块的最小地址为 128.14.32.0（<u>10000000000011100010</u>000000000000），最大地址为 128.14.47.255（<u>10000000000011100010</u>1011111111111）。

对于同一个 CIDR 地址块中的地址，路由表中可以利用 CIDR 地址块来查找网络。这种地址的聚合被称为路由聚合。使用路由聚合，路由表中的一个项目可以表示原来传统分类地址里的很多个路由，从而减小路由表，减少路由器之间的路由选择信息的交换，提高互联网的性能。

3. IPv6

互联网协议是互联网构造的基石，IPv4 在互联网中得到了广泛应用。但 IPv4 产生于 20 世纪 70 时代，具有时代的局限性，其最大的问题是网络地址资源的不足。因为 IPv4 使用 32 位地址，因此地址空间中只有 4294967296（2^{32}）个地址。在 20 世纪 70 时代，只有几百台大型计算机需要接入互联网，43 亿是一个当时无法想象会被超过的 IP 地址空间。随着互联网的发展，这样的地址空间已经远远不能满足实际需求。事实上，2011 年 2 月 ICANN 宣布最后一批 IPv4 地址分配完毕。作为有 10 多亿人口的大国，我国因为加入互联网比较晚，仅获得 3.4 亿个 IPv4 地址。截至 2016 年底，全球上网人数已经超过 34 亿，我国上网人数达到 6.4 亿，因此 IP 地址空间问题已成为制约互联网发展的一个重要瓶颈。

为了解决互联网的 IP 地址空间问题，互联网工程任务组 IETF 于 1996 年提出了 IP 的第 6 个版本 IPv6，试图彻底解决这个问题。

IPv6 中使用 128 位地址空间，理论上可以有 2^{128} 或 3.4×10^{38} 个独立 IP 地址，是 IPv4 地址的 2^{96} 或 7.9×10^{28} 倍，应该能为地球上现在和未来的所有智能物体提供唯一的 IP 地址，满足人类目前能想象的所有 IP 地址的需求。

因为 IPv6 的地址长度为 128 位，是 IPv4 地址长度的 4 倍，IPv4 点分十进制格式不再适用。为了方便地表示 IPv6 地址，采用冒分十六进制表示法。

格式为 X：X：X：X：X：X：X：X，其中每个 X 表示地址中的 16 位，以十六进制表示，例如：

ABCD：EF01：2345：6789：ABCD：EF01：2345：6789

为了简化 IPv6 地址的表示，作出了 3 个不引起歧义的规定：

1）每个 X 的前导 0 是可以省略的，例如：

2001：0DB8：0000：0023：0008：0800：200C：417A → 2001：DB8：0：23：8：800：200C：417A

2）在某些情况下，一个 IPv6 地址中间可能包含很长的一段 0，可以把连续的一段 0 压缩为 "::"。但为保证地址解析的唯一性，地址中 "::" 只能出现一次，例如：

FF01：0：0：0：0：0：0：1101 → FF01::1101

0：0：0：0：0：0：0：1 → ::1

3）为了实现 IPv4 与 IPv6 互通，便于人们从 IPv4 过渡到 IPv6，IPv6 地址的最后 32 位会采用 IPv4 的地址表示方法：

X：X：X：X：X：X：d. d. d. d

前 96 位采用冒分十六进制表示，而最后 32 位地址则使用 IPv4 的点分十进制表示。例如：

::192.168.0.1、::FFFF：192.168.0.1。

IPv6 协议主要定义了单播地址、组播地址和任播地址三种地址类型。与原来的 IPv4 地址相比，新增了任播地址类型，取消了原来 IPv4 地址中的广播地址，因为在 IPv6 中的广播功能是通过组播来完成的。

（1）单播地址

用来唯一标识一个接口，类似于 IPv4 中的单播地址。发送到单播地址的数据报文将被传送给此地址所标识的一个接口。单播地址又可以分为以下五种类型。

1）全局单播地址：等同于 IPv4 中的公网地址，可以在 IPv6 的网络上进行全局路由和访问。这种地址类型允许路由前缀的聚合，从而限制了全球路由表项的数量。

2）链路本地地址：仅用于单个链路（这里的 "链路" 相当于 IPv4 中的子网），不能在不同的子网中路由。节点使用链路本地地址与同一个链路上的相邻节点进行通信。

3）站点本地地址：相当于 IPv4 中的局域网专用地址，仅可在本地局域网中使用。

4）兼容性地址：在 IPv6 的转换机制中还包括了一种通过 IPv4 路由接口以隧道方式动态传递 IPv6 包的技术。这样的 IPv6 节点会被分配一个在低 32 位中带有全球 IPv4 单播地址的 IPv6 全局单播地址。另有一种嵌入 IPv4 的 IPv6 地址，用于局域网内部。这类地址把 IPv4 节点当作 IPv6 节点。此外，还有一种称为 "6to4" 的 IPv6 地址，用于在两个通过网络同时运行 IPv4 和 IPv6 的节点之间进行通信。

5）特殊地址：包括未指定地址和环回地址。未指定地址（0：0：0：0：0：0：0：0 或 ::）仅用于表示某个地址不存在。它等价于 IPv4 未指定地址 0.0.0.0。未指定地址通常被用作尝试验证暂定地址唯一性数据包的源地址，并且永远不会指派给某个接口或被用作目标地址。环回地址（0：0：0：0：0：0：0：1 或 ::1）用于标识环回接口，允许节点将数据包发送给自己。它等价于 IPv4 环回地址 127.0.0.1。发送到环回地址的数据包永远不会发送给某个链接，也永远不会通过 IPv6 路由器转发。

132

（2）组播地址

用来标识一组接口（通常这组接口属于不同的节点），类似于 IPv4 中的组播地址。发送到组播地址的数据报文被传送给此地址所标识的所有接口。

（3）任播地址

用来标识一组接口（通常这组接口属于不同的节点）。发送到任播地址的数据报文被传送给此地址所标识的一组接口中距离源节点最近（根据使用的路由协议进行度量）的一个接口。

跟 IPv4 一样，IPv6 支持无连接的发送。IPv6 将协议数据单元 PDU 称为分组，分组头称为首部。IPv6 数据分组的结构如图 4-37 所示。

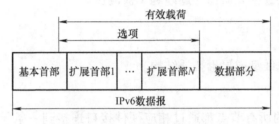

图 4-37　IPv6 数据分组的结构

IPv6 数据分组中的基本首部是必选首部，长度固定为 40 字节，包含该数据分组的基本信息；扩展首部是可选首部，可能存在 0 个、1 个或多个，IPv6 协议通过扩展首部实现各种丰富的功能；再后面是传送的数据。所有扩展首部和数据合起来称为数据分组的有效载荷。图 4-38 显示了 IPv6 基本首部的结构。

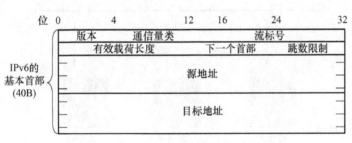

图 4-38　IPv6 基本首部的结构

IPv6 支持资源预分配，允许路由器把每一个数据分组与一个给定的资源分配相联系。IPv6 提出流的概念，将从特定源点到特定终点的一系列数据分组定义为一个流，所有属于同一个流的数据具有同样的"流标号"。在这个"流"经过的路径上的路由器都保证指明的服务质量。实时音频 / 视频数据的传送质量可以通过"流"得到保证。

2012 年 6 月 6 日，国际互联网协会举行了世界 IPv6 启动纪念日，这一天，全球 IPv6 网络正式启动。多家知名网站，如 Google、Facebook 和 Yahoo 等，于当天全球标准时间 0 点（北京时间 8 点整）开始永久性支持 IPv6 访问。目前主要的计算机操作系统和绝大多数的网络设备都支持 IPv6。

133

4.5 以太网技术

互联网是由一个个局域网连接而成的，在局域网中目前通常采用以太网技术。以太网技术是 1973 年由 Xerox 公司研制而成的，并且在 1980 年由 DEC 公司和 Xerox 公司共同使之规范成形。后来它作为 802.3 标准为电气与电子工程师协会（IEEE）所采纳。以太网是一种技术规范。IEEE 802.3 系列标准描述物理层和数据链路层的 MAC 子层的实现方法，定义了在局域网（LAN）中采用的电缆类型和信号处理方法。

以太网主要采用双绞线和光纤作为传输介质。其中双绞线多用于从主机到集线器或交换机的连接，而光纤则主要用于交换机间的级联和交换机到路由器间的点到点链路上。同轴电缆作为早期的主要连接介质已经逐渐趋于被淘汰。

4.5.1 以太网的拓扑结构

以太网通常采用总线型或星形拓扑结构。

1. 总线型拓扑结构

总线型拓扑结构的所有节点都通过相应硬件接口连接到一条无源公共总线上，任何一个节点发出的信息都可沿着总线传输并被总线上其他任何一个节点接收。它的传输方向是从发送点向两端扩散传送，是一种广播式结构，如图 4-39 所示。每个节点的网卡上有一个收发器，当发送节点发送的目标地址与某一节点的接口地址相符时，该节点即接收该信息。

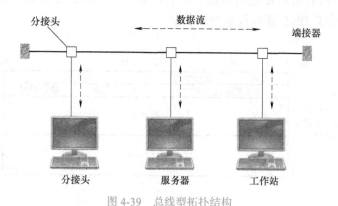

图 4-39　总线型拓扑结构

每一个站点都可以按照访问控制原则在总线上侦听和发送信号。但在某一时刻，只能有一台计算机在总线上发送信号。网络上的其他站点都能收到发送站点发出的信号。总线的两端装有端接器（即终端电阻），用来减弱信号反射。

总线型拓扑结构的优点是安装简单、易于扩充、可靠性高，一个节点损坏不会影响整个网络工作。但由于其共用一条总线，因此要解决两个节点同时向一个节点发送信息的碰撞问题。早期以太网多使用总线型拓扑结构，采用同轴电缆作为传输介质，连接简单，通常在小规模的网络中不需要专用的网络设备，但由于它存在的固有缺陷，已经逐渐被以集线器或交换机为核心的星形拓扑结构代替。

2. 星形拓扑结构

星形拓扑结构采用集中式通信控制策略，采用专用的网络设备（如集线器或交换机）作为核心节点，通过双绞线将局域网中的各台主机连接到核心节点上，这就形成了星形拓扑结构。星形网络里所有的通信均由中央节点控制，中央节点必须建立和维持许多并行数据通路。星形拓扑结构以中央节点为中心，一个节点向另一个节点发送数据，必须向中央节点发出请求，一旦建立连接，这两个节点之间就是一条专用连接线路，数据传输通过中央节点的存储 - 转接来完成，星形拓扑结构提供集中化的资源分配和管理，如图 4-40 所示。

星形拓扑结构目前被绝大多数的以太网所采用，它的优点是管理维护容易、易于故障隔离、易于旁路和修复故障点，而且节点扩展、移动方便。节点扩展时只需要从集线器或交换机等集中设备中拉一条线即可，而要移动一个节点只需要把相应节点设备移到新节点即可。它的缺点是需要大量的电缆来连接所有的站点，安装工作量大，组网费用高。另外，它非常依赖中央节点。如果中央节点设备发生故障，则整个网络会瘫痪，因此对中央节点的可靠性要求很高。

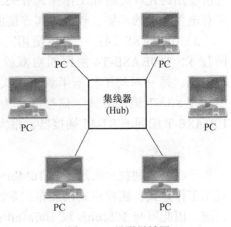

图 4-40 星形局域网

4.5.2 以太网的分类

以太网根据其发展历史和传输速率，通常分为标准以太网、快速以太网、千兆以太网和万兆以太网。

1. 标准以太网

早期以太网只有 10Mbit/s 的吞吐量，使用带有碰撞检测的载波侦听多路访问（CSMA/CD）的访问控制方法，这种早期的 10Mbit/s 以太网被称为标准以太网。标准以太网主要使用双绞线和同轴电缆两种传输介质。所有的以太网都遵循 IEEE 802.3 标准，在这些标准中前面的数字表示传输速率，单位是"Mbit/s"，最后的一个数字表示单段网线长度（基准单位是 100m），如 10BASE-5、10BASE-2、10BASE-T、10BASE-F 等。

2. 快速以太网

1995 年 3 月 IEEE 发布了 IEEE 802.3u 100BASE-T 快速以太网标准，开启了快速以太网的时代。在以太网技术中，100BASE-T 是一个里程碑，确立了以太网技术在局域网中的统治地位。

快速以太网具有 100Mbit/s 的带宽，它与标准以太网兼容，支持三、四、五类双绞线以及光纤的连接。快速以太网仍是基于 CSMA/CD 的技术，当网络负载较重时，会造成效率的降低。100Mbit/s 快速以太网标准又分为 100BASE-TX、100BASE-FX、100BASE-T4 三个子类。

1）100BASE-TX：一种使用五类数据级无屏蔽双绞线或屏蔽双绞线的快速以太网技

术。它使用两对双绞线，一对用于发送，一对用于接收数据。在传输中使用 4B/5B 编码方式，信号频率为 125MHz，符合 EIA586 的五类布线标准和 IBM 的 SPT1 类布线标准，使用与 10BASE-T 相同的 RJ-45 插接器。它的最大网段长度为 100m，支持全双工的数据传输。

2）100BASE-FX：一种使用光缆的快速以太网技术，可使用单模和多模光纤（62.5μm 和 125μm）。多模光纤连接的最大距离为 550m，单模光纤连接的最大距离为 3000m。在传输中使用 4B/5B 编码方式，信号频率为 125MHz。它使用 MIC/FDDI 插接器、ST 插接器或 SC 插接器。它的最大网段长度为 150m、412m、2000m 或更长至 10km，这与所使用的光纤类型和工作模式有关，它支持全双工的数据传输。100BASE-FX 特别适用于有电气干扰的环境、较大距离连接或高保密环境等。

3）100BASE-T4：一种可使用三、四、五类无屏蔽双绞线或屏蔽双绞线的快速以太网技术。100BASE-T4 使用四对双绞线，其中的三对双绞线用于在 33MHz 的频率上传输数据，每一对均工作于半双工模式。第四对双绞线用于 CSMA/CD 冲突检测，在传输中使用 8B/6T 编码方式，信号频率为 25MHz，符合 EIA586 结构化布线标准。它使用与 10BASE-T 相同的 RJ-45 插接器，最大网段长度为 100m。

3. 千兆以太网

千兆以太网技术采用了与 10Mbit/s 以太网相同的帧格式、帧结构、网络协议、全 / 半双工工作方式、流控模式以及布线系统。由于该技术不改变传统以太网的桌面应用和操作系统，因此可与 10Mbit/s 或 100Mbit/s 的以太网很好地配合工作。

升级到千兆以太网不必改变网络应用程序、网管部件和网络操作系统，能够最大限度地保护前期投资。千兆以太网技术有两个标准：IEEE 802.3z 和 IEEE 802.3ab。IEEE 802.3z 制定了光纤和短程铜线连接方案的标准，IEEE 802.3ab 制定了五类双绞线上较长距离连接方案的标准。

作为以太网的一个组成部分，千兆以太网也支持流量管理技术，它保证在以太网上的服务质量，这些技术包括 IEEE 802.1P 第二层优先级、第三层优先级的 QoS 编码位、特别服务和资源预留协议。千兆以太网还利用 IEEE 802.1Q VLAN 支持、第四层过滤、千兆位的第三层交换。

千兆以太网已经发展成为主流网络技术，大到成千上万人的大型企业，小到几十人的中小型企业，在建设企业局域网时都会把千兆以太网技术作为首选的高速网络技术。

4. 万兆以太网

万兆以太网主要应用于城域骨干网。万兆以太网的帧格式与其他以太网相同。由于传输速率的提高，因此，万兆以太网只使用光纤作为传输介质。它使用长距离的光收发器与单模光纤接口。万兆以太网最长传输距离可达 40km，且可以配合 10Gbit/s 的传输通道使用，足以满足大多数城市城域网的覆盖。采用万兆以太网作为城域网骨干可以省略骨干网设备的 POS 或者 ATM 链路。在城域网骨干层采用万兆以太网链路可以提高网络性价比并简化网络。

万兆以太网规范包含在 IEEE 802.3 标准的补充标准 IEEE 802.3ae 中，它扩展了 IEEE 802.3 协议和 MAC 规范，使其支持 10Gbit/s 的传输速率。除此之外，通过 WAN 界面子层，万兆以太网也能被调整为较低的传输速率，如 9.584640Gbit/s，这就允许万兆以太网设备与同步光纤网络（SONET）的传输格式相兼容。

万兆以太网只工作在全双工方式，因此不存在争用问题，也不使用 CSMA/CD 协议。这使得万兆以太网的传输距离不再受进行碰撞检测的限制，从而得以大大提高。

随着万兆以太网的实现，以太网的工作范围从局域网扩大到城域网和广域网，从而实现了端到端的以太网传输。端到端的以太网连接使帧的格式都是以太网的格式，而不需要进行帧的格式转换，从而提高了数据的传输效率，降低了传输成本，简化了操作和管理。在广域网使用以太网，不但大大降低了成本，而且能够适应不同的传输介质，如双绞线和各种光缆，可以最大限度地利用现有基础设施。

5. 100Gbit/s 以太网

IEEE 802.3ba 标准于 2010 年 6 月 17 日被批准发布，该标准包含了 40Gbit/s 和 100Gbit/s 两种速率，主要针对服务器和网络方面不同的需求。40Gbit/s 主要针对计算应用，而 100Gbit/s 则主要针对核心和汇接应用。提供两种速率，IEEE 意在保证以太网能够更高效、更经济地满足不同应用的需要，进一步推动基于以太网技术的网络会聚。标准规定了物理编码子层（PCS）、物理介质接入（PMA）子层、物理介质相关（PMD）子层、转发错误纠正（FEC）各模块及连接接口总线，MAC、PHY 间的片间总线使用 XLAU（40Gbit/s）和 CAUI（100Gbit/s），片内总线用 XLGMI（40Gbit/s）和 CGMI（100Gbit/s）。

IEEE 802.3ba 标准仅支持全双工操作，保留了 802.3MAC 的以太网帧格式；定义了多种物理介质接口规范，其中有 1m 背板连接（100GE 接口无背板连接定义）、7m 铜缆线、100m 并行多模光纤和 10km 单模光纤（基于 WDM 技术），100Gbit/s 接口最大定义了 40km 传输距离。标准定义了 PCS 的多通道分发（MLD）协议架构，还定义了用于片间连接的电接口规范，40Gbit/s 和 100Gbit/s 分别使用四个和十个 10.3125Gbit/s 通道采用轮询机制进行数据分配获得 40Gbit/s 和 100Gbit/s 的速率，另通过虚拟通道的定义，解决了适配不同物理通道或光波长的问题，明确了物理层编码采用 64B/66B。

推动以太网接口速率升级到 100Gbit/s 的根本需求是带宽增加，其中最主要的因素就是视频等带宽密集应用，另外，以太网的电信化应用也导致汇聚带宽需求增速加剧。从以太网用户接入、企业到主干网在内的每一级网络都在逼近着其当前的速率极限。支撑 100Gbit/s 以太网接口的关键技术，主要包含物理层（PHY）通道汇聚技术、多光纤通道及波分复用（WDM）技术，从而确保了物理介质相关子层满足 100Gbit/s 速率带宽，新的芯片技术支持到 40nm 工艺，这些提供了开发下一代高速接口的可能。

4.6　无线网络

无线网络指的是任何形式的无线电计算机网络，不需电缆即可在节点之间相互链接。无线蜂窝电话通信技术的飞速发展，使移动电话数很快超过发展历史达一百多年的固定电话数。而随着物联网的发展与规模化，无线网络已经深入到人们生产生活的方方面面。本节以无线网络区域的跨度为划分，介绍常用的无线网络协议。

137

按网域的跨度划分可将网络分为局域网、城域网和广域网三类。无线网络除也划分为对应的无线局域网（Wireless Local Area Network，WLAN）、无线城域网（Wireless Metropolitan Area Network，WMAN）和无线广域网（Wireless Wide Area Network，WWAN）外，还有无线个人区域网（Wireless Personal Area Network，WPAN）。无线个人区域网就是在个人工作的范围内，把属于个人使用的电子设备利用无线技术连接起来的网络。

按组成网络的方式可分为有固定基础设施网络和无固定基础设施的自组网络两大类。

4.6.1　无线个人区域网

无线个人区域网是以个人为中心来使用的自组网络，实际上就是一个低功率、小范围（大约在 10m 左右）、低速率和低价格的电缆替代技术。

无线个人区域网的 IEEE 标准都是由 IEEE 的 802.15 工作组制定的，这个标准包括 MAC 层和物理层两层。WPAN 都工作在 2.4GHz 的 ISM 频段。

ISM 频段（Industrial Scientific Medical Band）顾名思义就是各国使用某一段频段，主要开放给工业、科学和医学机构使用。应用这些频段无须许可证或费用，只需要遵守一定的发射功率（一般低于 1W），并且不要对其他频段造成干扰即可。ISM 频段在各国的规定并不统一。如在美国有三个频段 902 ～ 928MHz、2400 ～ 2484.5MHz 及 5725 ～ 5850MHz，而在欧洲 900MHz 的频段则有部分用于 GSM 通信，而 2.4GHz 为各国共同的 ISM 频段。

138

最早使用的 WPAN 是蓝牙系统，为了适应不同用户的需求，802.15 工作组制定了低速 WPAN 和高速 WPAN。

1. 蓝牙（Bluetooth）

蓝牙系统是 1994 年爱立信公司推出的，标准是 IEEE 802.15.1。蓝牙的速率为 720kbit/s，通信范围在 10m 左右。

蓝牙使用 TDM 方式和扩频跳频 FHSS 技术组成不用基站的皮可网（Piconet）。Piconet 直译就是"微微网"，表示这种无线网络的覆盖面积非常小。每一个皮可网有一个主设备（Master）、最多 7 个工作的从设备（Slave）和最多 255 个驻留的设备（Parked）。通过共享主设备或从设备，可以把多个皮可网连接起来，形成一个范围更大的扩散网。

2. 低速 WPAN

低速 WPAN 主要用于工业监控组网、办公自动化与控制等领域，其速率是 2 ～ 250kbit/s。低速 WPAN 的标准是 IEEE 802.15.4，其物理层定义了三个频段，分别是 2.4GHz（全球）、915MHz（美国）和 868MHz（欧洲）。在低速 WPAN 中最重要的就是 ZigBee。

ZigBee 的名称来源于蜜蜂跳"Z"形的舞蹈传递信息。ZigBee 技术通信范围是 10 ～ 80m。一个 ZigBee 的网络最多包括 255 个节点，其中一个是主设备，其余则是从设备。若是通过网络协调器，整个网络可支持更多的节点，覆盖更大的范围。

ZigBee 标准是在 IEEE 802.15.4 标准基础上发展而来的，因此，所有 ZigBee 产品也是 802.15.4 产品。虽然人们常常把 ZigBee 和 802.15.4 作为同义词，但它们之间有区别。IEEE

802.15.4 只是定义了 ZigBee 协议栈最低的两层（物理层和 MAC 层），而上面的两层（网络层和应用层）是由 ZigBee 联盟定义的，如图 4-41 所示。

3. 高速 WPAN

高速 WPAN 用于在便携式多媒体装置之间传送数据，速率为 11 ～ 55Mbit/s，标准是 IEEE 802.15.3。

IEEE 802.15.3a 工作组还提出了更高数据率的物理层标准的超高速 WPAN，它使用超宽带 UWB 技术。UWB 技术工作在 3.1 ～ 10.6GHz 微波频段，有非常高的信道

图 4-41　ZigBee 的协议栈

带宽。超宽带信号的带宽应超过信号中心频率的 25% 以上，可支持 100 ～ 400Mbit/s 的数据速率，可用于小范围内高速传送图像或 DVD 质量的多媒体视频文件。

4.6.2　无线局域网

无线局域网协议有多种，其中最主流的是 IEEE 802.11 系列标准。凡使用 IEEE 802.11 标准的局域网又称为 Wi-Fi（Wireless-Fidelity），意思是"无线保真度"。

IEEE 802.11 是一系列的协议标准。下面对几个典型的标准进行介绍。IEEE 在 1997 年制定了第一个版本标准——IEEE 802.11，其中定义了媒体访问控制层（MAC 层）和物理层。物理层定义了工作在 2.4GHz 的 ISM 频段上的两种扩频调制方式和一种红外线传输的方式，总数据传输速率设计为 2Mbit/s。1999 年加上了两个补充版本 802.11a 和 802.11b。802.11a 定义了一个在 5GHz 的 ISM 频段上的数据传输速率可达 54Mbit/s 的物理层；802.11b 定义了一个在 2.4GHz 的 ISM 频段上但数据传输速率为 11Mbit/s 的物理层。802.11n 于 2009 年被批准，引入了多输入多输出技术，数据传输速率理论最大值为 600Mbit/s。802.11ac 只是 5G 标准，但一般 802.11ac 设备都采用双频设计，能同时发送两个信号，5G 频段支持 802.11ac，2.4G 频段向下兼容 802.11b/g/n。Wi-Fi 还在不断的发展中，2019 年还在制定过程中的 IEEE 802.11ax 最高数据传输速率可达 11Gbit/s，并具有更大的容量和更高的能效。随着 Wi-Fi 技术的发展，Wi-Fi 联盟于 2018 年提出了 Wi-Fi 标准新的命名规则，对前面复杂的标准名称进行了简化。802.11ax 的新命名为 Wi-Fi 6，802.11ac 的新命名为 Wi-Fi 5，802.11n 的新命名为 Wi-Fi 4。

IEEE 802.11 标准规定无线局域网的最小构件是基本服务集（Basic Service Set，BSS），如图 4-42 所示。一个基本服务集包括一个基站和若干个移动站，所有的站在本基本服务集内都可以直接通信，但在和本基本服务集以外的站通信时都必须通过本基本服务集的基站。基本服务集内的基站叫作接入点（Access Point，AP），其作用和网桥相似。

一个基本服务集（BSS）所覆盖的地理范围叫作基本服务区（Basic Service Area，BSA）。基本服务区（BSA）和无线移动通信的蜂窝小区相似，范围直径一般不超 100m。

一个基本服务集（BSS）可以是孤立的，也可通过接入点（AP）连接到一个分配系统（Distribution System，DS）后再连接到另一个基本服务集，这就构成了一个扩展服务集（Extended Service Set，ESS）。分配系统可以使用以太网（这是最常用的）、点对点链路或其他无线网络。扩展服务集（ESS）还可通过门户（Portal）为无线用户提供接入非 802.11 无线局域网的能力，例如，连接到有线网络的因特网。

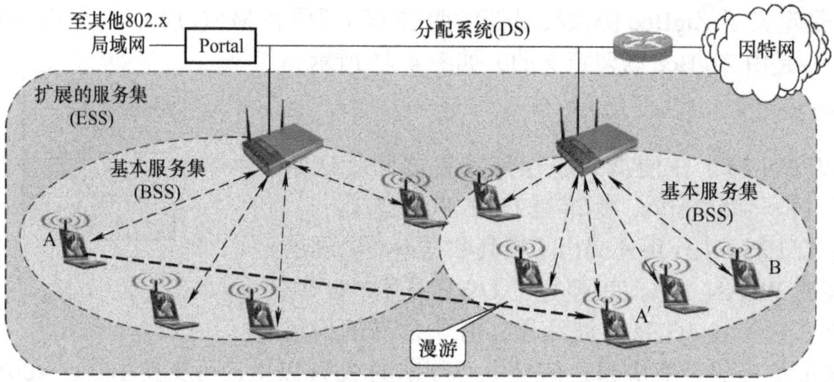

图 4-42　IEEE 802.11 的基本服务集和扩展服务集

4.6.3　无线广域网

随着无线网络技术的不断发展和变化，无线城域网和无线广域网已经没有了明显的界限。本节介绍人们最熟知的移动通信系统和近几年随物联网而发展起来的低功耗广域网。

1. 移动通信系统

（1）第一代移动通信系统（1G）

早期的无线通信系统在其覆盖区域中心设置大功率的发射机，采用高架天线把信号发送到整个半径可达几万米的覆盖地区。这种系统的主要缺陷是它同时能提供给用户使用的信道数极为有限，远远不能满足用户的需要。

20 世纪 70 年代由美国贝尔实验室提出的蜂窝概念解决了这个问题。蜂窝系统把整个服务区域划分成若干个六角形的小区，形成了酷似"蜂窝"的结构。蜂窝移动通信系统在每个小区设一个基站，各小区均用小功率的基站发射机进行覆盖，每个基站只管理本小区范围内的移动台。各个基站通过核心网的移动交换中心进行通信。

蜂窝移动通信系统具有以下两个特点。

1）频率复用。蜂窝移动通信系统利用超短波电波传播，且传输信号的功率随着距离的增大而减小，当两个用户在空间上距离足够远时，使用相同的频率相互干扰也非常小，于是这两个用户就可以重复利用相同频率，从而大量增加了系统所能承载的用户数量。

2）小区分裂。当容量不够时，可以减小蜂窝的范围，划分出更多的蜂窝，进一步提高频率的利用效率。但是，小区的分裂也使得网络设计变得更加复杂，系统需要快速处理切换。

蜂窝的概念大大提高了系统容量，解决了公用移动通信系统要求容量大与频率资源有限的矛盾。如果没有"蜂窝"概念，即使解决了无线电话的容量问题，手机也仅能为少数人服务，不会像现在这样"飞入寻常百姓家"。

移动性和蜂窝组网的特性就是从第一代移动通信开始的，但是 1G 是模拟通信，抗干扰性能差，同时简单地使用频分多址（Frequency Division Multiple Access，FDMA）技术使得频率复用度和系统容量都不高。1G 有多种制式，其中最典型的分别是来自美洲的 AMPS 和来自欧洲的 TACS。我国移动通信的时代来得比较晚，1987 年才开始，并以

TACS 为标准。

1G 技术由于受到传输带宽的限制，不能进行移动通信的长途漫游，只能是一种区域性的移动通信系统，系统制式混杂，不能国际漫游成为一个突出的问题。这些缺点都随着第二代移动通信系统的到来得到了很大的改善。

（2）第二代移动通信系统（2G）

第二代移动通信系统（2G）用数字通信代替了 1G 的模拟通信，虽然仍定位于话音业务，但开始引入数据业务，并且手机可以发短信、上网。它主要分为两种代表的制式，一种是基于时分多址（Time Division Multiple Access，TDMA）技术，其中最具代表性的是 GSM（Global System for Mobile Communications），另一种则是基于码分多址（Code Division Multiple Access，CDMA）技术。

通用分组无线服务（General Packet Radio Service，GPRS）技术是在 2G 的基础之上，叠加了一个新的网络，同时在网络上增加一些硬件设备并进行了软件升级，形成了一个新的网络逻辑实体，提供端到端的、广域的无线 IP 连接，把分组交换技术引入 2G 系统，可以方便地实现与主干网的 IP 网络的无缝连接。GPRS 推动了移动数据业务的初次飞跃发展，实现了移动通信技术和数据通信技术的完美结合，GPRS 是介于 2G 和 3G 之间的技术，也被称为 2.5G。

（3）第三代移动通信系统（3G）

第三代移动通信系统（3G）对应的是国际电信联盟（International Telecommunication Union，ITU）发布的 IMT-2000（国际移动通信 2000 标准），在 2000 年 5 月确定 WCDMA、CDMA2000、TD-SCDMA 三大主流无线接口标准，2007 年，WiMAX 成为 3G 的第四大标准。

WCDMA 基于 GSM 发展而来，主要由欧洲与日本提出。CDMA2000 是由窄带 CDMA 技术发展而来的宽带 CDMA 技术，由美国高通北美公司为主导提出。TD-SCDMA 则由中国大陆独自制定，于 1999 年 6 月由中国原邮电部电信科学技术研究院（大唐电信）向 ITU 提出，但相对于另两个主要 3G 标准，它的起步较晚，技术不够成熟。WiMAX 又称为 802.16 无线城域网，是一种宽带无线连接方案。

我国开通 3G 服务比较晚，2009 年 1 月中国移动的 TD-SCDMA、中国联通的 WCDMA 和中国电信的 WCDMA2000 开始运营。中国自主研发的 TD-SCDMA 由于不够成熟，因此在 3G 用户数量、终端数量、运营地区上都存在一定的劣势，失去了领跑的机会。

（4）第四代移动通信系统（4G）

2009 年初，ITU 在全世界范围内征集 IMT-Advanced 候选技术。2009 年 10 月，ITU 共计征集到了六个候选技术。这六个技术基本上可以分为两大类，一是基于 3GPP（The 3rd Generation Partnership Project，是一个标准化机构）的 LTE（Long Term Evolution）技术；另外一类是基于 IEEE 802.16m 的技术。2012 年 1 月，正式审议通过将 LTE-Advanced 和 WirelessMAN-Advanced（802.16m）技术规范确立为 IMT-Advanced（俗称"4G"）国际标准，我国主导制定的 TD-LTE-Advanced 同时成为 IMT-Advanced 国际标准。

LTE 语音通话支持时分双工（Time Division Duplexing，TDD）和频分双工（Frequency

Division Duplexing，FDD）两种双工技术。分时长期演进（Time Division Long Term Evolution，TD-LTE）是 TDD 版本的 LTE 技术。表 4-8 为我国 LTE 的频谱划分。

表 4-8　我国 LTE 的频谱划分

归属方	TDD		FDD		合计
	频谱	频谱资源	频谱	频谱资源	
中国移动	1880-1900MHz	20M			130M
	2320-2370MHz	50M			
	2575-2635MHz	60M			
中国联通	2300-2320MHz	20M	1955-1980MHz	25M	90M
	2555-2575MHz	20M	2145-2170MHz	25M	
中国电信	2370-2390MHz	20M	1755-1785MHz	30M	100M
	2635-2655MHz	20M	1850-1880MHz	30M	

　　LTE 应用了正交频分复用（Orthogonal Frequency Division Multiplexing，OFDM）和多输入多输出（Multiple Input Multiple Output，MIMO）等关键技术，显著增加了频谱效率和数据传输速率。

　　OFDM 技术是多载波调制技术的一种。OFDM 将大的频谱分为若干小的子载波，各相邻子载波相互重叠，相邻子载波通过傅里叶变换实现相互正交，从而使其重叠但不干扰。常规频分复用与 OFDM 的信道分配情况如图 4-43 所示。在传统的并行数据传输系统中，整个信号频段被划分为 N 个相互不重叠的频率子信道。每个子信道之间要有保护间隔。而 OFDM 则是重叠在一起

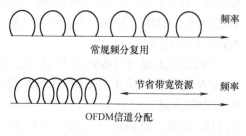

图 4-43　常规频分复用与 OFDM 的信道分配

的，从而可以大大节省移动通信中宝贵的频谱资源。OFDM 通过对高速数据流进行串并转换，使得每个子载波上的数据符号持续长度相对增加，从而可以有效地减小无线信道的时间弥散所带来的符号间干扰，这样就减小了接收机内均衡的复杂度，有时甚至可以不采用均衡器。

　　MIMO 在发射端和接收端分别使用多个发射天线和接收天线使信号通过发射端与接收端的多个天线传送和接收，从而改善通信质量。它能充分利用空间资源，通过多个天线实现多发多收，在不增加频谱资源和天线发射功率的情况下，可以成倍地提高系统信道容量。

　　MIMO 发射端通过空时映射将要发送的数据信号映射到多根天线上发送出去，接收端对各根天线接收到的信号进行空时译码，从而恢复出发射端发送的数据信号。根据空时映射方法的不同，MIMO 主要可分为空间分集、空间复用和波束成形三类技术。空间分集技术是指利用多根发送天线将具有相同信息的信号通过不同的路径发送出去，同时在接收机端获得同一个数据符号的多个独立衰落的信号，从而获得分集，提高接收的可靠性；

142

空间复用技术将要传送的数据分成几个数据流,然后在不同的天线上进行传输,从而提高系统的传输速率,例如,两根天线传输两个不同的数据流,相当于速率增加了一倍;波束成形技术是通过不同的发射天线来发送相同的数据,形成指向某些用户的赋形波束,从而有效地提高天线增益。为了能够最大化指向用户波束的信号强度,通常波束成形技术需要计算各根发射天线上发送数据的相位和功率,也称为波束成形矢量。常见的波束成形矢量计算方法有最大特征值向量、MUSIC 算法等。

与 3G 相比,4G 网络快了很多,静态传输速率可以达到 1G,因为其超快的传输速率,人们在手机上实现的功能也越来越多,并且我国自主研发的网络制式也已经成熟,还在其他国家开通了漫游服务,成了全球规模最大的 4G 网络系统。

(5)第五代移动通信系统(5G)

作为新一代的移动通信技术,5G 远比前几代通信网络复杂,要求也高,应用场景也多,这样一个网络除了高速度之外,还需要低功耗、低时延和万物互联。因此,5G 标准,就是大量技术形成的一个集合。

图 4-44 是国际电联关于 IMT2020 技术的业务类型的描述。5G 要满足增强移动宽带、海量机器类通信和超高可靠低时延通信三大类应用场景。到了 5G 时代,移动通信将在大幅提升以人为中心的移动互联网业务使用体验的同时,全面支持以物为中心的物联网业务,实现人与人、人与物和物与物的智能互联。

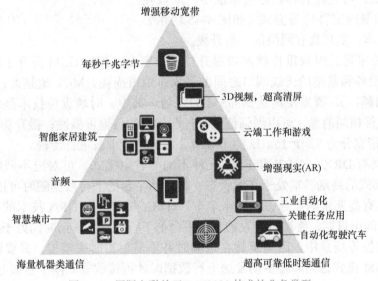

图 4-44 国际电联关于 IMT2020 技术的业务类型

2. 低功耗广域网(Low Power Wide Area Network,LPWAN)

低功耗广域网的兴起,得益于物联网的快速发展。与蓝牙、Wi-Fi、ZigBee 等无线连接技术相比,LPWAN 技术通信距离更远;与 3G、4G 等蜂窝技术相比,LPWAN 功耗更低,成本也更低。

由于看好物联网市场,很多组织和厂商纷纷推出低功耗广域网技术标准,并大力推动其商用。目前存在的低功耗广域网络技术标准非常多,可以分为两类,即基于授权频谱的技术和基于非授权频谱的技术。

基于授权频谱的低功耗广域网络技术主要是 3GPP 推出的 NB-IoT、eMTC 和 EC-GSM；而基于非授权频谱的技术非常多，当前主要活跃于物联网市场中的是 LoRa、Sigfox、RPMA，以及 WeightIess、nWave、WAVIoT 等数十种开源或私有的技术。

目前市场上较为活跃的是 NB-IoT 和 LoRa。

LoRa 是美国半导体制造商 Semtech 借助其并购的法国公司 Cycleo 所开发的无线通信技术。其在这个基础上与 IBM 合作完成规范，并由 Semtech、IBM、Cisco 为核心所组成的 LoRa 联盟推动相关发展。LoRa 运行于全球免费频段，在城区部署的理论覆盖范围可达 3～5km，而在空旷环境下最远可达 30km，数据速率为 0.3～50kbit/s。由于采用非授权频段，客户需投入网络建设及运营维护费用。

NB-IoT（Narrow Band Internet of Things）采用授权频段，客户无须建设和维护，但需向运营商支付网络使用费用。该技术可以理解为是 LTE 技术的"简化版"，是 5G 技术的重要组成，并在低功耗广域网络市场中占据主导地位。LTE 网络为"人"服务，为手机服务，为消费互联网服务；而 NB-IoT 网络为"物"服务，为物联网终端服务。NB-IoT 所需带宽为 180kHz，可在现有移动通信系统中，采取独立、保护带和带内三种部署方式（如图 4-45 所示），以降低部署成本，实现现有网络的平滑升级。

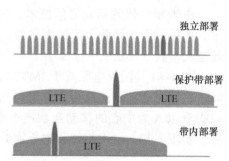

图 4-45　NB-IoT 的三种部署方式

NB-IoT 技术通过时域重传技术和提升功率谱密度，相比 GSM 提升了 20dB 的 MCL（传送数据时设备和基站的天线端口之间的最大总信道损耗，MCL 值越大，链接越强大，信号覆盖范围越广），覆盖距离达到 GSM 的三倍。其中，时域重传技术是指在信息传输过程中反复重传相同消息，可以增强信道条件恶劣时的传输可靠性；提升功率谱密度是指将 180kHz 的带宽分为 12 个 15kHz 的子载波，并使用子载波进行传输。

NB-IoT 具有 DRX、eDRX 和 PSM 三种不同的省电模式，可对应不同物联网场景的需求。DRX 模式的终端基本处于在线状态，物联网平台的下行数据随时可连接终端设备，适用于对时延有高要求的业务，如共享单车。eDRX 模式是对 DRX 技术的一种扩展，只有在一定的时间窗口期，终端可接收物联网平台的下行数据，其余时间处于休眠状态，可以用在物流监控等场景中，因为货物在运输时并不需要实时去监控，只要隔一段时间去确定位置。PSM 模式是当终端主动发送上行数据时才可接收物联网平台缓存的下行数据，从而达到低功耗的目的，适合对下行数据无时延要求的业务，可以用于远程水表、电表和煤气表，因为这些表上的数据没必要每天获取，可能半个月左右上传一下数据就可以了。

🔖 思考题与习题

4-1　通信系统的有效性和可靠性指标有哪些？比特率与波特率有什么区别？

4-2　一个不能正常工作的数据传输系统，说其误码率很高是否正确？

4-3　从信道频率特性的角度介绍基带信号远距离传输产生畸变的原因。

4-4　RS-232 和 RS-485 有什么区别？

4-5　对于一个由 RS-485 构成的总线拓扑结构网络，设计一个主从协议，给出详细协议说明，使网络节点开发人员可以根据该要求开发能够正常通信的设备。要求：

a）可支持 56 个节点，且具有一定的扩展能力。

b）传输数据包括温度、压力、流量和累计流量，累计流量为 4 字节，温度、压力和流量均为 2 字节。

c）应有奇偶校验和帧校验。

4-6　Modbus 协议的 ASCII 模式和 RTU 模式有什么区别？

4-7　TCP/IP 体系结构包括的 5 层分别是什么？

4-8　常用的网络互联设备有哪些？

4-9　路由器和网桥在功能上有哪些主要区别？

4-10　现场总线的概念是什么？

4-11　请简述常用的现场总线名称和各自的特点。

4-12　说明 CAN 总线显性位与隐性位的作用关系，说明 CAN 总线位仲裁的过程，并根据该过程，判断是节点标识码越小优先级越高，还是越大越高？

4-13　查阅 SJA1000 的芯片资料，了解其寄存器定义和功能，试画出芯片初始化以及接收和发送数据的流程图。

4-14　简述 Profibus 总线存取协议。

4-15　FF 总线的三种虚拟通信关系包括什么？简述 FF 总线的链路活动调度算法。

4-16　LonTalk 采用带预测的 P- 坚持 CSMA，当一个节点需要发送而试图占用通道时，首先检测通道有没有信息发送，如当前网络空闲，节点产生一个随机等待 T，T 为 0～W 时间片中的一个。请说明 W 如何动态调整？对比固定 W，试分析动态调整 W 在网络负荷变重和变轻时的优点是什么？

4-17　分组交换与电路交换相比有哪些优势和劣势？

4-18　为什么 TCP/IP 模型比 OSI 模型更受市场欢迎？

4-19　IPv6 相较于 IPv4 有哪些改进和优势？

4-20　以太网的总线型拓扑结构和星形拓扑结构各有什么优缺点？

4-21　一个以太网网络使用 100BASE-TX 标准，计算在无信号衰减的情况下，最大段长是多少？

4-22　解释基本服务集（BSS）和扩展服务集（ESS）的区别。

4-23　从 1G 到 5G，移动通信系统的主要进步是什么？

4-24　描述 4G LTE 网络如何利用 MIMO 技术提高数据传输速率。

4-25　请解释 OFDM 技术在 4G LTE 网络中的应用，并讨论其如何提高数据传输速率和频谱效率。

4-26　请梳理无线网络的协议体系和适用的范围。

4-27　5G 网络中的低功耗广域网（LPWAN）技术如何支持物联网（IoT）的发展？

4-28　比较 NB-IoT 和 LoRa 有何区别？

第 5 章　工业异构网络

导读

工业互联网的关键技术包括大数据分析、云计算、人工智能和物联网等。物联网的体系结构主要由三个层次组成：感知层、网络层和应用层，还包括信息安全、网络管理等公共支撑技术。在感知层中存在着各种各样的设备，造成了感知层网络和协议的异构性。如何将这些异构设备进行融合，是工业互联网系统建设的一个关键问题。本章全面梳理了工业互联领域异构网络的相关知识，包括异构设备的概念、特点和组成，并从本地连接、云边协同以及安全机制三个方面详细探讨了工业异构网络的重要技术。同时，书中选择Niagara 中间件平台作为实例，展现了异构网络利用中间件技术实现本地控制和云边协同的方式，同时也可以看到中间件平台在异构网络信息安全方面的实现手段。

本章知识点

- 工业异构网络组成
- 异构设备的本地连接
- 异构设备的云边协同
- 异构网络的安全机制

5.1　工业异构网络组成

5.1- 工业异构
网络概念及
连接

在实际应用环境中，往往存在大量异构设备。这些设备的差异性表现在物理结构、接口、协议和数据格式等的不同。因此异构问题既有设备的异构，也有数据的异构。解决异构问题的主要方法是依靠运行在各种设备之间的协议来形成共识。

以工业控制领域为例，工业控制系统已从简单的点对点控制向复杂的网络控制转变。现场总线是一类工业数据总线，它是工业控制领域中常用的通信网络。目前，现场总线的类型很多，包括 FF、LonWorks 和 Profibus 等几十个总线标准。到目前为止还没有一种现场总线能覆盖所有的应用，多种总线并存的局面将长期存在。

异构设备的互联与信息交换，使大量异构数据存在。不仅不同类型的异构设备采集的数据可能是异构的，同类型的不同设备采集的数据也可能是异构的。除此之外，对异构设备采集的原始数据进行描述的模型也可能是不同的。这要求工业互联网系统需要具备对这些异构数据进行集成、融合及分析的能力，以实现对现实世界全面、准确的感知。

5.1.1　异构设备的概念及特点

异构设备是指多个不同类型设备的集合，这些设备具有联网通信能力，可以实现数据的采集和传递。每个设备在加入异构设备集合之前就已经存在，且彼此之间存在着差异性。异构设备的各个组成部分具有各自的通信手段，无法通过单一方式集成所有设备。在实现设备联网的同时，每个设备仍然保持自己的应用特性、完整性控制和安全性控制。

异构设备具有以下特点。

（1）设备多样性

设备多样性主要体现在提供制造设备的厂家及设备所应用的领域的多样性。厂家的多样性是指不同设备在购买时间、生产厂商、关键元器件等方面具有差异，这会给后续的数据采集工作增加难度。应用领域多样性是指设备所处理的对象不同，不同的应用场景所采用的控制器、控制单元也各不相同。

（2）结构复杂性

结构复杂性是指设备控制系统较为复杂，大型设备需要通过多个控制系统及控制器联合驱动。另外，实际环境中常常需要多个设备协同工作，例如生产线设备等。

（3）接口复杂性

接口复杂性是指根据用户需求及设备硬件的通信能力采用合适的网络连接技术，并且提供相应的物理上的接口规范、逻辑上的数据传送协议规范等，例如 RS-232、RS-485、USB、CAN、网卡等接口。

（4）协议多样性

网络中设备的种类繁多，各类设备往往由不同厂商提供。而不同的厂商出于商业竞争等目的，多采用封闭的协议和标准，造成协议的多样性和复杂性。这极大制约了物联网的互联、互操作以及服务化延伸。实际上，工业互联网所要求的智能化生产、网络化协同、个性化定制和服务化延伸，都需要实现数据的开放和统一。

5.1.2　异构设备连接

在"万网融合"的大背景下，未来智慧产业平台系统中将存在成千上万的信息系统及异构设备。其数据内容、数据质量与数据格式各异，并且设备中的平台存在差异，通信协议以及数据库技术也不同，设备之间的整合连接将变得极为困难，导致出现信息孤岛问题。特别是在工业场景下，现场设备由于需求不同，采用了不同的通信协议，因而无法直接互联。目前主要使用相应协议主站配合 OPC 的软件转换方式进行互联，缺乏实时性保障，而且 OPC 服务使用的 CS 模式效率低，无法应对大规模设备互联的需求。

具有多个设备的通信系统可能采用不同的接入技术，即使技术相同，也可能属于不同的通信运营商，那么这些设备的整合连接就需要不同网络系统的融合，从而最大限度地发挥出各自的优势。这里的"融合"指的是：将这些不同类型的通信网络智能地结合在

147

一起，利用多模终端智能化的接入手段，使不同类型的网络共同为用户提供随时随地的接入，形成异构互联网络，如图 5-1 所示。例如，在目前的工厂网络环境中存在着拓扑组织、传输控制、通信协议各异的复杂的工业网络，如果不进行融合，异构工业网络的设备之间进行信息互联互通将非常困难，从而阻碍信息流对网络协同制造的支撑作用。因此，在工厂这样的网络环境中，需要支持车间级骨干网、工业现场无线网和工业实时以太网等的多网融合，进而实现工厂多种异构设备与系统的高效互联互通。

由上述内容可以看出，在物联网系统的设计和运行中，具备整合多种协议和网络（网络本身也是一种协议）的物联网中间件是非常必要的，常见的基于中间件的异构设备互联架构如图 5-2 所示。本书的典型中间件平台，即 Niagara，其相当于创造了一个通用的环境，轻松连接、操作和管理不同协议、不同网络、不同厂商的设备或子系统。

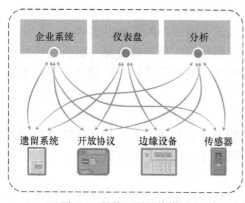 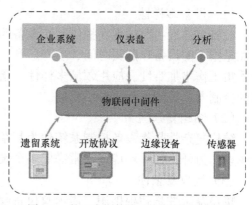

图 5-1　异构互联网络模型　　　　　图 5-2　基于中间件的异构设备互联架构

支持异构设备互联和协议转换的物联网中间件可以快速实现各种异构设备的连接并统一进行不同协议的适配和数据转换。该类中间件可用于屏蔽底层硬件、设备、网络平台的差异，支持物联网应用开发、运行时的共享和开放互联互通。

各种异构设备通过南向接口接入物联网中间件，物联网中间件负责处理与各种异构设备的通信及数据转换，并通过北向接口与上层应用对接。注意，此处南北向接口的描述类似于计算机中对于北桥和南桥芯片的描述习惯，与实际部署的方向和位置无关。在整个系统中，物联网中间件主要起到如下作用。

（1）屏蔽异构性

异构性表现在设备软硬件之间的异构，包括硬件、通信协议、操作系统、数据格式等。造成异构的原因多来自市场竞争、技术升级以及保护投资等。

（2）实现互操作

在物联网中，同一个信息采集设备所采集的信息可能要提供给多个应用系统，不同的应用系统之间的数据也需要共享和互通。

（3）数据的预处理

如果把物联网的大量终端设备采集的海量信息全部直接输送给应用系统，网络和应用系统将不堪重负，而且应用系统想要得到的并不是原始数据，而是综合性信息。由物联网中间件负责对数据进行分析和预处理，将经过分析和处理后的数据发送给应用系统是解决以上问题的好方式。

5.1.3　工业互联本地控制

　　工业互联本地控制是一种结合了工业互联网技术和边缘计算的控制策略，旨在提高工业自动化系统的性能、可靠性和智能化程度。这种控制方法在本地（即在生产现场或设备附近）实施决策处理，减少对中央服务器或云端资源的依赖，从而缩短响应时间，提升数据处理效率，并增强系统的稳定性和安全性。工业互联本地控制包括：

　　1）本地处理与决策：通过在工业现场部署边缘计算节点，可以实现数据的本地处理和分析，进而基于这些数据进行即时决策。这样可以大幅度减少数据传输至中央服务器或云端的需求，从而降低延迟，提高控制系统的响应速度。

　　2）边缘计算：边缘计算是工业互联本地控制的核心技术之一，它允许数据在产生源头附近进行处理。这不仅减少了带宽需求和响应时间，还有助于保护敏感数据，提高数据处理的隐私性和安全性。

　　3）实时数据分析：利用边缘设备的处理能力，可以实现对生产过程中产生的海量数据进行实时分析和处理，帮助及时发现问题，预测设备故障，优化生产流程，提高生产效率和产品质量。

　　4）网络断开操作：工业互联本地控制还具有在遇到网络连接问题时能够独立运行的能力。这意味着即使临时失去与中央服务器的连接，本地控制系统也能继续执行任务，保证生产线的稳定运作。

　　5）云边协同：尽管工业互联本地控制强调在本地作出决策，但与云端的协同也非常重要。通过云边协同，可以将部分数据和计算结果上传至云端进行深度分析和长期存储，同时还可以从云端接收指令和更新，进一步优化本地控制策略和操作。

　　6）标准和协议：为了实现不同设备和系统之间的高效通信与协作，工业互联本地控制需要依赖于一系列的工业通信标准和协议，如 OPC UA、消息队列遥测传输（Message Queuing Telemetry Transport，MQTT）等，这些标准和协议可以确保数据的有效传输和互操作性。

　　以 Honeywell 的 JACE 模块为例，如图 5-3 所示的工业互联本地控制中的 JACE 向下连接本地不同的 PLC、传感器等设备，支持不同协议的子系统，同时利用 Niagara 连接云端，协同本地控制。

　　以 JACE 连接 PLC 为例，示例工业互联本地控制，PLC 已预先配置一个按键开关输入和一个开关输出以控制风扇，实现步骤如下：

　　1）在 Palette 工具箱打开 s7Comm 模块包，单击 Palette 侧栏上的 Open Palette 图标。

　　2）找到并选择 S7CommNetwork。

　　3）在导航侧栏里面展开站点 Config 容器，找到 Drivers 容器。

　　4）将 S7CommNetwork 拖出 s7Comm 模块包，并将它放到 Drivers 容器上，保持名称不变。

　　5）在导航树里面展开 S7CommNetwork，进入 S7CommDeviceManager 视图。

　　6）在 Palette 工具箱 s7Comm 模块包中找到 S7_Smart200 设备，并将其拖拽至 S7CommDeviceManager 视图。

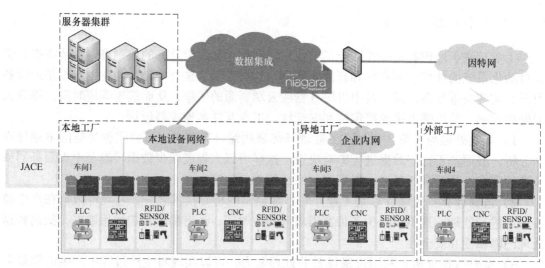

图 5-3　JACE 模块为核心的工业互联本地控制

7）双击 S7_Smart200 设备，配置设备 IP 地址为 192.168.11.XXX（地址从 PLC 上获得），如图 5-4 所示。

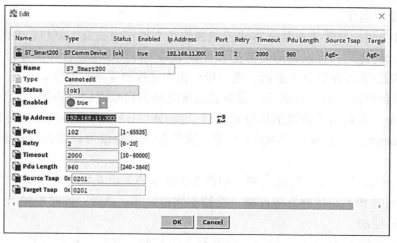

图 5-4　模块 IP 配置

8）在导航栏展开 S7_Smart200 目录，双击 Points 文件夹进入 S7CommPointsManager 视图，通过 New 按键创建以下 Points，创建方式如图 5-5 所示，Point 的详细属性见表 5-1。

9）双击 Points 文件夹进入 S7CommPointsManager 视图，检查创建好的点的状态是否正常。在创建好的 MotorControl 点上右键选择 Actions → Set 设置 ON/OFF，如图 5-6 所示，检查开关控制风扇是否动作（打开或关闭）。检查 MotorStatus 点的状态是否随风扇的动作变化，验证通过 Niagara 对风扇的控制。

10）改变按键输入的状态，检查 Input 点的状态是否随按键的动作变化，验证通过 Niagara 对按键状态的采集。

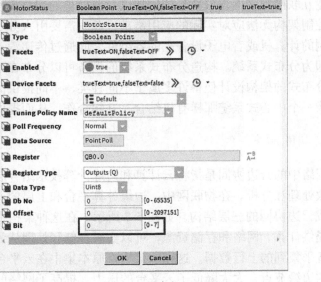

图 5-5　创建点

表 5-1　新建点的特性列表

添加点类型 （Point Type）	寄存器类型 （Register Type）	点名 （Point Name）	状态 （Facets）	Bit 位
BooleanPoint	q	MotorStatus	ON/OFF	0
BooleanWritable	m	MotorControl	ON/OFF	1
BooleanPoint	i	Input	ON/OFF	0

151

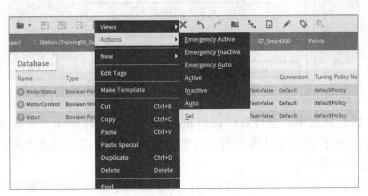

图 5-6　控制风扇测试界面

5.2　工业互联分布式云边控制

工业互联网系统架构的演进呈现出越发明显的分布式趋势。一方面，

5.2- 工业异构
网络关键技术

规模效应日趋明显，大规模系统在资源汇聚调度和数据汇总分析上有着巨大的优势；另一方面，在云计算的助力下，同质系统的快速复制、部署在商业化进程中获得了极大的成本优势。随着工业互联网中接入设备数量的增加以及要处理的问题规模的不断增大，传统的集中式的中心控制架构无法应对实际的应用需求，此时需要引入分布式架构来应对这些挑战。分布在联网的计算机或者电子设备上的各组件之间通过传递消息进行通信和动作协调所构成的系统即为分布式系统。构造分布式系统的设备可以分布在不同地区、空间，距离上没有限制。分布式的架构设计使得许多属于不同种类、不同提供商、不同区域的工业互联网设备可以像一个中心式系统那样有机结合、互相合作，从而提供多种多样的服务。

5.2.1 云边协同的意义

工业控制网络中的云边协同是指将云计算和边缘计算技术结合起来，实现工业控制系统中数据的高效处理和分析。在物联网中，边缘计算平台和上层的云平台以及下层的用户端设备共同组成云边协同的三层结构，如图 5-7 所示。在这种架构中，边缘计算作为云和端的连接层，提供计算、网络和存储资源，可以实时存储和处理从云端传输来的下行数据以及物联网设备采集到的上行数据。这样的架构将原本集中在云平台的海量数据和计算任务分散至网络的边缘节点，大大降低了云平台的压力，提高了网络的利用率和通信量。云边协同具有以下几点重要意义：

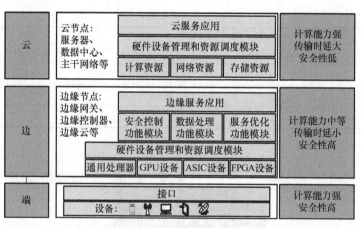

图 5-7　云边协同的计算架构

1）提高数据处理效率：云计算可以提供强大的计算和存储能力，能够对大规模数据进行高效处理和分析；而边缘计算则可以在本地对实时数据进行快速处理，减少数据传输延迟，提高数据处理效率。

2）提升系统响应速度：通过云边协同，工业控制系统可以在本地实时处理数据，同时将关键数据传输到云端进行深度分析和学习，从而实现快速响应和智能决策。

3）提高系统安全性：边缘计算可以在本地对数据进行实时处理和监控，减少数据传输过程中的安全风险；同时，云端可以提供更加安全的数据存储和备份，保障系统数据的安全性。

4）降低成本：云边协同可以根据实际需求动态调整数据处理和存储资源，避免资源浪费，降低系统运行成本。

　　目前的协同架构主要包括云、边、端三层，其中边缘层作为核心层位于三层的中间位置，向上与云层数据和计算任务进行实时交互，向下与用户端设备相连以获取实时信息。在此架构中，边缘层和云层为主要的计算和数据处理平台。相较于云层而言，边缘层的计算能力较弱，但其数据传输的时延小、安全性高。同时，无论是边缘计算层还是云层，都需要对资源进行合理调配，从而实现模块化功能的统一管理，为用户提供一体化敏捷开发的业务资源。

　　近年来，随着互联网中各种设备和用户数量的激增，产生了多样化的应用服务。不同服务的资源需求和服务质量要求各不相同，比如物联网中常见的计算密集型和时间敏感型应用。物联网中的部分设备由于本身的计算资源以及计算能力受限，往往需要借助云平台或者边缘平台的资源。云边协同架构的出现为高效解决上述问题提供了新思路，但同时也面临着如何充分发挥边缘计算平台与云平台的优势这一重要问题。简而言之就是要考虑哪些数据和任务分配到云平台，哪些分配到边缘平台。传统的云平台是一种集中式的计算模式，由成千上万的标准服务器组成的大型数据中心提供海量的存储和计算资源，可以处理极其复杂和庞大的计算任务。但云平台中海量的计算资源是多个用户和应用共享的，所以每个用户的数据安全和隐私安全得不到保障。再者，云平台距离用户较远，将任务卸载到云平台中需要较长的传输时延。相比之下，边缘平台具有隐私安全性高和传输时延低的优点。但是，边缘平台的资源碎片性和异构性强，资源总量受限，适合处理比较简单的计算任务。云平台和边缘平台的特点比较见表 5-2。

表 5-2　云平台和边缘平台的特点比较

比较项目	云平台	边缘平台
计算模型	集中式	分布式
硬件规模	大规模	中规模到小规模
隐私保护	资源共享程度高，安全性差	资源共享程度低，安全性好
传输时延	距离用户远，传输时延高	距离用户近，传输时延低
计算时延	海量资源	受限资源
硬件类型	标准服务器、大型数据中心	异构设备、中小型数据中心
典型应用	大规模数据分析和计算任务	时延要求高、计算量小的任务

　　通过比较和权衡云平台和边缘平台的优缺点，可以制定合理的任务卸载决策，发挥云平台和边缘平台的优势，更高效地利用平台的资源。制定卸载决策需要考虑不同因素的影响，比如用户的隐私要求、网络信道的通信、设备连接的质量、物联网设备的性能和云 / 边缘平台的可用资源等。任务卸载的性能常常以服务时延、能量消耗和吞吐量作为衡量指标。这通常是一个多目标优化问题，可以用数学建模 / 解模、机器学习算法和贪心算法等典型方法求解。确定了卸载决策的算法后，设备的卸载决策模块首先会根据物联网应用程序类型、代码架构和数据分布确定该物联网任务是否能被拆分和卸载。然后，决策模块会根据系统监控其提供的各种参数，比如可用带宽、卸载的数据大小和本地执行的预计开销等，进行当前卸载方案的决策求解和性能评估。最后，决策模块确定是否要卸载、如何卸

载以及卸载多少任务量。总体而言，任务卸载的决策有以下三种方案：

1）本地执行，即整个计算任务都在本地物联网设备内完成。该方案只适合少数轻量级的计算任务。

2）完全卸载，即整个计算任务都卸载到云平台和边缘平台进行处理。比如隐私要求高、计算量小的任务可以分配到边缘平台来处理；反之，计算量大、资源需求高的任务可以放到云平台处理。

3）部分卸载，即一部分任务在本地物联网设备处理，其他任务卸载到云和边缘平台处理。

同时，成熟高效的云边协同架构在层间必须提供标准化的开放接口来实现架构的全层次开放，提供服务应用、数据生命周期、数据安全和隐私安全的管理机制，保障业务全流程的智能化和自动化。值得注意的是，边缘计算平台和云计算平台虽然都提供计算和存储服务，但它们不是取代的关系，而是协作关系。在协作的情形下，云计算平台提供强大计算能力和海量存储资源，边缘计算平台提供本地数据以及隐私数据的计算分流和处理能力。以智慧医疗为例，云平台相当于一个公共的超级计算机，一般用来处理复杂的计算任务，比如医疗影像的 3D 渲染；而边缘计算平台可以存储和处理涉及患者隐私的个人病例和医疗数据，提供快捷方便的本地数据读取和操作。这类隐私数据只存在于医院本地的边缘设备，不会和云平台及其他边缘节点进行交互，在提供更优质的用户体验的同时，保障了用户和数据的安全。

云边协同计算可以广泛地应用在物联网中，应对有低时延、高带宽、高可靠性要求的大量设备和网络连接的业务应用场景。目前，云计算的主要提供商包括亚马逊、谷歌和微软，以及阿里巴巴、腾讯和百度等公司。这些公司以公有云的形式提供了海量的计算和存储资源，用户可以以虚拟机的形式租用这些资源或者基础的应用。同时，在万物互联的场景下，大量的公司和团队也为支持各自的业务，在不同的地区构建或租用不同规模的数据中心资源，形成了大量互联或者独立的边缘平台。边缘云计算从覆盖范围上可以分为以下两大类：

1）全网覆盖类应用，即借助边缘计算平台的多个节点来补充和优化全网的网络链路、数据传输和存储的效率。

2）本地覆盖类应用，即利用临近的边缘平台来优化本地应用的数据安全、处理效率和服务时延。

以 Niagara 为例，其相当于创造了一个通用的环境，支持 BACnet、Modbus、LonWorks、OPC UA、MQTT 等通信协议，几乎可以连接任何嵌入式设备，并将它们的数据和属性转换成标准的软件组件，简化开发的过程。通过大量基于 IP 的协议，支持 XML 的数据处理和开放的 API，为企业提供统一的设备数据视图。

5.2.2 异构设备数据采集

工业互联网的本质是感知世界的变化，包含直接观测和间接观测两个部分。这些变化和状态都以可量化的数据形式被采集到网络中，以便采用大数据或者人工智能的方法进行处理和形成决策。

中间件通过各种协议对各种设备进行整合，将海量数据汇聚起来。但数据采集的结果极易受到环境和设备精度的影响。这些数据本身的可靠性、准确性和有效性主要依赖于底层的感知设备。数据从物理世界中连续的状态变为计算机系统中一个个离散、量化的数值的过程中，需要经过一些基本的处理步骤，这便是数据的采集、转换和整理。

数据采集的工作主要依赖于各种感知设备来完成。在物联网系统中，感知的数据多为实时数据，这对于系统本身的功率、稳定性、带宽和性能设计都有较高的要求。相关问题的研究起源于 20 世纪 50 年代的军事领域，作为精确制导武器与战场指挥系统的眼睛在军事装备的发展中起到了决定性作用。随着嵌入式计算机技术的发展和普及，从 20 世纪 90 年代开始，相关成果广泛应用于工业物联网等高实时性场景中。不同的数据采集设备和技术获得的物联网数据在信号模式、数据格式和数据质量上均有差异，因此需要各种信号转换和数据整理中间件技术来支撑体量庞大、交互频繁的物联网系统。

1. 数据采集

数据采集作为物联网的一项重要技术，主要通过传感器和数据节点来收集目标的数据信息并分析、过滤、存储数据。综合运用数据采集技术、计算机技术、传感器技术和信号处理技术，可以建立实时自动数据采集处理系统。物联网数据采集装置主要由各种传感器以及传感器网关构成，包括传感器、二维码、RFID 标签和读写器、摄像头、GPS 等感知终端。其中典型的数据采集方法有以下五种：

1）条码扫描：条码扫描技术通过对一组带有特定信息的一维条码或者是二维码进行扫描来采集所需数据。目前，条码扫描技术主要有激光扫描和电荷耦合器件（CCD）扫描两种，其中激光扫描技术只能读取一维条码。条码技术的优势在于技术实现简单，系统实施和部署快速便捷，可靠性强；缺点在于条码容易磨损，识别过程对于角度和位置有限制，且光学扫描场景对于外部环境有一定要求，例如在强烈日光下经常难以识别自动售货机的收款码。

2）RFID 读写：通过 RFID 技术可以读取 RFID 标签信息。与条形码相比，RFID 标签具有更易于读取、更安全和可重写的优点。RFID 根据不同的频段可分为超高频、高频和低频。RFID 手持终端在读取标签时对距离的要求更宽松，并可以一次读取多个标签。RFID 技术的优势在于系统实施简单，方便传统系统进行改造；缺点在于成本较高，尤其是高密度或者可以工作在金属部件上的标签价格相对昂贵，而且容易毁损。

3）IC 卡读写：可以集成 IC 卡读写功能和集成非接触式 IC 卡读写功能来收集数据，主要用于 IC 卡管理和非接触式 IC 卡管理。IC 卡的主要缺点是成本较高且容易毁损，难以规模化读取，而且非接触式 IC 卡存在一定的安全隐患。

4）机器视觉：以各种摄像头为主要装置进行外部数据的采集、记录和处理。常见的装置有图像采集摄像装置、热成像采集装置等。机器视觉方法与传统感知手段存在一定的差异，采集的是场景信息和状态，不对信息进行抽象和量化。因此，机器视觉收集的数据量较大，一般交付给后台的各种智能系统进行处理。其优势在于信息记录完成有利于后期进行各种智能分析，且对于既有系统的改造方便，稳定性较好。缺点在于摄像装置成本高昂，边际成本居高不下，且后续需配置高带宽、高性能、高成本的智能处理系统。

5）传感设备：各种传感器（声、光、热、气、电、磁、位置和加速度等）通过有线或者无线通信技术完成数据采集、记录和传输。传感技术的成熟度较高，在实际运用中要考虑各种相关的工作指标，例如最高工作温度、数据采集范围等。近年来被广泛应用的位置传感器（GPS 混合 Wi-Fi 定位）便是其中的代表，例如互联网汽车租赁公司的顾客通过智能手机中的位置传感器就能找到离自己最近的车辆。这部车是车联网中的一部分，车辆自身就是一个数据采集节点，可以实时获取车辆轨迹和状态，并根据反馈进行动态调度和分析。

2. 数据的信号转换

在物联网中，可以通过各种传感设备和方式进行数据感知和采集，但获得的数据仍需要进行各种处理才能转换成为有价值、可分析的信息。信号转换中间件技术按照转换方式可分为采集转换和直接读取两种。

采集转换主要针对模拟信号而言。例如，温度传感器和摄像机等传感设备可以直接收集信息并生成模拟信号，再通过数模转换获取常规意义的数据（或者称为数值）。在现代物联网控制、通信及检测等领域，为了提高系统的性能指标，广泛采用数字计算机技术对信号加以处理。由于系统的实际处理对象往往都是一些模拟量（如温度、压力、位移、图像等），要使计算机或数字仪表能识别、处理这些信号，必须首先将这些模拟信号转换成数字信号（简称模数转换）；经计算机分析、处理后输出的数字量也需要转换为相应的模拟信号才能为执行机构所接受。

直接读取是指希望获取的数据已经以数值方式存储在装置内部。这些数据大多存储在物联网中设备的耦合元件和芯片上，形成一个个"标签"（Tag）。每个标签都有一个唯一的电子代码，以保证不会出现混淆。将这些固化数据采集到系统的过程中，需要一个阅读器（Reader），有的阅读器还可以进行写入工作。IC 卡、RFID、条码等技术便属于这种转换方式。由美国统一代码委员会（UCC）和欧洲物品编号协会（EAN）联合推广的全球统一识别系统便可应用于这种方式。EAN-UCC 系统在世界范围内为标识商品、服务、资产和位置提供准确的编码。这些编码不仅能够以条码符号来表示，也能以射频识别（RFID）标签来表示，以便进行电子识读。在提供唯一标识代码的同时，EAN-UCC 系统也提供附加信息的标识，例如有效期、序列号，这些信息都可以用条码或 RFID 标签来表示。

3. 数据的整理

物联网的应用会产生海量的数据。如果使用原始数据进行传输、处理和分析，会给物联网系统中的带宽资源、计算资源和存储资源造成极大的负担和浪费。因此，要进行高效的物联网数据分析和处理，首先要设计相应的数据整理中间件来整理数据、提取关键信息和压缩数据总量，达到减轻系统负荷、提升系统效率的目的。常见的数据整理技术一般分为数据分级处理、数据降维处理和数据存储优化三类。

（1）数据分级处理

数据分级处理中间件可以分析和确定数据的重要性，并根据不同的重要性等级调度数据的处理过程和分配系统资源，达到减轻系统负荷和提升系统利用率的目标。该类中间件可以普遍使用在数据的感知、传输和应用等过程中。

1）对局部区域的协作感知。多个同质或异构传感器执行相同的检测任务，以获得立体且丰富的传感数据。通过局部信息处理和融合，可以获得高精度、可靠的传递信息。例如，在智能园区中的无人车可能会安装基于 GPS 信号、Wi-Fi 的定位，UWB 定位，RFID 定位，或者基于视觉信号定位的多个位置传感部件，进行多定位和相互校验，只将位置信息作为结果上传，而将多源的原始信息记录保留在本地。

2）网络中的数据分级传输。数据在传输的过程中可以根据其重要性和敏感度采用不同的传输策略，例如可靠传输处理与非可靠传输处理。两者的区别在于，可靠传输处理可以提供无损且精准的传输，适用于物联网中一些精度和时效性要求较高的信息；非可靠传输处理因其开销低、传输速度快、容易扩展等特点被广泛应用在物联网信息传输过程中，它提供了一种相对可靠、更为经济的传输手段。在传输过程中，也可以根据不同的数据集的重要性对信道带宽进行分配优化，避免在业务量过大时出现重要数据阻塞或丢包现象，保证关键信息传输的可靠性。

3）云边协同下的事务分级。各种物联网数据的收集本质上还是通过数据支撑、服务决策、协调控制等方式进行应用支持。在诸多应用场景中，有时仅需要获得某个事务的状态，此时事务可在物联网设备或者边缘设备中处理后提交结果即可。例如，应用对于无人车系统下达前往某处的任务，该任务完成后，无人车给该应用返回一个就位信号，并不需要将所有感知、决策甚至路径上收集的路况信息都回传给应用。这种分级方式在云边协同的场景下尤为明显。

（2）数据降维处理

物联网中连接的设备和产生的数据以指数级别爆发式增长，加之数据又具备快速更新和非结构化的特点，数据规模和存储、带宽、算力之间的矛盾已经成为制约信息化技术普及的一个关键性问题。传统的数据分析方法在处理这些数据集时通常效果并不理想，甚至出现维数灾难等问题。为解决这一问题，在多数情况下，可以先将数据的维数减小到合理的大小，同时保留尽可能多的原始信息，然后将降维处理后的数据发送到信息处理系统进行合理的分析和利用。

降维算法也是一些机器学习和数据分析方法的重要组成部分，目前主流的降维处理算法有 PCA 主成分分析法、最小量嵌入算法以及 SVD 矩阵临域分解等。这些降维算法的实质就是找到数据从高维空间向低维空间映射的方式，在保持局部等距和角度不变的约束条件下，更好地揭示数据内在的流形结构，以提高数据的分析和利用效率。

（3）数据存储优化

如前所述，传感器收集的数据必须以适当的形式存储以便迅速进行检索、排序、分析等处理。例如，当某台机器运行时，定期接收数据（例如每 10min 一次）。在此基础上，不但可以计算自上次维护以来机器运行的时长，还可以检测数据的趋势，并对何时达到维护小时数进行预估（如果使用量保持在同一水平）。尽管可以利用强大的云存储服务来存储数据，但是考虑到成本和性能等因素，仍然需要与存储相关的优化策略来对数据存储模式进行优化，但就存储规模的优化而言，最常见的两种方式是数据保留策略和数据压缩。

数据保留策略是指定期清理不必要数据的策略。因为数据越多，保存时间越长，存储数据的成本就越高，甚至高昂到难以想象的地步。另一方面，数据少意味着参考更少。因此，物联网系统必须在成本和要存储的数据量之间确定优先级并进行权衡。数据的压缩也是存储优化的一个组成部分。在不丢失原有信息的情况下，通过数据压缩可以提升传输、存储和处理的效率。数据压缩分为有损压缩和无损压缩，对于物联网底层收集的视频、音频信号等数据，可以使用有损压缩技术，在提升存储效率的同时不会大幅度降低图像质量，Lloyds 最优量化算法就是这一类技术的典型代表；对于采集的文本信息，则可以使用以赫夫曼算法为代表的无损压缩技术，进一步提高存储效率。另外，在物联网中，连接的系统设备或传感器纷繁复杂，数据类型也各不相同，不同的应用数据的采集策略也不同。例如，对于一些开关量信号，可以只在状态变化时进行数据采集；对数值型信号来说，数据的采集间隔可根据应用场景调整。对一些实时性要求高的系统（如报警系统），数据的采集间隔必须要短一些。对温湿度这些变化较慢的数据，在不影响舒适度的前提下，可适当增大采集间隔。对数据的历史记录存储一般有两种不同的策略：一种是当数据发生变化时存储数据，主要用于开关量信号数据的存储；另一种是根据一定的时间间隔存储数据，主要用于数值型信号。

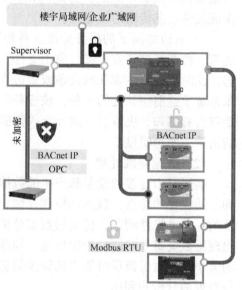

以 JACE-8000 通过 RS-485 串口连接 IO-22U DDC 为例，通过 Modbus RTU 完成设备数据采集如图 5-8 所示。

1）在 JACE 站点导航侧栏里面展开站点 Config 容器，找到 Drivers 文件夹。

2）在 Palette 工具箱中打开 ModbusAsync 模块包。从中将 ModbusAsyncNetwork 拖拽至 Drivers 文件夹下。

3）进入 ModbusAsyncNetwork 的 AX Property Sheet 视图，展开 Serial Port Config，如图 5-9 所示配置以下串口参数：端口（Port Name）：COM1 或 COM2（根据 JACE-8000 与 IO-22U 连接的 485 口情况填写）；波特率（Baud Rate）：19200；校验位（Parity）：Even。

图 5-8　JACE 连接 Modbus RTU 完成设备数据采集

4）进入 ModbusAsyncNetwork 的 ModbusAsyncDeviceManager 视图，创建 Modbus Async Device，在对话框中修改 Device Name 为 IO-22U。

5）在导航栏展开 IO-22U 对象，双击 Points 文件夹进入 ModbusClientPointManager 视图，按表 5-3 所示的特性创建 Points。

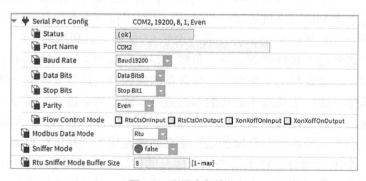

图 5-9　配置串行接口

表 5-3　创建点的特性列表

添加点类型 （Point Type）	寄存器类型 （Register Type）	点名 （Point Name）	状态 （Facets）	数据地址 （Data Address）
BooleanPoint	Discrete Input	DI_Switch	ON/OFF	1
BooleanWritable	Coil	DO_Fan	ON/OFF	1

6）在 Points 文件夹的 Modbus Client Point Manager 视图，检查创建好的点的状态是否正常。在创建好的 DO_Fan 点上右键选择 Actions → Set 设置 ON/OFF，如图 5-10 所示，检查 IO-22U 上的 DO1 是否有动作（打开或关闭，也可以通过指示灯判断）。

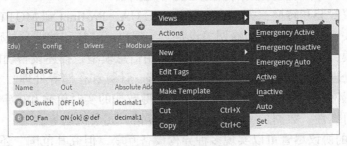

图 5-10　测试界面

7）改变 IO-22U DI1 的输入状态（可通过外接开关实现），检查 DI_Switch 点的状态是否随 IO-22U DI1 的输入状态变化。

5.2.3　异构设备数据传输

异构设备数据传输在多个领域有着广泛的应用场景。例如，在工业自动化领域，不同品牌和型号的设备需要实现数据的互联互通，以便实现生产过程的自动化和智能化；在智能家居领域，各种智能设备需要相互协作，实现家居环境的智能化控制和管理；在医疗领域，不同医疗设备之间需要共享数据，以便医生能够更全面地了解病人的病情并做出准确的诊断。

异构设备数据传输是指在不同类型、不同规格、不同厂家的设备之间进行数据交换和传输的过程。在实际应用中也面临一些挑战。

1）实时性和确定性：需保证控制数据及时送达，满足实时性和确定性要求。

2）可用性和可靠性：需最大限度地避免数据丢失或重复，确保可用性和可靠性。

3）网络带宽和延迟：大量异构数据传输给现场网络带来压力。

4）工业安全防护：面临病毒、木马、黑客攻击等传统网络安全威胁。

5）兼容性和迁移成本：已有系统的升级改造需考虑兼容性和成本问题。

在原理方面，异构设备数据传输主要依赖于网络通信技术、数据转换技术和协议适配技术。网络通信技术负责在设备之间建立可靠的通信连接，确保数据的稳定传输；数据转换技术用于将不同格式的数据转换为统一的格式，以便进行传输和处理；协议适配技术则用于解决不同设备之间通信协议不兼容的问题，实现协议的转换和适配。

在传输方式上，异构设备数据传输可以采用有线传输和无线传输两种方式。有线传输通过电缆、光缆等物理介质进行数据传输，具有传输速度快、稳定性好的优点，但布线成本较高且不易扩展。无线传输则通过无线信号进行数据传输，具有灵活性高、易于扩展的优点，但可能受到信号干扰和传输距离的限制。

而协议层面，异构数据传输方式包括：

1）OPC UA：面向服务架构的机器对机器通信标准协议，支持跨平台，实现异构系统互通。

2）MQTT：发布/订阅模式的轻量级消息传输协议，适合资源受限的边缘设备。

3）DDS：数据分发服务标准，提供数据实时分发、复制和缓存等功能。

4）消息队列：如 RabbitMQ、Kafka 等，通过消息队列实现设备数据交换。

5）云服务集成：将异构数据传输到云平台，由云端实现协议转换、数据汇总等功能。

关键技术方面，异构设备数据传输涉及多种技术。

1）工业协议封装和转换：如 Modbus 到 OPC UA、Profinet 到 MQTT 的映射。

2）边缘网关：在现场部署边缘网关设备，实现协议转换和数据预处理。

3）数据建模：利用 OPC UA 等标准建立通用信息模型，描述设备功能和数据结构。

4）流数据处理：对工业实时数据流进行规整、计算和存储等处理。

5）时间敏感网络：利用 TSN 等技术保证关键数据的实时传输和确定性。

6）安全和可靠性：数据加密、双向认证、容错、冗余机制等。

成熟和稳定的协议尽管可以实现多种异构设备互联，但究其范围，还是以本地的组织方式为主，即使支持异地远程的互联也大多采用传统的分散连接方式。在基于云计算、移动互联网等的新型网络化服务已经成为当前主流模式的背景下，物联网系统的架构也在变革之中，在中间件的支撑下工业互联网系统实现云服务有四个方面。

160

1.面向云服务的通信协议

面向云服务的通信协议呈现出轻量级的特征，云可以无处不在，但带宽仍然是瓶颈，因此云服务和本地计算的相互协调、配合也是物联网和云服务整合过程中的一个重点。

较常用的协议是 MQTT，是一种基于消息发布/订阅（Publish/Subscribe）模式的轻量级通信协议。该协议是 IBM 和 Arcom 公司推出的一种主要为物联网系统应用而设计的消息传递协议，它基于 TCP/IP 的应用层特别适合带宽资源有限、高延迟、网络不稳定，以及处理器和存储资源有限的嵌入式设备和移动终端。该协议轻量、简单、开放、易于实现，目前已经有基于多种语言实现的多个 MQTT 协议开源版本。作为一种低开销、低带宽占用的即时通信协议，MQTT 协议的适用范围非常广泛，已经成为新兴的"机器到机器"（M2M）和物联网（IoT）世界的设备连接的理想选择。

2.面向工业互联网的通信协议 OPC UA

工业互联网结合互联网技术和物联网技术，把设备、生产线、工厂、供应商、产品和客户紧密地连接和融合起来，能够实现系统内资源配置和运行的按需响应、快速迭代和动态优化，高效共享工业经济中的各种要素资源，降低成本、增加效率，推动制造业转型发展。

工业互联网既要通过工业物联网技术实现各种设备、环境、加工对象的状态感知和信息的实时、准确传输，也要通过生产线层面的各种工业总线、网络实现各个设备之间的互操作，还要通过互联网技术实现与市场、供应商、管理者之间的互联，通过市场响应、设备状况、产品质量等信息的反馈，及时进行产线重构或者工艺调整。一个典型的工业异构网络架构如图 5-11 所示。可以看到，这个网络是由异构的多层网络构成的复杂网络，多种协议和多种业务交织在一起，通过 IT 和 OT 技术的融合，实现工厂运作的管控一体化。

为适应复杂异构的工业互联网中的互联互操作问题需求，业界普遍支持基于 OPC UA 的通信协议标准。图 5-12 是一个基于 OPC UA 实现的典型工业互联网架构。

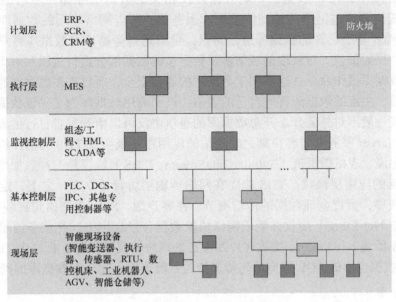

图 5-11　典型的工业异构网络架构

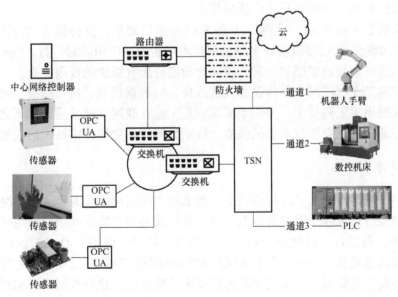

图 5-12　基于 OPC UA 的工业互联网架构

3. 面向数据库连接的通信协议

在现代各种信息系统中，数据库是至关重要的组成部分，也是解决异构问题的重要方案。各种设备和系统按照设计要求将数据统一存放到一个数据库中，从而实现数据级别的兼容。数据库通信协议是数据库服务器端和客户端通信的协议，用于保障数据库管理系统中信息的传递与处理，实现数据格式和顺序的设置、数据传输的确认和拒收，以及差错检测、重传控制和询问等操作。通信协议包括实体认证信息、密钥信息、数据库操作信息等。

在网络应用中，用户数据、环境数据以及相关的数据都存储在专门的数据库服务器上。客户端需要通过网络传输访问数据库服务器，所以网络应用的数据库传输都是以TCP/IP 为基础。基于已知的数据库通信协议，可以通过旁路获取数据库客户端向服务器发送的通信协议数据包。对获取的通信协议数据包的数据部分进行过滤和解析，就可以还原出完整的数据库操作命令。这不利于数据库的通信安全，所以许多数据库通信协议都是保密的。目前，主流的数据库都有自己的通信协议，商用数据库为了保证数据传输的安全性其通信协议一般不对外公开。开源数据库的通信协议可以由开发者自行更改。

以 SQL Server 服务端与客户端之间通信的应用程序级协议 TDS 为例介绍面向数据库连接的通信协议。表格数据流（TabularDataStream，TDS）协议是一种数据库服务器和客户端之间交互的应用层协议。TDS 建立在网络传输层协议（TCP）之上，定义了传输信息的类型和顺序，负责全部数据的传输细节。在客户端，SQL 查询语句封装成 TDS 数据包，由客户端 Net-Library 接收并生成网络协议数据包发送出去。在服务器端，与客户端相匹配的服务器端 Net-Library 接收客户端发送的网络协议数据包，析取出 TDS 数据包之后，将 TDS 数据包中的 SQL 查询语句传递给关系数据库，完成对数据库的操作。

4. 面向分布式系统的多站点通信协议 Fox

Fox 协议是 Niagara 框架中的一个专有协议，默认端口号是 1911，在智能建筑、基础设施管理和安防系统等领域得到了广泛应用。

Fox 协议基于 Java 实现，采用 TCP 的 Socket 进行通信，支持摘要式验证方式（用户名/密码都被加密），通过频道切换多路复用技术可实现多应用同时运行。Fox 协议的服务器端在客户端访问或修改敏感数据时，将会自动进行所有级别的权限检查。

总之，实现工业物联网中异构设备无缝连接，对数据规范、接口标准、网络能力、安全防护等方面提出了更高要求。异构系统集成是工业互联网发展的重要课题之一。通过不断的研究和创新，可以克服技术上的挑战，推动异构设备数据传输技术的发展和应用。

5.2.4 边缘计算

如前所述，随着万物互联时代的到来，越来越多的用户端设备接入互联网之中，随之带来了巨大的服务需求以及海量的数据信息，分布式架构在物联网中的应用日益广泛。

对于这些设备而言，其地理分布往往呈现出分散性，使得中心式的云计算平台的传输时延和代价快速增长。同时，各类在线控制和决策问题对数据处理的实时性提出了高要求，例如自动驾驶需要通过大量的车载传感器来采集数据，并对数据反馈和周围环境做出快速反应，才能使车辆安全行驶。在这样的场景下，任何原因导致的决策延迟都可能造成严重的后果。而在传统的云计算模型中，大量的数据处理是在云平台中进行的。用户需求和处理结果数据需要在云平台服务器和用户之间来回传送，会有秒级的时延，这个量级的时间延迟会导致用户设备无法有效应对各种突发事件。同时，物联网的很多数据都是用户隐私数据，如患者个人信息数据和医疗检验数据等。传统架构下用户数据也必须上传到公共的云平台存储，增加了用户数据和隐私泄露的风险。分布式物联网系统的出现为解决上述问题提供了重要的手段。

为更好地支持分布式物联网系统，需要提出一个处理时延小、隐私性高的分布式计算框架来实现实时物联网数据的计算和处理。边缘计算（Edge Computing）便是继云计算之后提出的一种新型解决方案。通过边缘计算，物联网数据能够在本地或就近的计算资源上进行处理，从而减小服务时延并提升数据安全性。

1. 边缘计算的定义

边缘计算是一个分布式的计算架构，它利用靠近数据源或用户端的网络边缘设备（基站或者小型数据中心），形成一个集网络、计算、存储和应用等核心功能于一体的开放平台，为用户提供实时的数据分析与处理，其架构如图 5-13 所示。边缘计算可在工业物联网、智慧城市和车联网的多个场景中提供自动控制、数据分析和服务优化等应用。边缘计算通过在接近数据源的位置进行实时数据处理和分析，可以减少数据传输延迟，提高数据处理效率，同时降低网络带宽压力，满足行业客户在实时业务、用户安全与隐私保护等方面的基本需求。

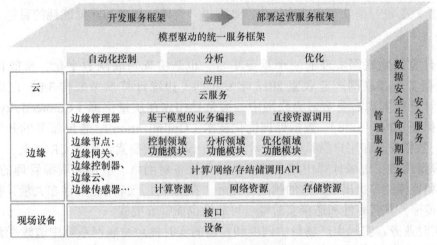

图 5-13　边缘计算参考架构

相比于传统的云计算，边缘计算具有如下优势：

1）响应快速。用户端设备的计算可以卸载到本地或者临近的边缘节点，信息传送速度快，通信时延低，大大提升了物联网服务的响应速度。

2）利用率高。边缘计算打破了传统的完全由云平台处理大型计算任务的壁垒，将任务分割成多个部分并分散到边缘节点进行并行处理，提高了设备的利用率。

3）通信量小。把计算任务放到边缘计算可以大大减少物联网设备和云平台的通信数据量，同时降低了主干网络的拥堵。

4）健壮性高。云平台的计算任务可以同时分散到一个或多个边缘节点上，大大降低了出现单点故障的可能。

5）数据安全。边缘节点在本地处理分析敏感的隐私数据，降低了数据泄露的风险，保障了用户的数据和隐私安全。

得益于上述优势，边缘计算可以更好地支持物联网应用，因此在近年来得到了迅速发展。

163

2. 边缘计算的特点

边缘计算有如下特点：

1）异构性：包括硬件的异构性、软件的异构性和数据的异构性。从硬件角度来说，边缘计算中存在大量异构的网络连接和平台，而且一个边缘平台往往涉及异构的边缘节点以及设备，造成了硬件层面的异构性。从软件角度来说，由于不同生产厂商的预设和后期服务提供商的维护升级，不同设备上的操作系统、应用软件的种类和版本存在着巨大的差异。从数据角度来说，用户端设备采集到的数据通常有不同的数据结构和数据接口，其传输协议、底层平台甚至生产厂商等也不尽相同，使得采集到边缘平台的数据信息有极大的不同。所以，异构性是边缘计算平台的天然属性和突出的特点。

2）连接性：连接性是边缘计算的基础特性。由于用户端设备和应用场景的丰富性，边缘计算需要支持多种不同软硬件的连接，实现各种网络接口、网络协议、网络部署与配置等。

3）分布性：边缘计算的部署具有分布式的特点，既需要支持分布式数据计算、分布式信息存储，还要提供分布式的资源调度与管理以及分布式安全保障等能力。

4）靠近数据：边缘计算靠近用户和数据源，拥有大量的实时数据。因此，边缘计算可以对原始数据进行预处理和结构优化，达到提升资源利用率和降低能耗的目标。

3. 边缘计算的要素

边缘计算是物联网实现的一个重要平台，也是实现物联网数字化、智能化转型的基础。根据工业互联网产业联盟 2018 年发布的《边缘计算参考架构 3.0》白皮书的要求，边缘计算的实现需要考虑物联网中的海量异构连接质量保障（Connectivity）、业务的实时性保证（Real-time）、数据处理优化技术（Optimization）、智能服务的开发与应用（Smart）、数据安全和用户隐私保障技术（Security）五大要素，简称 CROSS。

1）海量连接：边缘计算中越来越多的接入设备对网络、应用和资源管理的灵活性、可扩展性和鲁棒性等提出了巨大的挑战。此外，在实际生产应用之中存在大量异构设备连接和数据传输，其兼容性和连接实时性、可靠性也面临着挑战。

2）实时业务：实际生产场景中调度和控制的实时性对物联网系统中边缘平台的设备监测、流程控制和决策执行等方面提出更高的要求。

3）数据优化：物联网中采集到的数据往往是海量、多样化、异构的数据。为确保数据能够灵活高效地服务于实际应用，需要对数据进行一系列优化措施来实现数据聚合和格式统一。

4）智能应用：物联网设备的运维必将走向智能化，而实现边缘平台的智能应用有高效性和低成本的特点，能进一步推进物联网智能化进程。

5）安全保护：边缘平台更加靠近联网设备，对访问控制和安全防护的要求高。同时，边缘平台需要提供物联网设备、互联网络、多源数据和物联网应用等方面的安全保障措施和技术。

基于 Niagara 的边缘计算架构如图 5-14 所示，包含了端边云不同层面的部署。中间的核心 JACE 模块解决了边缘设备的协议兼容，保障异构数据的上通下达，并能提供适用于工业实时的任务决策和执行，同时还可以成为边缘网络的防火墙，提供安全保障。另外，通用的标准模块又提供了方便的扩展能力，进而实现分布式的边缘计算框架。

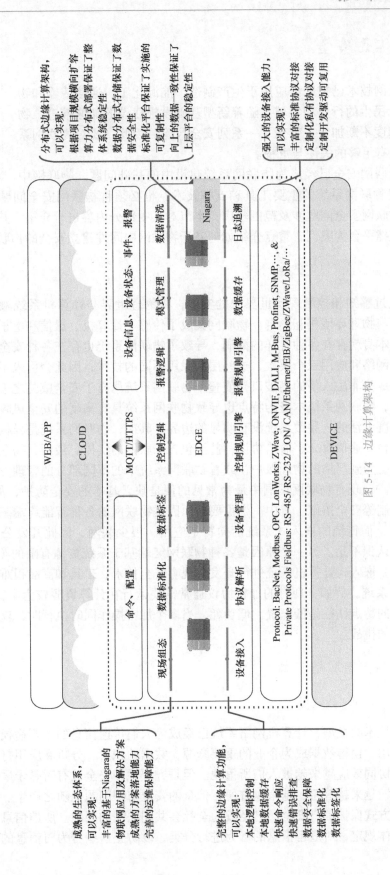

图 5-14 边缘计算架构

5.3　工业互联安全

工业互联网技术已被广泛应用于生产制造、能源化工、通信传输和物流等关系国计民生的行业和领域。随着新型基础设施建设的加速推进，物联网的建设速度不断加快，带来了一系列安全风险。因此，要对物联网系统的安全问题有足够的关注与重视。

5.3- 工业异构
网络安全机制

目前，物联网安全已经成为物联网系统建设中的基础问题。物联网中间件作为构建物联网系统的重要工具和支撑技术，也必须将物联网安全问题纳入管理范围。新兴的物联网安全问题涉及范围较广，本节对其中部分内容进行介绍，并以特定的物联网中间件支撑平台为案例，重点介绍如何基于物联网中间件建立安全的物联网系统。

5.3.1　工业互联面对的安全问题

物联网通过感知和控制现实世界中的实体，将物理世界与计算机系统融合起来，物联网中的实体与物理环境相互影响。物联网集成了传感、计算机、通信和电子等一系列技术，这些技术本身就存在各种各样的漏洞，导致了物联网系统也存在各种安全隐患。物联网分为感知、网络和应用三个层次，这些层次采用不同的技术，因此会引入不同类型的安全风险，进而成为非法入侵的突破口，使整个物联网系统暴露于安全威胁之下。

另一方面，物联网系统本身的特点也导致物联网系统具有高度的安全风险。首先，物联网系统是高度灵活的，导致系统没有明显的边界。其次，物联网系统是异构的，包括了不同的设备平台、通信媒介、通信协议，甚至包含未联网的实体。最后，物联网系统整体或部分可能没有受到严格的物理保护，或者物联网系统中的不同部分的管理方不同，无法提供统一的保护。现有物联网漏洞中最为常见的便是缺乏基本的安全防护，如缺少加密、认证和访问控制等安全措施。其中一个重要的原因是物联网的各种智能终端基于嵌入式计算机系统开发，而传统的嵌入式系统面向特定应用、很少联网，因此开发公司和终端用户对安全风险认识不足。另一个原因是各种物联网终端基于系统资源有限的（例如计算资源、存储资源）嵌入式计算机系统进行开发，现有安全技术、工具和商品很难直接部署到物联网设备和系统。例如，现有的加密协议通常需要运行在计算资源较为丰富的设备上，而物联网设备的特点往往是低配置、低功耗，当多个加密操作同时执行时，就会给物联网设备带来巨大的挑战。

5.3.2　信息防护与加密技术

1.信息防护技术

随着信息技术的发展，计算机网络系统已经成为人们传递信息的主要途径。而物联网技术的推广应用，使得数据成为企业的重要资源，数据的积累、分析和应用打破了部门和企业的边界，协同效应越来越被人们所重视。但是方便性和安全性有时是矛盾统一体，随着数据信息传输越来越普遍、越来越方便，信息的安全防护问题也随之产生。如何以最经济、最有效的方式保护信息安全，已经成为全社会共同关注的问题。所谓信息保护，就是对信息做出具体规定，对危害信息的行为进行分类，以防止这些行为对信息的破坏、泄露等，用立法及技术的手段，对所包含的信息实施保护。就现代计算机系统而言，保护的信息除了存储于计算机和信息处理设备内的信息外，还包括在通信线路上传输的信息。信息防护立法主要是为了对未经许可的泄露与修改行为做出规范及相应惩处，而信息防护技术则是从技术上保证信息保护的实现。最常用的信息防护技术主要包含以下四种：

（1）认证系统

认证理论是一门新兴的理论，是密码学一种新兴的重要分支。在认证理论中，信源识别和发送信息的完整性检验是密不可分的，即通过信源识别验证发信人是否真实，通过检验信源发送者发送的信息在传送过程中是否被篡改、重放或延迟来确保检验发送信息的完整性。最常用的认证方式包括：用户名／密码方式、IC 卡认证方式、动态口令方式、PKI 认证、生物特征认证和 U-Key 认证等。

需要特别指出的是，认证与保密作为信息安全的两个重要方面具有不同的功能和目的，是两个独立的问题。认证是通过身份识别防止第三方主动攻击，而保密是防止信息的泄露。认证系统无法自动提供保密，而保密也不能自然提供认证。按照有无条件、有无保密功能、有无仲裁功能及有无分裂可以将认证系统进行不同的分类。

（2）用户口令

识别用户可以有多种方法，用户口令是其中一种常用的方法。用户口令识别主要包括以下几种。

1）CALLBACK MODEM：CALLBACK MODEM 是通过获得用户的登录户头，挂起，再回头调用用户的终端来实现用户识别。这种方法的优点是系统的用户限制为电话号码存于 MODEM 中的人，杜绝了非法侵入者从其家里调用系统并登录，但因为 MODEM 不能仅从用户发出调用的地方来唯一地标识用户，从而限制了用户的灵活性。

2）标记识别：标记识别是通过物理介质来完成口令验证。物理介质包括含有一个随机编码的卡，且采用的编码方法使得编码难于复制。通过将卡连入终端读卡机，利用识别器内含编码自动识别用户，或者辅助同时敲入口令来增加安全性。优点是标识是随机的而且长于口令，缺点是必须配合使用卡与阅读器，给用户带来不便。

3）一次性口令：一次性口令系统又被称为"询问—应答系统"。和标记识别类似，这种系统也必须通过物理介质才能实现，如手携式口令发生器。用户登录时，系统将一个随机数发送到用户的口令发生器中，用户将发生器上的加密口令发送到系统，系统通过比较用相同加密程序、关键词和随机数产生的口令与用户输入的口令来识别并控制用户登录。这种方法具有灵活性的优点，只对口令发生器提供安全保护而不需要口令保密，用户可以每次录入不同的口令。

4）个人特征：通过个人特征检测来识别访问者的技术带有实验性特征，价格昂贵且不能达到完全可靠。因为无论是指印、签名还是声音、图案，在远程系统中都存在被非法入侵的风险，非法入侵者可以通过将入侵获得的系统校验信息重新显示来破解此类安全防护。

（3）密码协议

密码协议是利用加密技术实现开放网络安全性和保密性的一种技术。该技术有许多细分研究领域，如身份或信息的认证、模态逻辑、密钥恢复及捆绑机制等。但该技术也存在重大缺陷：如果密码协议逻辑设计不当，则能让攻击者方便地通过漏洞去攻击密码，从而攻破防护堡垒。

（4）信息伪装

随着并行化计算的日新月异和硬件技术的高速发展，强大的计算处理能力使得加密的数据传输也无法保证绝对的安全，而且加密后传输的数据更加容易引起网上拦截者的兴趣，成为黑客攻击的焦点。

因此信息伪装技术作为一种新兴的信息安全技术开始吸引研究者的注意，在某些领域已经开始应用。信息伪装，顾名思义就是将机密资料隐藏到非机密文件中再通过网络传输，其目的在于使隐藏的信息以非机密资料的形式出现而免受网上拦截者的攻击。信息伪装按照处理对象的不同包含叠像技术、数字水印技术和替声技术等。信息伪装技术在保证隐藏数据不被侵犯和重视的同时要在隐藏、传递、破解和提取的过程中不被损毁，而很难有一种方法同时满足隐藏数据量的要求和隐藏免疫力的要求。这正是信息隐藏技术必须面对的挑战。

2. 信息加密技术

信息加密是网络信息安全的核心技术之一，它对网络信息安全起着别的安全技术无可替代的作用。

（1）加解密过程原理

加解密过程可由图 5-15 描述，其中，P 即 Plaintext，代表原文件；C 即 Ciphertext，代表加密后的文件；E 即 Encryption，代表加密算法。则有 E（P）=C，即 P 经过加密后变成 C。如果以 D（Decryption）代表解密算法，则有 D（C）=P。即 P 经过加密后的文件再经过解密返回到原文件 P，整个过程可表示成 D（E（P））=P。

现代的加解密算法一般是公开的，因此需要与一个不公开的密钥结合来满足保密性的要求。以 K 代表密钥（Key），则根据算法中加密所用的 Key 是否相同分为对称性算法和非对称性算法。

在对称性算法中，加解密所用的 Key 是相同的，其加解密过程为 E_K（P）=C，D_K（C）=P，D_K（E_K（P））=P，如图 5-16 所示。

图 5-15 加解密过程原理 　　　　　　　　图 5-16 对称性算法加解密过程原理

非对称算法加解密过程为 E_{K1}（P）=C，D_{K2}（C）=P，D_{K2}（E_{K1}（P））=P。其中，（K1，K2）是成对出现的，一个是保密的，称为私钥，另一个是公开的，称为公钥。用其中一个加密的文件只有用另一个才能解密，反向操作是不成立的（不能用加密的密钥去解密），如图 5-17 所示。

一般情况下，公司把公钥发布给它的不同客户，让客户利用这个公钥加密要发给公司的信息，然后传送给公司，公司可以用只有自己掌握的私钥对信息解密。

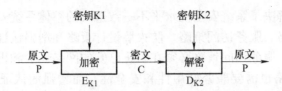

图 5-17 非对称性算法加解密过程原理

（2）常用加密算法

常用的信息反馈加密方法主要有单钥加密方法：DES 加密算法、IDEA 加密算法、LOKI 算法。公钥体制：RSA 算法、Elgamal 公钥、PGP 等几种。

1）DES 加密算法。DES（Data Encryption Standard）是由 IBM 公司在 20 世纪 70 年代提出的，是全球最著名的保密密钥或对称密钥加密算法，该算法在 1976 年 11 月被美国政府采用，并被美国国家标准局和美国国家标准协会承认。

2）RSA 公钥体制。RSA 体制是迄今为止理论上最为成熟完善的一种公钥密码体制，由罗纳德·李维斯特（Ron Rivest）、阿迪·萨莫尔（Adi Shamir）和伦纳德·阿德曼（Leonard Adleman）于 1978 年提出。该算法的体制构造是基于 Euler 定理，通过大整数的分解（已知大整数的分解是 NP 问题）实现安全性。

用户首先选择一对不同的素数 p，q 计算 $n=pq$，$f(n)=(p-1)(q-1)$，并找一个与 $f(n)$ 互素的数 d，并计算其逆 a，即 $da=1 \bmod f(n)$。则密钥空间 $K=(n, q, a, d)$。以 m，c 分别代表明文和密文，加密过程则为 $ma \bmod n=c$，解密过程为 $cd \bmod n=m$。其中 n 和 a 公开，而 p，q，d 是保密的。在不知 d 的情况下，只有分解大整数 n 的因子才能从公开密钥 n、a 算出 d。而按照李维斯特、萨莫尔和阿德曼的估算，用已知的最好算法和运算速率为 100 万次 / 秒的计算机分解 500bit 的 n，分解时间是 4305 年。这样看来，RSA 保密性能良好。

169

3. 防火墙技术

防火墙是目前使用最广泛的信息安全技术之一。其通过设置在不同网络或网络安全域之间的一系列部件的组合来根据设定的安全策略控制信息流在不同网络域间的出入和流动，具有较强的抗攻击能力。设定的安全策略包括是否限制内部对外部的非授权访问及限制外部对系统资源的非授权访问，同时对于内部不同安全级别的系统之间的访问也设置了相应权限。防火墙的隔离作用如图 5-18 所示。

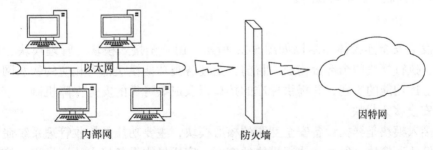

图 5-18 防火墙的隔离作用

防火墙的基本思想不是对每台主机系统提供保护，而是通过对信息出入口的控制来提供保护，这便很好地解决了系统安全性水平不一致造成的整体系统安全性问题。设置防火墙的要素包括网络策略、服务访问策略、防火墙设计策略和增强认证策略等。其中网络策略可以分为高低两级。服务访问策略必须在阻止已知的网络风险和提供用户服务之间获得平衡。防火墙设计策略也需要兼顾好用性和安全性。而增强的认证机制因为包含了智能卡、令牌、生理特征等技术克服了传统口令的弱点。

Niagara 可以配置灵活的身份验证方案，如图 5-19 所示，用户密码验证方式可配置密码的强度要求及密码的有效期。Niagara 提供一个系统密码用于加密站点文件中的敏感信息，如用户的密码、连接数据库的密码等。当对外分发拷贝站点文件时需要提供正确的密码用于解密。

图 5-19 Niagara 加密界面

5.3.3 异构设备的安全连接机制

对于物联网中间件来说，其核心功能之一就是实现异构设备的协议转换和互联。因此，如何确保异构设备连接的安全性是物联网中间件安全机制要关注的一个重要方面。

1. 异构设备安全连接的关键问题

异构设备的安全连接需要考虑以下关键问题：

1）应有合理的网络参考模型，涉及是否对现有的中间件系统做大的改动，如协议栈、接入的功能设备、拓扑结构等。

2）各个异构设备通过不同的网络通信技术和中间件实现异构网络融合，应如何在各异构网络之间建立信任关系。

3）大量异构设备终端接入异构网络中，应考虑相应的身份信息核实、接入访问控制和服务权限确认等问题。

4）异构设备之间传输数据时的机密性、完整性保护、数据源验证和密钥协商交换等问题。

5）动态异构设备在异构互联网络切换时带来的安全问题，如漫游、切换过程中的设备切除/接入控制、认证切换等。

2. 异构设备安全连接的体系结构

异构设备安全连接体系结构如图 5-20 所示，由安全接入模块、管理模块、外部安全支撑模块、执行模块四个部分构成。目前，上述各类功能模块都有相应的物联网中间件可用于加速上述功能的实现，并提供标准的接口以及成熟可靠的安全保障机制。

（1）安全接入模块

安全接入模块是异构设备安全互联的核心模块，主要功能是接收管理系统命令，调用正确的身份认证模块，经过和执行模块的交互，完成异构设备接入认证过程。该模块主要包括以下子模块。

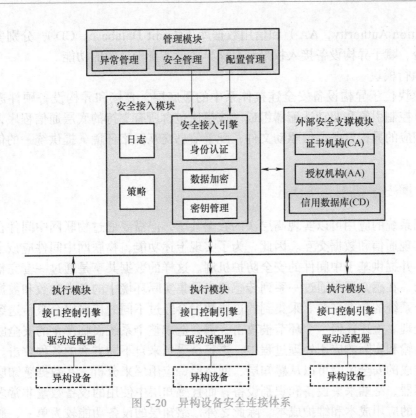

图 5-20　异构设备安全连接体系

1）身份认证：该子模块包含加载完毕的认证模块，接收管理模块调度指令，选择并激活合适的认证模块，保存所需的各种协议认证数据。利用激活的认证方案，实现身份证书的鉴别判定，每种网络认证方法都对应各自独立的身份认证模块。

2）数据加密：该子模块完成原始数据的加密/解密功能。利用对称密钥、非对称密钥和哈希运算等加密算法，对各个异构设备采集、反馈的数据进行处理，保证通信保密性。

3）密钥管理：实现异构设备通信模块和接入物联网系统的密钥协商功能，针对每种通信协议设计不同的密钥及管理方法。

4）日志：良好的日志管理是实现异构设备安全连接的有力保障。日志管理器处理安全体系中的重要安全功能组件的行为记录，为后续分析问题和决策、进行异常情况恢复提供重要依据。

5）策略：策略管理依据安全管理模块的用户安全指令，设置安全接入模块网络认证策略，如开放式链路认证、共享密钥认证，同时策略可以被用户看到并选择。

（2）管理模块

管理模块主要由安全管理、配置管理和异常管理子模块构成，可实现参数配置、异常监测等功能。其中，安全管理模块对相关配置指令进行解析，配置安全控制引擎，实现对系统安全策略的设置；配置管理模块实现系统文件的配置和修改功能；异常管理模块监测和响应系统非常规工作状态。

（3）外部安全支撑模块

外部安全支撑模块主要包括证书机构（Certification Authority，CA）、授权机构

（Authorization Authority，AA）和信用数据库（Credit Database，CD），分别实现确认异构设备身份、赋予异构设备接入权限和存储异构设备身份证明的功能。

（4）执行模块

执行模块位于异构设备安全连接体系中的最底层，直接和异构设备硬件进行数据交互，由接口控制引擎和驱动适配器组成。该模块包含所有支持的底层通信程序，通过上层命令选择相应的异构设备通信驱动文件，配置信息交互网络环境，提供统一的信息交互程序接口。

5.3.4 数据安全机制

物联网系统的应用可以实现高层次的数据共享，但需要通过物联网中间件在不同的子系统之间实现通信和数据交互。因此，为了实现上述功能，物联网中间件应该考虑相应的安全风险，并提供基于中间件的安全防护机制。这样的数据共享是通过一套完整的物联网架构实现的，在感知层中通过一系列传感器来采集实际环境中的各类参数和数据，这些数据成为整个系统的数据来源。采集到的这些数据会经过不同的传输媒介被传送到上层节点做进一步处理。上述任何一个环节被攻击，都会造成整个系统面临严重的安全威胁，尤其是在数据传输和实际的应用处理过程中，更容易受到来自不同方面的各种攻击。

数据造成的安全风险可以从感知层、网络层、应用层来分析。在数据感知层，采用了大量的传感器、终端采集设备和识别设备，而且感知层中使用的设备数量非常多，这给用户带来很高的应用成本和维护成本。除此之外，感知层的设备功能较为单一，通常计算资源是受限的，这也使得攻击者更容易进行攻击。攻击成功后，可以对设备的参数、数据进行恶意的篡改和截取。常见的攻击包括对设备进行监听、拒绝服务攻击和注入恶意数据攻击。更糟糕的是，只要有一个节点受到攻击，整个网络中的节点都可能被感染，进而导致整个物联网系统被攻陷。

网络层包含多种不同的通信协议，但是数据协议本身是可以被破解的，因此攻击者一旦破解了对应的通信协议，对数据的篡改、注入将变得得心应手。正是因为物联网的通信协议没有形成统一的规范，不同的设备会使用不同的数据格式，因此在部署安全机制时将变得异常困难，而这些协议的安全性也难以得到保证。在最糟糕的情况下，一些数据将完全暴露在网络中，一旦被截取就可以轻松地被识别出来。网络层最容易出现的是拒绝服务攻击、嗅探攻击、中间人攻击和重放攻击。这些攻击都会对数据安全产生极大的影响，进而影响整个物联网系统的安全。

应用层为物联网系统提供了一个包含计算和存储的平台，可以对收集的数据进行相应的分析和处理。该层的安全威胁主要来自软件和固件中的漏洞，攻击者可以远程利用这些漏洞进行代码注入攻击、缓冲溢出、钓鱼攻击和基于控制访问的攻击等，从而轻易获取从底层收集到的敏感数据。除此之外，这些攻击还会影响正常的系统行为。

围绕物联网数据在各个层次所面临的安全问题，从采集、传输、存储、处理和销毁等层面对数据防护技术进行介绍。

（1）数据采集安全

数据采集属于物联网系统感知层的工作，传感器通过感应、扫描和扫码等方式获取数据信息。为确保数据采集的安全，可以提供冗余的传感器节点，并在网络关键位置替换损坏或被盗的传感器节点，使网络可以自我修复以保护物联网的物理安全。另外，在非技术层面，可以制定设备使用及维护规范，定义设备的生命周期控制，定期审查、升级及维护设备。对于数据认证访问，可根据数据收集系统的不同，采取不同的安全措施，如安全认证机制、密码学技术、入侵防护系统和双因子认证等方案，从而增强安全性。

（2）数据传输安全

数据传输属于网络层，通常采用加密和认证技术来解决传输安全问题。加密方法主要有对称加密和非对称加密。对称加密具有加密/解密效率高的优势，而非对称加密可消除对称加密方法存在的安全隐患，但需要进行大量复杂度较高的计算操作，对比解密后的明文摘要和发送的摘要是否一致来证明数据是没有遭到篡改的原始数据。

（3）数据存储安全

为了更好地保障存储环境下的数据安全，通常应用数据加密、访问控制和备份恢复策略。

1）数据加密安全策略：使用加密技术以安全模式存储数据，使用指定算法生成密钥并提供可靠的密钥管理方案，既可以保证解密后的数据存储在指定位置，又能保证计算数据的安全性。此外，还可直接存储加密后的数据。

2）访问控制策略：数据和服务的完整性和机密性与访问控制和身份管理有关。在重启服务或按需付费的云模式中，云资源是动态的，对云用户具有弹性并且 IP 地址不断更改，这允许云用户在云资源中按需加入或删除功能，这些功能都需要有效的访问控制和身份管理。

3）灾难备份与恢复安全策略：当发生意外或灾难时，数据备份非常重要。数据备份简单来讲就是创建相关数据的副本，在原数据被删除或由于故障而无法访问时，可以根据副本恢复丢失或者损坏的数据。灾难备份的作用是使本地和远程两个主机之间的文件达到同步。为保证备份的高效性，每次仅传送两个文件的不同部分而不是整个文件。在进行数据恢复操作时，将对应的不同主机存储的文件进行比对，通过复制、覆盖等手段完成对应的数据恢复操作。数据备份降低了数据丢失的可能性，进一步保障了数据存储安全。

（4）数据处理安全

常见的数据处理安全技术有以下几种：

1）保护分布式框架内的数字资产，目前主流的预防措施是确保映射器安全，尤其是保护那些未经授权的映射器数据。

2）对于 NoSQL 数据库或 Hadoop 分布式文件系统，在对存储数据进行精细访问控制时，使用强大的身份认证过程和强制访问控制手段。

3）异常行为检测系统能自动对客户的网络进行分析，确定正常的行为，并建立一个基线，如果发现不正常的或者可疑的行为就会报警。除监视应用程序的行为外，还可监视文件、设置、事件和日志，并报告异常行为。

4）使用同态加密技术可以将数据加密后送往云端，云端无须解密即可直接对密文数据进行计算，数据内容仅数据终端知道，从而保证了数据隐私的安全。

（5）数据销毁

出于某种原因，比如可能需要用其他磁盘替换或不再维护磁盘上的数据，就需要销毁磁盘及数据，或仅销毁数据。除磁盘外，还有其他存储介质，因此需结合具体场景保障销毁的彻底性。针对不同的存储介质或设备，使用不同的不可逆销毁技术，实现针对磁盘、光盘等不同数据存储介质的销毁。还应建立销毁监察机制，严防数据销毁阶段可能出现的数据泄露问题。

5.3.5　隐私安全机制

隐私安全是物联网安全中的一个重要属性。例如，对于可穿戴设备和一些随身的医疗设备，这些设备上的程序依赖于从人身上采集的数据，人体也成为数据源。这些设备收集的数据通常会被上传到云端或传递给其他设备，如手机。收集到的数据类型是非常丰富的，而且数据中包含了位置、时间和上下文等信息，可以用来推断用户的生活习惯、行为方式和个人爱好。另外，带有定位功能的地图软件可以记录使用者的行踪。同时，物联网设备很可能在未经使用者同意的情况下收集大量个人资料。这些因素会带来隐私安全方面的极大风险。

物联网设备生产商和远程入侵者能够窃取用户的隐私信息，如智能家庭中的物联网设备可以全天候采集用户的信息，用户却难以发现自己的个人信息已经泄露。而且，物联网是互联的，因此用户资料可能被全球共享，在这种情况下，用户根本无能为力。物联网系统中联网的设备数量越来越多，基于物物互联的特性，一旦一个设备受到攻击会导致互联的其他设备也受到攻击。如果物联网设备中存在漏洞，攻击者便可以运用这些漏洞发动阻断服务攻击，通过这些物联网设备直接汇集个人资料，不仅导致物联网设备的安全性降低，个人隐私受到攻击的可能性也会增加。

隐私保护不同于数据保护，隐私保护认为数据访问是公开的，其核心是保护隐私数据与个人之间的对应关系，使得数据不能被对应到特定的人身上。目前，隐私保护的主要安全机制有发布匿名保护技术和数字水印技术。

（1）发布匿名保护技术

数据表中的属性通常分为标识符、准码和隐私属性三类。标识符表示个人身份，如身份证号、社会保险号等；准码是可以与其他表进行连接的属性。在发布数据时，通常会删除标识符以避免数据对应到特定的人，即便如此，攻击者还可以通过准码与其拥有的其他数据资源进行连接，从而标识出个人。抽象和压缩是最早也是使用最广泛的匿名化技术，其原理是将数据表中可能会被用作准码的属性用概括值来代替，如年龄值 23、26 可以抽象成区间 [20, 29]，生日的日期"年 / 月 / 日"可以压缩成"年 / 月"。通过使用泛化值来代替具体值，可以减少信息的可用性以保证隐私安全。对于一些非数值型数据，可以使用聚类和划分、扰乱和添加噪声等技术来实现匿名化。

（2）数字水印技术

在一些场景中，信息所有者需要看到其隐私数据，并且保证其他人不能获取隐私内容，这就需要数字水印技术。数字水印技术不同于加密技术和访问控制，可以保证只有信息的拥有者才能获取数据内容。

数字水印技术通常是把数据中所包含的标识信息以某种方式嵌入水印中，有效规避数据攻击者对水印所产生的影响，同时可以将数据库指纹信息按照一定的格式录入到水印当中，从而准确地判断出是信息的所有者还是被分发的对象，最终实现对用户信息的有效保护。

5.3.6　访问控制技术

1. 访问控制的概念

随着各种信息系统的数量及规模不断扩大，存储在系统中的敏感数据和关键数据越来越多，这些数据都依赖于系统进行处理、交换和传递。信息安全是企业信息系统持续、稳定运行的基础，发挥着越来越重要的作用。

作为信息安全技术的重要组成部分，访问控制（Access Control）负责根据预先设定的访问控制策略授予主体访问客体的权限，并对主体使用权限的过程进行有效的控制，从而确保企业的信息资源不会被非法访问。

访问控制是指系统根据用户身份及其所属的预先定义的策略组限制其对数据资源使用权限的手段，通常由系统管理员用于控制用户对服务器、目录和文件等网络资源的访问。访问控制是确保系统机密性、完整性、可用性和合法使用性的重要基础，是网络安全防范和资源保护的关键策略之一。其本质是校验对信息资源访问的合法性，目标是保证主体在授权的条件下访问信息。

访问控制的主要目的是限制主体对客体的访问，从而保障数据资源在合法范围内得以有效使用和管理。为了达到上述目的，访问控制需要完成两个任务：识别和确认访问系统的用户、决定该用户可以对某一系统资源进行何种类型的访问。

访问控制包括三个要素：用户、资源和访问策略。三者之间的关系如图 5-21 所示。

1）主体（用户）：主体负责提出访问资源的请求，是某一操作小动作的发起者，不一定是动作的执行者。主体通常是某一用户（可以是人，也可以是由人启动的进程、服务和设备等）。

2）资源：资源是指被访问的实体，又称为客体。所有可以被操作的信息、资源和对象都属于

图 5-21　访问控制三要素

客体。客体可以是信息、文件和记录等集合体，也可以是网络上的硬件设施、无线通信中的终端，甚至可以包含另外一个客体。

3）访问策略：控制策略是指主体对客体的相关访问规则集合，即属性集合。访问策略体现了一种授权行为，也是客体对主体某些操作行为的默认。

访问控制的主要功能包括：保证合法用户访问受保护的网络资源，防止非法的主体进入受保护的网络资源，或防止合法用户对受保护的网络资源进行非授权的访问。访问控制首先需要对用户身份的合法性进行验证，同时利用控制策略进行选择和管理工作，当完成用户身份和访问权限验证之后，还要对越权操作进行监控。因此，访问控制的内容包括认证、控制策略实现和安全审计。

1）认证：包括主体对客体的识别及客体对主体的检验和确认。

2）控制策略实现：通过合理地设定控制规则集合，确保用户对信息资源在授权范围内合法使用。既要确保授权用户的合理使用，又要防止非法用户侵权进入系统，泄露重要信息资源。同时，对合法用户也不能越权使用权限以外的功能及访问范围。

3）安全审计：系统可以自动根据用户的访问权限，对计算机网络环境下的有关活动

或行为进行系统、独立的检查和验证，并做出相应的评价与审计。

2. 访问控制常用的模型

传统的访问控制技术主要有三种：自主访问控制、强制访问控制和基于角色的访问控制。随着互联网技术的快速发展，云计算、移动计算等新的应用场景对于访问控制提出了新的挑战。

（1）自主访问控制和强制访问控制

1）自主访问控制。在计算机安全中，自主访问控制模型（Discretionary Access Control，DAC）是根据自主访问控制策略建立的一种模型，是由《可信计算机系统评估准则》所定义的。它是根据主体（如用户、进程或 I/O 设备等）的身份和所属的组限制对客体的访问。所谓的自主，是因为拥有访问权限的主体可以直接（或间接）地将访问权限赋予其他主体（非受到强制访问控制的限制）。

这种控制方式是自主的，也是一种比较宽松的访问控制，即它是以保护用户的个人资源的安全为目标并以个人意志为转移的。它强调的是自主，由主体决定访问策略，但其安全风险也来自自主。例如，自主访问控制机制中数据的拥有者可以任意修改或授予此数据相应的权限。传统的 Linux、Windows 都采用这种机制，比如某用户对于其所有的文件或目录可以随意设定其他用户 / 组 / 其他所有者的读 / 写 / 执行权限。

2）强制访问控制。强制访问控制模型（Mandatory Access Control，MAC）是一种多级访问控制策略，用户的权限和客体的安全属性都由系统管理员设置，或由操作系统自动地按照严格的安全策略与规则进行设置，用户和他们的进程不能修改这些属性。它的主要特点是系统对访问主体和受控对象实行强制访问控制，系统事先给访问主体和受控对象分配不同的安全级别属性，在实施访问控制时，系统先对访问主体和受控对象的安全级别属性进行比较，再决定访问主体能否访问该受控对象。

通过强制访问控制，安全策略由安全策略管理员集中控制，用户无权覆盖策略，例如不能给被否决而受到限制的文件授予访问权限。相比而言，自主访问控制也有控制主体访问对象的能力，但允许用户进行策略决策和 / 或分配安全属性，传统 UNIX 系统的用户、组和读 - 写 - 执行就是一种 DAC。启用 MAC 的系统允许策略管理员实现组织范围的安全策略。在 MAC（不同于 DAC）下，无论是意外还是故意为之，用户都不能覆盖或修改策略，这使安全管理员定义的策略能够向所有用户强制实施。

3）自主访问控制与强制访问控制的区别。在自主访问控制模型中，用户和资源都被赋予一定的安全级别，用户不能改变自身和客体的安全级别，只有管理员才能确定用户和组的访问权限。在强制访问控制模型中，系统事先给访问主体和受控对象分配不同的安全级别属性，通过分级的安全标签实现信息的单向流通。强制访问控制一般在访问主体和受控客体有明显的等级划分时采用。

但是，不能认为强制访问控制的漏洞相对较少，就使用强制访问控制代替自主访问控制。其原因在于，这两种安全策略适用于不同的场合。有些安全策略只有用户知道，系统是无法知道的，那么适合自主访问控制；有些安全策略是系统已知的、固定的且不受用户影响，那么适合强制访问控制。因此，自主访问控制和强制访问控制的差别不在于安全强度，而在于适用的场合不同。

（2）基于角色的访问控制

基于角色的访问控制（Role-Based Access Control，RBAC）是实施面向企业安全策略的一种有效的访问控制方式。

这种访问控制模型的主要思想是对系统操作的各种权限不是直接授予具体的用户，而是在用户集合与权限集合之间建立一个角色集合。每一种角色对应一组权限。用户被分配了适当的角色后，就拥有此角色的所有操作权限。这样做的好处是，不必在每次创建用户时都进行分配权限的操作，只要给用户分配相应的角色即可，而且角色的权限变更比用户的权限变更要少得多，这样将简化用户的权限管理，减少系统的开销，其结构图如图 5-22 所示。

（3）基于属性的访问控制

基于属性的访问控制（Attribute Based Access Control，ABAC）能解决复杂信息系统中的细粒度控制和大规模用户动态拓展问题，为云计算系统架构、开放网络环境等应用场景提供较为理想的访问控制技术方案。

ABAC 充分考虑主体、客体和访问所处的环境的属性信息来描述策略，策略的表达能力更强、灵活性更大。当判断主体对资源的访问是否被允许时，决策要收集实体和环境的属性作为策略匹配的依据，进而做出授权决策。基于属性的访问控制如图 5-23 所示。

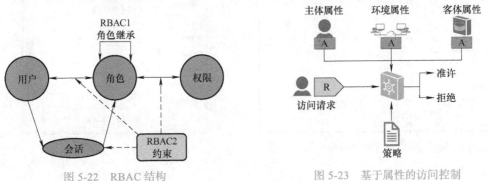

图 5-22　RBAC 结构　　　　　　　图 5-23　基于属性的访问控制

1）属性的定义。

主体属性：主体是对资源执行操作的实体（如用户、应用程序或进程）。每个主体拥有定义其身份和特征等的属性。

客体属性：客体是被主体执行操作的实体（如物理服务器、数据库）。与主体一样，客体也拥有自己的属性，例如物理服务器有名称、所有者、IP 地址和地域等。

环境属性：在大多访问控制模型中，环境属性往往被忽略。环境属性描述了访问发生时的环境和上下文信息，比如当前日期和时间、当前网络安全等级等。它不同于主体或客体属性，但可用于指定访问控制策略和进行策略决策。

2）主要控制架构。

属性权威（Attribute Authority，AA）负责创建和管理主体、客体或环境的属性。AA是一个逻辑主体，本身可以存储属性的信息（也可以不存储）。它的主要功能是把属性绑定到相应的实体，在提供和发现属性方面扮演着重要的角色。数据中心通常维护有配置库和参数中心等可以提供客体、环境等方面不同属性权威的属性信息库。

策略实施点（Policy Enforcement Point，PEP）负责请求授权决策并实施决策。它截取主体对资源的请求，实施访问控制。PEP 可表示单一的实施点，也可以表示网络中物理分布的多个点。主体访问客体时，PEP 不能被旁路。

策略决策点（Policy Decision Point，PDP）负责评估使用的策略，做出授权决策（允许 / 拒绝）。PDP 本质上是一个策略评估引擎。当请求中没有给出策略需求的主体资源或环境属性时，它从相应的 AA 中获取属性值。

策略管理点（Policy Administration Point，PAP）负责创建和管理访问控制策略，为 PDP 提供策略查询服务。策略由策略规则、条件和其他访问限制组成。

Niagara 通过配置分类（Category）、角色（Role）和用户（User）实现用户管理和权限控制。其中，分类服务（Category Service）可对站点组件进行配置分组，从而可以分类控制站点组件的访问，如图 5-24 所示；角色服务（Role Service）可配置角色所具有的访问站点分类组件的读写权限，如图 5-25 所示；用户服务（User Service）可新建、修改和删除用户，通过给用户分配角色，使得用户具有该角色的访问权限。

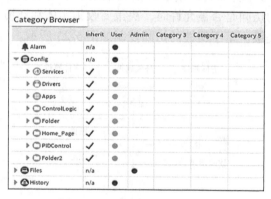

图 5-24　Niagara 访问控制分类

图 5-25　角色分类的读写控制

5.3.7　安全连接协议

安全套接字层（Secure Sockets Layer，SSL）是网络安全通信中的重要一环，它可以为通过 Internet 或者局域网通信的两台机器建立安全通信通道。1999 年，传输安全层（Transport Layer Security，TLS）取代了 SSL，尽管如此，人们仍将这一类技术称为 SSL。SSL 建立在 TCP/IP 通信基础之上，通过一系列的密钥交换和密钥生成，最终确定加密的整个流程。它可以保障终端设备与物联网中间件之间的通信，以及物联网中间件与上层应用之间的通信是安全的，同时保证数据不被劫持。

SSL 协议是运行在应用层和 TCP 层之间的安全机制，用于保证上层应用数据传输的机密性、完整性以及传输双方身份的合法性。

- 传输机密性：握手协议定义会话密钥后，所有传输的报文被会话密钥加密。
- 消息完整性：在传输的报文中增加 MAC（消息认证码），用于检测完整性。
- 身份验证：进行客户端认证（可选）和服务端认证（强制）。

如图 5-26 所示，SSL 握手协议层包括 SSL 握手协议（SSL Handshake Protocol）、

SSL 密码变化协议（SSL Change Cipher Spec Protocol）和 SSL 告警协议（SSL Alert Protocol）。这些协议用于 SSL 管理信息的交换，允许应用协议传送数据时相互验证，协商加密算法和生成密钥等。

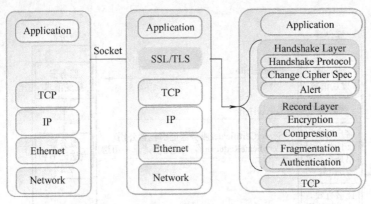

图 5-26 SSL 体系架构

SSL 记录协议层主要包括 SSL 记录协议，其作用是为高层协议提供基本的安全服务。SSL 记录协议针对 HTTP 协议进行了特别的设计，使得 HTTP 能够在 SSL 中运行。记录封装了各种高层协议，具体实施压缩 / 解压缩、加密 / 解密、计算和校验 MAC 等与安全有关的操作。

1. SSL 握手协议

握手协议是 SSL 连接通信的第一个子协议，也是最复杂的协议。通过握手过程，客户端与服务端之间协商会话参数（包括相互验证、协商加密和 MAC 算法、生成会话密钥等）。

握手协议的完整流程如图 5-27 所示，包括建立安全能力、服务器验证与密钥交换、客户机验证与密钥交换、完成连接四个阶段。

（1）建立安全能力

建立安全能力是 SSL 握手协议的第一个阶段。在这个阶段，客户端和服务器分别给对方发送一个报文，双方会知道 SSL 版本、交换密钥、协商加密算法和压缩算法等信息。客户端首先发送 ClientHello 报文给服务器，其中包括以下内容：

1）客户端支持的 SSL 最新版本号。

2）客户端随机数，用于生成主密钥。

3）会话 ID，即本次会话中希望使用的 ID 号。

4）客户端支持的密码套件列表，供服务器选择。

5）客户端支持的压缩算法列表，供服务器选择。

服务器收到报文后，会检查 ClientHello 中指定的版本、算法等条件，如果服务器接受并支持所有条件，它将回复 ServerHello 报文给客户端，否则发送失败消息。ServerHello 包括下列内容：

1）传输中使用的 SSL 版本号，使用双方支持的最高版本中的较低者。

2）服务器随机数，用于生成主密钥。

3）会话 ID。

4）从客户端的密码套件列表中选择一个密码套件。

5）从客户端的压缩方法列表中选择一个压缩方法。

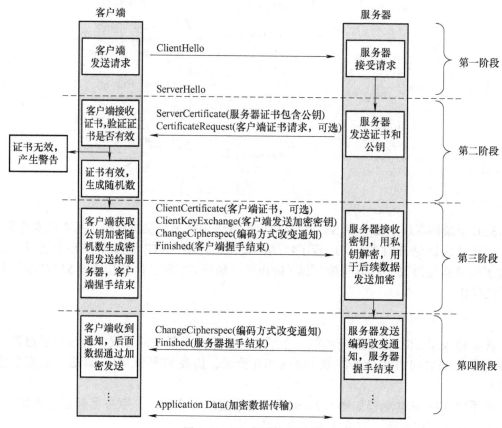

图 5-27 SSL 握手协议流程

（2）服务器验证与密钥交换

服务器验证与密钥交换是 SSL 握手协议的第二个阶段。在该阶段，服务器会给客户端发送 1～4 个报文，用于客户端对服务器的身份验证等工作。

1）服务器证书（可选）：一般情况下必须包含本报文，其中包括服务器的数字证书，证书中含有服务器公钥，使客户端能够验证服务器或在密钥交换时给报文加密。

2）服务器密钥（可选）：根据第一阶段选择的密钥交换算法而定，SSL 中有六种选项：无效（没有密钥交换）、RSA、匿名 Diffie-Hellman、暂时 Diffie-Hellman、固定 Diffie-Hellman 和 Fortezza。

3）证书请求（可选）：若服务器要求客户端进行身份验证，则会发送本报文，其中包括服务器支持的证书类型和信任的证书发行机构的 CA 列表。

4）ServerHelloDone：表示第二阶段已结束，是第三阶段开始的信号。

（3）客户端验证与密钥交换

客户端验证与密钥交换是 SSL 握手协议的第三个阶段。在该阶段，客户端给服务器发送 1～3 个报文，完成服务器对客户端的身份验证和密钥交换等工作。

1）客户端证书（可选）：若客户端收到了服务器在第二阶段发送来的证书请求，则此时客户端会根据请求中的证书类型和 CA 列表，筛选满足条件的证书信息并发送回去，以供服务器进行验证；若没有合格证书，则发送 no_certificate 警告。

2）客户端密钥：客户端根据第一阶段收到的服务器随机数和协商的密钥交换算法算出预备主密钥（Pre Master）发送给服务器，同时根据客户端随机数算出主密钥（Main Master），之后服务器也会据此算出主密钥，此时通信双方得到对称密钥。接着会使用第二阶段得到的服务器公钥对报文进行加密。

3）整数验证（可选）：当发送客户端证书时需要发送本报文，包括一个用公钥进行的签名，用于身份验证。

（4）完成连接

完成连接是 SSL 握手协议的最后一个阶段。在该阶段，客户端和服务器分别发送 2 个报文，完成密码修改和连接确认的工作。

1）改变密码规格：客户端发送改变密码规格的报文，通知服务器之后，发送的报文将使用得到的对称密钥进行加密。

2）完成：客户端用新的算法和密钥发送一个"完成"的报文，表示客户端部分握手过程已结束。

3）改变密码规格：服务器向客户端发送改变密码规格的报文，通知客户端之后发送的报文将使用得到的对称密钥进行加密。

4）完成：服务器用新的算法和密钥发送一个"完成"的报文，表示服务器的握手过程已结束。至此，SSL 握手协议完成，可以开始通过记录协议发送应用数据。

2. SSL 记录协议

SSL 从应用层获取的数据需要重定格式（分片、可选的压缩、应用 MAC、加密等）后才能传送到传输层进行发送。同样，当 SSL 协议从传输层接收到数据后，需要对其进行解密等操作后才能交给上层的应用层。这个工作是由 SSL 记录协议完成的。记录协议向 SSL 连接提供两个服务：①保密性，使用握手协议定义的秘密密钥实现；②完整性，握手协议定义了 MAC，用于保证在 SSL 记录协议中消息的完整性。按照图 5-28 的格式，发送方执行的操作步骤如下：

1）从上层接收传输的应用报文。

2）将数据分片成可管理的块，每个上层报文被分成 16KB 或更小的数据块。

3）进行数据压缩。压缩这个步骤是可选的，压缩的前提是不能丢失信息，并且增加的内容长度不能超过 1024B，缺省的压缩算法为空。

4）加入信息认证码（MAC），这一步需要用到共享的密钥。

5）利用 IDEA、DES、3DES 或其他加密算法对压缩报文和 MAC 码进行数据加密。

6）增加 SSL 首部，即增加由内容类型、主要版本、次要版本和压缩长度组成的首部。

7）将结果传输到下层。

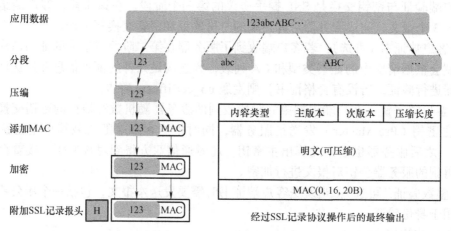

图 5-28　SSL 记录协议数据格式

在 SSL 记录协议中，接收方接收数据的工作过程如下：

1）从低层接收报文。

2）解密。

3）用事先商定的 MAC 码校验数据。

4）如果是压缩的数据，则解压缩。

5）重新装配数据。

6）将信息传输到上层。

3. SSL 加密过程

对于 SSL 加密，首先，服务端的用户需要向 CA 机构购买数字证书，然后客户端和服务端进行 SSL 握手，客户端通过数字证书确定服务端的身份。之后，客户端和服务端会生成并相互传递三个随机数，其中第三个随机数通过非对称加密算法进行传递。最后，双方通过一个对称加密算法（一般是 AES 算法）生成一个对话密钥，用于加密之后的通信内容。这一过程可以使用图 5-29 描述。

第一步：客户端向服务端发送一个数据头，这个数据头包含的内容有：支持 SSL 协议版本号、一个客户端随机数（Client Random，这是第一个随机数）和客户端支持的加密方法等信息。

第二步：服务端接收到数据包之后，确认双方使用的加密方法，并返回数字证书（这个需要购买），然后生成随机数（Server Random，这是第二个随机数）等信息，并将其返回给客户端。

第三步：客户端确认数字证书的有效性，生成一个新的随机数（Premaster Secret），然后使用数字证书中的公钥加密刚生成的随机数，发送给客户端。

第四步：服务端使用自己的私钥，获取客户端发来的随机数（即 Premaster Secret）。

第五步：客户端和服务端通过约定的加密方法（通常是 AES 算法），使用前面三个随机数生成对话密钥（Session Key），用来加密之后的通信内容。

Niagara 中 SSL 是系统的标配，支持 TLS1.0 ～ 1.3 版本。Niagara 内部之间的 Fox 通

信和 HTTP Web 服务都默认采用 TLS 安全连接。

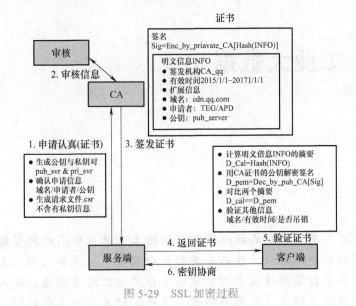

图 5-29　SSL 加密过程

思考题与习题

5-1　为什么会出现工业异构网络，其有什么特点？

5-2　工业互联网中间件主要起到哪些作用？

5-3　异构设备的数据采集包括哪些主要手段和技术？

5-4　异构网络采集到的数据为什么要进行信号转换？

5-5　物联网中的数据分级处理、数据降维处理和数据存储优化的目标分别是什么？

5-6　异构数据传输方式包括哪些？

5-7　边缘计算的要素有哪些？

5-8　说明物联网各个层次在数据安全方面采用的主要机制。

5-9　列举物联网访问控制的几种常用模型，以及各个模型的特点。

5-10　简述 SSL 握手协议的主要过程。

5-11　列举几种物联网系统常用的数据安全技术，并加以说明。

5-12　密钥管理子模块在异构设备通信模块和接入物联网系统中扮演什么角色？请解释其重要性。

第6章 工业大数据

184

    工业大数据是工业互联网的核心内容，包括工业产业中围绕典型智能制造模式的整个产品生命周期各个环节所产生的各类数据以及相关技术和应用。工业大数据主要来自于工业生产和监控管理过程中无时无刻不在产生的海量数据。从人的行动、交往到产品的设计、制造、销售、使用与回收，这些活动其实一直在进行，只是以前缺乏感知技术去记录，缺乏存储手段去保存。当然，更主要的原因是以前缺乏计算能力和计算方法去分析这些数据，从中获取有用的价值。随着人类在感知技术、传输技术、平台技术和数据分析技术上的突破，数据的价值越来越大，人们开始有意识地收集各类工业数据。

    本章首先介绍工业数据的特征、分级处理和存储优化。其次，深入讨论工业数据的清洗、特征提取、聚类和异常值识别等处理技术，以确保数据的准确性和可靠性。接下来，探讨数据模型与呈现方式，以便更好地理解和分析工业数据。最后，讲解海量数据存储、并行处理与管理技术，以满足工业领域对大数据处理的需求。

本章知识点

- 工业数据的特征
- 工业数据的整理
- 工业数据的清洗、特征提取、聚类和异常值识别等处理技术
- 数据模型与呈现方式
- 海量数据存储、并行处理与管理技术

6.1 工业数据的特征

6.1.1 工业数据的类型

    工业数据可以分为结构化数据、半结构化数据和非结构化数据三种类型，见表6-1。这三种数据类型在工业领域都具有重要的作用，但它们具有不同的特征和处理方式。

（1）结构化数据

结构化数据是最为常见和熟悉的数据形态，是以明确定义的格式存储的数据，具有清晰的组织结构，并以高度组织化的表格或数据库进行存储和管理。

结构化数据具备可搜索、可维护和可跟踪的特点，常见的例子有关系型数据库中的客户数据、订单数据和产品数据等。每个数据元素都有固定的字段，并且数据之间存在明确的关系，通常是数字、日期、文本或其他简单的格式。结构化数据的处理相对容易，可以使用 SQL 等工具进行查询和分析，因此在商业智能和数据分析等领域得到广泛应用。这种数据形态对于企业和组织来说至关重要，能够通过预定义的数据模型进行分析和挖掘，为决策提供有力支持。

（2）半结构化数据

半结构化数据也是大数据中常见的一种数据类型。半结构化数据是指具有一定结构但不符合传统关系型数据库模型的数据，例如 XML、JSON 等格式的数据。半结构化数据具有较好的可扩展性和灵活性，适用于存储和处理具有变化结构的数据。半结构化数据的处理需要使用特定的技术和工具，例如 XPath 和 XQuery 等查询语言，以及 NoSQL 数据库等。

（3）非结构化数据

非结构化数据是大数据中最具挑战性的一种数据类型，非结构化数据是没有明确组织形式的数据，缺乏固定的字段和关系，通常以自由形式存在。非结构化数据形式多样，包括图像、视频、音频文件和文本信息等。这类数据无法用传统的关系型数据库进行存储，且数据量通常较大。非结构化数据的处理相对复杂，需要使用自然语言处理、图像识别和音频处理等技术进行分析和挖掘。非结构化数据的应用非常广泛，例如舆情分析、图像识别和语音识别等领域。

表 6-1 工业大数据的类型

数据类型	概念	表现形式	典型场景
结构化数据	也称行数据，是具备统一的结构、能够用行列二维形式表达和管理的数据，如关系型数据库数据	数据库表等	企业 ERP、财务、HR 数据库等
半结构化数据	是一种适合于数据库集成的数据模型，也可以是一种标记服务的基础模型，用于 Web 上共享信息	邮件、HTML、报表等	邮件系统、网页信息、报表系统等
非结构化数据	数据结构不规则，不方便用行列二维形式表达的数据，如图片、文本、音视频等	视频、音频等	在线视频内容、音频内容、图形图像等

6.1.2 工业大数据的特征

工业大数据通常可以用 5V（Volume、Velocity、Variety、Value、Veracity）特征来描述，如图 6-1 所示。

（1）容量（Volume）

工业大数据具有大规模的容量，涵盖了大量的数据源和数据量。这些数据可能是实时产生的，也可能是历史积累的，需要大规模的存储和处理能力。根据著名咨询机构 IDC（International Data Corporation）提出的"大数据摩尔定律"，人类社会产生的数据一直都在以每年 50% 的速度增长，也就是说，每两年数据量将增加一倍多，这意味着人类在最近两年产生的数据量相当于之前产生的全部数据量之和。

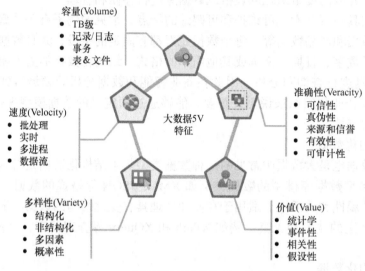

图 6-1　大数据体系架构的"5V"特征

（2）速度（Velocity）

工业大数据通常是实时产生的，具有高速的生成和更新速度。这要求系统能够快速地收集、处理和分析数据，以及实时地做出响应和决策。

例如工业互联网设备传感器数据，需要实时获取和处理。随着网络带宽和传输技术的提升，大量数据能够在短时间内快速传输到目标系统，如云端存储和数据处理平台。在存储方面，大数据处理能够快速地将数据写入数据库中，并进行实时处理。采用分布式计算和并行计算技术，大数据处理可以快速处理大量数据，如实时数据挖掘和分析。此外，大数据处理需要高速的数据更新速度，以保证数据的实时性和准确性。

（3）多样性（Variety）

工业大数据涵盖了各种类型和来源的数据，如传感器数据、生产数据和质量数据等。这些数据可能是结构化的、半结构化的或非结构化的，具有多样性和多维度。工业大数据的多样性不仅体现在数据类型上，还体现在数据属性上。数据属性多样性指的是数据所包含的各种特征和属性，这些特征和属性可能是数据的关键信息，也可能对于理解数据具有重要意义。

例如工业大数据中包含了大量的数值属性，如温度、压力、湿度和速度等。这些数值属性反映了工业生产过程中的各种物理量和参数。工业大数据中的分类属性描述了数据所属的类别或类别之间的关系，如设备类型、产品类别和生产线编号等都可以是分类属性。时间属性则描述了数据发生的时间信息，包括时间戳、时间间隔和日期等。时间属性在分析数据的趋势和时序性时非常重要。此外，文本属性为自然语言处理和文本挖掘提供有价值的信息，图像属性描述了图像的特征和内容，如颜色、形状和纹理等，声音属性则可以区分声音数据的频率、振幅和声谱图等特征。

（4）价值（Value）

工业大数据具有"价值密度低，商业价值高"的特点。工业大数据的最终目标是提供价值，并帮助企业做出更好的决策、优化生产过程、提高效率和质量等。工业大数据的价值包括两个方面，首先，工业数据的体量非常庞大，这意味着单个数据点的价值可能远远低于传统关系型数据库中的数据，但是整体来看，这些数据所蕴含的信息和见解可能是巨大的。其次，工业大数据中存在大量的不相关信息，但这些信息可能对于解决特定问题或发现隐藏的趋势和关联至关重要，就像在沙滩上寻找珍珠一样。因此，尽管工业大数据中可能存在大量的噪声和无用信息，但是有效地利用这些数据可以为企业带来巨大的价值。

工业大数据的价值体现在许多方面，通过分析设备传感器数据，可以实现对设备状态的实时监测和预测，从而预测设备可能出现的故障并及时进行维护，避免生产线停机和生产延误，提高设备利用率和生产效率。分析生产数据和质量数据，可以发现生产过程中的潜在问题和瓶颈，并提出改进方案，优化生产过程，提高产品质量和生产效率，降低生产成本。通过分析供应链数据和市场需求数据，可以优化供应链管理，实现准确的需求预测、精准的库存管理和高效的物流配送，降低库存成本和物流成本，提高供应链的灵活性和响应速度。分析市场反馈数据和用户行为数据，可以了解用户需求和偏好，为产品设计和创新提供依据，开发出符合市场需求的新产品和服务，增强市场竞争力。

（5）准确性（Veracity）

大数据的准确性指的是数据的精确度、可信度和准确性程度。尽管大数据通常包含大量的信息，但其中可能存在着不准确、不一致或有误的数据，这可能会影响到数据分析的结果和决策的准确性。因此，确保大数据的准确性至关重要。

例如，当涉及需要替换机器零件时，尽管大数据提供了看起来很理想的解决方案，但这些数据通常来自第三方。因此，确保数据的准确性和可靠性至关重要。当需要更换零件时，系统需要将监控数据与零件供应的可用性数据集成在一起。或许已经有了新的零件供应商，或者新的技术使零件的功能更加多样化，但为了确保准确性，必须与各种零件供应商建立关系，以便在做出决策和采取行动时不会遇到障碍。

187

6.1.3　数据标签

数据标签是对数据进行描述、分类或注释的标识符或标记，用于帮助理解、组织和管理数据。数据标签通常包括与数据相关的信息，如数据类型、属性、来源和时间戳等，以及可能的关键字、标签和分类，以便于后续的搜索、检索和分析。随着数字营销成为今后所有行业的主要发力方向，大数据标签已经是势在必行的趋势。数据标签体系结构包括以下几个方面：

（1）数据标签类型

数据标签类型是根据数据的属性、特征和业务需求来划分的，不同类型的标签对应不同的数据特征和处理方式。主要包括以下几种类型：

1）基础信息标签：如企业信息、产品信息和人员信息等，用于最基础的数据分类和标识。

2）业务特征标签：涵盖业务处理、流程和状态等特征，用于业务数据的分类和标识。

3）用户行为标签：包括用户浏览、购买和搜索等行为的数据标签，用于分类和标识用户行为数据。

4）数据算法标签：通过算法模型计算得出的数据标签，用于更深层次的数据分类和标识。

（2）数据标签结构

数据标签结构包括标签名称、标签类型、标签定义和标签值等基本信息，对数据标签的组成进行规范描述。各元素的含义如下：

1）标签名称：简洁易懂的中文或英文单词或短语，表示数据标签的名称。

2）标签类型：表示数据标签的类型，通常分为基础信息、业务特征、用户行为和数据算法等类型。

3）标签定义：描述数据标签的定义和含义，包括标签的属性、特征和业务含义等。

4）标签值：以文本或数字形式表示的数据标签的值。

（3）数据标签管理

数据标签管理涵盖标签的创建、修改、删除和审核等操作，明确管理职责、流程和规范可确保标签的质量和安全，避免错误和异常。同时，建立完整的数据标签管理系统可实现对标签的自动化管理和维护。

（4）数据标签应用

数据标签应用是指将标签应用到实际业务场景中，通过查询、筛选、分析和可视化等方式，实现对数据的快速、准确处理和利用。例如，利用用户行为标签进行用户分群，实现精准营销；利用业务特征标签优化业务流程，提高工作效率。

标签数据层（Tag Data Model，TDM）是打造统一数据视图、提升数据价值的关键支撑，是数据治理和数据驱动业务转型的重要基础能力。TDM面向对象建模，对跨业务板块、跨数据域的特定对象数据进行整合，通过ID-Mapping把各个业务板块、各个业务过程中的同一对象的数据打通，形成对象的全域标签体系。这样处理一方面让数据变得可阅读、易理解，方便业务使用；另一方面通过标签类目体系将标签组织排布，以一种适用性更好的组织方式来匹配未来变化的业务场景需求。

6.2　工业数据的整理

6.2.1　数据的分级处理

数据分级处理中间件能够分析和确定数据的重要性，并根据不同的重要程度进行数据的分配和处理，以实现更轻量级的负载平衡，并设定不同的使用率目标，可以广泛应用于数据的感知、传输和应用等过程中。

在局部区域协同感知时，多个同质或异构传感器执行相同的检测任务，以获取丰富的传感数据。通过局部信息处理和融合，可获得高精度可靠的传感信息。例如，在智能园区中的无人车可能使用基于GPS信号、Wi-Fi定位、UWB定位、RFID定位或者基于视觉信号定位的多种位置传感器进行多重定位和相互校验，仅将位置信息上传，而将原始信息保留在本地。

在网络中进行数据分级传输时，根据数据的重要性和敏感度采用不同的传输策略，如可靠传输处理与非可靠传输处理。可靠传输处理适用于工业互联网中一些精度和时效性要求较高的信息，而非可靠传输处理则提供了一种相对可靠且经济的传输手段。在传输过程中，也可以根据不同数据集的重要性对信道带宽进行分配优化，以确保关键信息传输的可靠性，避免在业务量过大时出现重要数据阻塞或丢包现象。

在云边协同的场景下，各种工业互联网数据的收集通过数据支撑服务进行应用支持。在某些应用场景中，仅需获得某个事务的状态，此时事务在工业互联网设备或边缘设备中处理后提交结果即可。例如，应用对于无人车系统下达前往某处的任务，任务完成后，无人车只需给应用返回一个就位信号，而不需要传输所有感知、决策，甚至路径上收集的路况信息。这种分级方式在云边协同的场景下尤为明显，这样不仅提高了数据处理效率和响应速度，还降低了网络带宽和能耗，同时也提高了隐私保护和安全性。在未来，随着工业互联网、人工智能等技术的不断发展，边缘计算的端、边、云三方面也将呈现出更加紧密的融合与协同，推动智能工厂、智慧城市等领域的创新和发展。

6.2.2　数据的存储优化

传感器检测获得的数据必须存储在持久化的存储设备上，以便在需要时能够快速访问和检索。随着数据规模的不断扩大，数据存储的性能优化成了一个至关重要的技术挑战，通常需要考虑以下几个方面：

1）存储容量：存储设备的容量越大，可存储的数据越多。

2）读写速度：读写存储设备的读写速度越快，数据访问时间越短。

3）可靠性：存储设备的故障率越低，数据丢失的风险越小。

4）设备成本：存储设备的价格越低，成本越低。

综上，尽管可以利用强大的云存储服务来存储数据，但综合考虑性能和成本的因素，仍然需要优化策略来对数据存储进行适当优化，最常见的方法包括数据保留策略、缓存策略和数据压缩等。

（1）数据保留策略

数据越多，保存时间越长，存储数据的成本就越高。企业需要权衡存储容量和成本之间的平衡，以确保长期保存数据的可行性。在进行数据归档时，将不再常用但需要长期保存的数据移动到归档存储设备或介质中。这些数据可能是过时的、历史的或与某个特定业务或项目有关的数据。归档可以将存储在数据库中的数据进行分离，从而提高数据库的性能和响应速度。

（2）缓存策略

缓存策略是优化数据存储性能的关键技术之一，旨在将频繁访问的数据存储在高速缓存中，以实现快速访问。常见的缓存策略包括以下几种类型：

最近最少使用（Least Recently Used，LRU）策略：当缓存空间不足时，LRU 策略会淘汰最久未使用的数据，以确保缓存中始终存储着最新最活跃的数据。

最近最不频繁使用（Least Frequently Used，LFU）策略：当缓存空间不足时，LFU 策略会淘汰最近被访问次数最少的数据，优先保留被频繁访问的数据，以提高命中率。

189

LRU 可以看作是频率为 1 的 LFU 策略。

随机替换策略：当缓存空间不足时，随机替换策略会随机选择一个数据进行替换，没有特定的优先级规则，适用于简单场景。

基于时间的替换策略：将缓存中的数据按照访问时间进行分组，当缓存空间不足时，基于时间的替换策略会淘汰最早被访问或存储的数据，以确保缓存中的数据始终保持新鲜有效。选择合适的缓存策略可以有效提高系统的性能和响应速度，从而优化用户体验。

（3）数据压缩

有损压缩的核心思想是通过丢弃一些不重要的信息，将数据进行压缩。对于传感器收集的视频、音频信号，可以使用有损压缩，对数据进行压缩，丢弃不重要的信息，提升存储效率的同时尽可能保留原有图像和音频信息。例如：A 律压缩、μ 律压缩和 Lloyds 最优量化算法是一种常见的语音信号压缩技术，用于在数字通信中对语音信号进行编码。

无损压缩的核心思想是通过对数据进行编码，比如子带编码，差分编码和赫夫曼编码等将数据进行压缩。具体的实现步骤如下：选择一个适合目标数据的压缩算法，如 GZIP 或 ZLIB。对数据进行压缩，将压缩后的数据存储在存储设备上。

6.2.3　工业数据的存储

工业数据的种类繁多，数量巨大，因此需要将其整理并存储到数据库中，以方便组织、管理和存取。数据库技术起源于 20 世纪 60 年代末至 70 年代初，其核心目标是有效地管理、存储和利用大数据。目前常用的数据库有两类：关系数据库（SQL）和 NoSQL 数据库。

（1）SQL 数据库

1970 年，IBM 的埃德加·弗兰克·科德（Edgar Frank Codd），在《ACM 通讯》杂志上发表了题为"大型共享数据库的关系数据模型"的论文，首次提出了数据库关系模型的概念，为该领域的理论奠定了基础。到了 20 世纪 70 年代末，关系方法的理论研究和软件系统的开发取得了巨大进展。IBM 公司在 San Jose 实验室历经 6 年的努力，在 IBM370 系列机上成功开发出了关系数据库实验系统 System R。1981 年，IBM 公司推出了具有 System R 全部特征的新数据库产品 SQL/DS。由于关系模型具有简单明了、扎实的数学理论基础，因此迅速得到学术界和产业界的广泛认可，成为数据库市场的主流。自 20 世纪 80 年代以来，几乎所有计算机厂商推出的数据库管理系统都支持关系模型，数据库领域的研究工作也主要围绕着该模型展开。

关系数据库建立在关系数据库模型的基础上，利用集合代数等概念和方法来处理数据。它是一组被组织成具有正式描述的表格的数据库，这些表格实际上是特殊的数据项集合。每个表格（有时称为关系）包含一个或多个数据类型的列。每行都包含一个唯一的数据实体，这些数据由列定义的类型表示。在创建关系数据库时，可以定义数据列的可能值范围以及可能应用于该数据值的进一步约束。

关系型数据库遵循 ACID 原则，即原子性（Atomicity）、一致性（Consistency）、隔离性（Isolation）和持久性（Durability）。

1）原子性（Atomicity）：原子性的概念十分直观，即事务中的所有操作要么全部执行完毕，要么全部取消，不允许部分执行。事务成功的标志是其中的所有操作都成功完成，如果有任何一个操作失败，整个事务都会被取消并回滚到原始状态。例如，在银行转账中，从 A 账户转 100 元至 B 账户应该作为一个原子操作，如果只成功执行了扣款而未成功存款，那么整个操作应该被取消，以保证数据的一致性。

2）一致性（Consistency）：一致性要求数据库始终保持一致的状态，即事务的执行不会破坏数据库原本的一致性约束。例如，如果数据库中有一个完整性约束规定了 a 账户存款加上 b 账户存款等于 2000，那么在事务中修改 a 账户存款后，必须同时修改 b 账户存款，以保证事务结束后数据库仍然满足约束条件，否则事务将被视为失败。

3）隔离性（Isolation）：隔离性要求并发执行的事务之间相互独立，一个事务的执行不应该受到另一个事务的影响。如果一个事务正在访问某些数据，而另一个事务正在修改这些数据，那么前者在后者提交之前应该看不到后者的修改。隔离性的目标是实现事务的串行化，即每个事务都感觉不到其他事务的并发执行。

4）持久性（Durability）：持久性确保一旦事务提交，其所做的修改将永久保存在数据库中，即使系统发生宕机也不会丢失。持久性保证了数据的可靠性和可恢复性。

SQL（Structured Query Language）结构化查询语言是与关系数据库进行交互的标准接口，1974 年由 Boyce 和 Chamberlin 提出，并首先在 IBM 公司研制的关系数据库系统 SystemR 上实现。美国国家标准局（ANSI）开始着手制定 SQL 标准，并在 1986 年 10 月公布了最早的 SQL 标准，扩展的标准版本是 1989 年发表的 SQL-89，之后还有 1992 年制定的版本 SQL-92 和 1999 年 ISO 发布的版本 SQL-99。SQL 标准几经修改和完善，其功能更加强大，但目前很多数据库系统只支持 SQL-99 的部分特征，而大部分数据库系统都能支持 1992 年制定的 SQL-92。目前主流的关系数据库包括 Oracle、DB2、SQL Server、Sybase 和 MySQL 等。

（2）NoSQL 数据库

NoSQL（Not only SQL）是一个非关系型数据库技术的统称，它具有非关系型、分布式和不提供 ACID 等特点。它与传统的关系型数据库（如 MySQL、Oracle 等）不同，不需要遵循固定的表结构和数据模型，数据以键值对、文档形式或图形结构等形式存储。

Web 2.0 时代的兴起催生了 NoSQL 数据库的发展。随着互联网的普及和移动互联网的迅速发展，数据量和数据种类呈现出更加庞大和多样化的趋势。在这种情况下，传统的关系型数据库显得捉襟见肘。而 NoSQL 数据库以其高可扩展性、高性能和灵活性等优势，在互联网公司和大数据应用场景中得到了广泛应用和推广。目前常见的 NoSQL 数据库包括 MongoDB、Cassandra、Redis 和 HBase 等。

尽管 NoSQL 数据库种类繁多，但总体来说，典型的 NoSQL 数据库通常可归类为键值数据库、列族数据库、文档数据库和图数据库等四种类型。不同类型的 NoSQL 数据库原理对比如图 6-2 所示。

1）键值数据库（Key-Value Database），又称为键值存储，运作机制是通过存储和管理关联数组的方式。这些关联数组，也被称为字典或哈希表，由一组键值对组成，其中键充当唯一标识符，用于检索关联的值。这些值可以是简单的对象，如整数或字符串，也可以是更为复杂的对象，如 JSON 结构。键值数据库具有良好的扩展性和灵活性，在处理大量写操作时性能较高，但无法有效存储结构化信息且条件查询效率较低。使用者如百度云数据库（Redis）、GitHub（Riak）、BestBuy（Riak）、Twitter（Redis 和 Memcached）、StackOverFlow

（Redis）、InstagramRedis）、Youtube（Memcached）和 Wikipedia（Memcached）等。

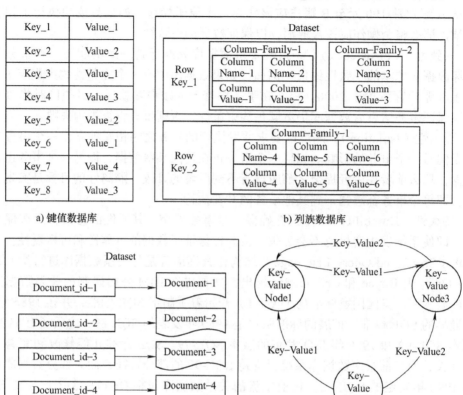

a) 键值数据库　　　　　　　　　　b) 列族数据库

c) 文档数据库　　　　　　　　　　d) 图数据库

图 6-2　不同类型的 NoSQL 数据库原理对比

2）列族数据库，有时也被称为列式数据库，是一种以列存储数据的数据库系统。虽然它看起来与传统的关系型数据库相似，但不同之处在于它不将列分组到表中，而是将每一列存储在系统存储中的单独文件或区域中。具有快速查找、强大的可扩展性和容易进行分布式扩展的特点，但功能较少且大多数不支持强事务一致性。使用者包括 Ebay（Cassandra）、Instagram（Cassandra）、NASA（Cassandra）、Twitter（Cassandra and HBase）、Facebook（HBase）和 Yahoo！（HBase）等。

3）文档数据库，是一种以文档形式存储数据的 NoSQL 数据库。文档存储采用键值存储方式，其中每个文档都有一个唯一的标识符，即其键，文档本身则充当值。具有高性能、高灵活性和低复杂性等优点，其数据结构也灵活，提供嵌入式文档功能，允许将经常查询的数据存储在同一个文档中，从而实现基于键或内容的索引构建。然而，它的缺点是缺乏统一的查询语法。目前的使用者有百度云数据库（MongoDB）、SAP（MongoDB）、Codecademy（MongoDB）、Foursquare（MongoDB）和 NBC News（RavenDB）。

4）图数据库，可以被视为文档存储模型的子类别，因为它们将数据存储在文档中，并且不要求数据遵循预定义的模式。不同之处在于，图数据库通过强调单个文档之间的关系，为文档模型添加了一个额外的层。具有高灵活性，支持复杂的图形算法，可用于构建复杂的关系图谱，但其复杂性较高，且只能支持一定的数据规模。使用者有 Adobe（Neo4J）、Cisco（Neo4J）和 T-Mobile（Neo4J）等。

6.2.4　数据库构建实例

以"某膜材料公司"国内数字化程度最高的滤纸产线为例，这条产线在疫情期间为火神山和雷神山医院提供了所有医用空调滤纸。

该生产线采用涂覆或涂布工艺在纺织品表面涂布一层薄膜材料，以增加其特定的功能或性能，调控参数包括上浆流量、冲浆流量和车速。冲浆流量通常以涂布剂的质量或体积流率表示，可以通过以下公式计算：冲浆流量 = 喷嘴宽度 × 喷嘴间距 × 喷嘴流速，其中，喷嘴流速可以根据喷嘴的设计参数和涂布剂的要求进行估算。浆液流量可以根据涂布剂的涂布密度、涂布速度和覆盖率进行估算，一种常见的计算公式是：浆液流量 = 涂布密度 × 车速 × 覆盖率，其中，涂布密度为涂布剂的质量或体积单位面积的流量，覆盖率为涂布剂在纺织品表面的覆盖比例。车速通常可以根据生产线的设计参数和涂布速度的要求进行设置，一般可通过以下公式进行计算：车速 = 涂布长度 / 涂布时间，其中，涂布长度为纺织品在涂布设备上的运动距离，涂布时间为涂布过程所需的时间。

Niagara 平台可以采用关系型数据库设计建立膜材基础信息表和涂布参数基础信息表，见表 6-2 和表 6-3。Niagara 支持与第三方数据库连接，如 MySQL，Oracle 和 SqlServer 等，可以将站点的历史数据导入不同的数据库中。

193

表 6-2　膜材基础信息表

字段名称	字段类型	是否必填	注释
data_id	varchar（64）	Y	主键
membrane_name	varchar（255）	N	膜材名称
weight_gsm	decimal（20，6）	N	膜材克重
date_added	datetime	N	生产时间
thickness_mm	decimal（20，6）	N	膜材厚度
pore_size_nm	decimal（20，6）	N	膜材孔径

表 6-3　涂布参数基础信息表

字段名称	字段类型	是否必填	注释
data_id	varchar（64）	Y	主键
nozzle_width	int	N	喷嘴宽度
nozzle_spacing	decimal（10，6）	N	喷嘴间距
nozzle_flow_rate	decimal（10，6）	N	喷嘴流速
coating_density_1	decimal（10，6）	N	1# 涂布密度
coating_density_2	decimal（10，6）	N	2# 涂布密度

以 MySQL 数据库为例，历史数据导出过程如下。

1）下载 MySQL_Connector mysql-connector-java-8.0.16.jar 并拷贝至 C：\Niagara\ NiagaraVersionYouUse\jre\lib\ext，重启站点和 Workbench。

2）从 rdbMySQL Palette 拖放 RdbmsNetwork 至站点 Config 下 Drivers 文件夹。

3）从 rdbMySQL Palette 拖放 MySQLDatabase 至 RdbmsNetwork 下。

4）打开 MySQLDatabase 的 AX Property Sheet 并进行如下配置。

a. Host Address：MySQL 数据库对应的 IP address。

b. User Name：数据库用户名。

c. Password：密码。

d. Database Name：数据库名。

e. 单击 Save 后尝试 ping 该数据库。

5）展开 MySQLDatabase 并双击 Histories，单击 Discover 搜索 Niagara 的历史，搜索到站点的历史后，将所有的历史拖入下面的 Database 里，全选这些历史并单击 Archive。

6）在 MySQL 数据库中检查历史数据是否成功导入数据库。

Niagara 生成的 MySQL 数据库可以被其他企业级无代码软件平台调用，例如南京数睿数据科技有限公司 Smardaten 企业级无代码软件平台提供各类 SQL 和 NoSQL 数据库接口。以使用 Smardaten 处理 MySQL 数据源为例。

在连接数据库之前，需知道数据库所在服务器的 IP 地址和端口号、数据库的名称、数据库的用户名和密码。连接步骤如下：

1）以管理员身份登录 Smardaten 系统，单击图标，并选择"数据源"，进入数据源模块。

2）在数据源模块，单击"新增数据"，并选择数据源类型"MySQL"。

3）自定义数据源名称，并配置连接信息，数据源配置参数参见表 6-4。

4）单击"测试连接"，若连接成功则单击"保存"。

5）连接成功后，可以在 Smardaten 上进行数据的处理、分析与展示。

表 6-4　Smardaten 数据源配置参数

参数	说明
基础信息	—
数据源名称	数据源的名称，不支持为空，系统中所有的数据源名称需保持唯一性
连接信息	—
JDBC 连接串	数据库的访问接口，包括数据库的 IP 地址、端口号和数据库名称。格式为：jdbc：mysql：//IP 地址：服务端口 / 数据库名称？ useUnicode=true&character Encoding=utf-8&zeroDateTimeBehavior =convertToNull（可能要根据版本添加 useSSL 参数）
用户名	系统连接数据库的用户名
密码	系统连接数据库的密码
客户端字符集	客户端所使用的字符集，支持 UTF-8 和 GBK 两种
数据库字符集	数据库所使用的字符集，支持 AL32UTF8 和 ZHS16GBK 两种

6.3　工业数据的处理技术

6.1- 工业数据
处理实例

6.3.1　工业数据的清洗

在数据治理的实践中，解决企业长期存在的数据质量问题（如数据不一致、不完整、不规范，以及数据冗余等）是至关重要的。为了彻底解决这些问题，需要对现有数据进行"数据清洗"工作。对于企业存量（历史）数据而言，数据清理是通过一系列步骤"清理"数据，然后以期望的格式输出清理过的数据。数据清理从数据的准确性、完整性、一致性、唯一性、适时性和有效性几个方面来处理数据的丢失值、越界值、不一致代码，以及重复数据等问题。比如年龄、体重和成绩出现了负数，都是超出了正常的范围。SPAA、SAS、Excel 等软件都能根据定义的取值范围进行识别筛选。

数据清洗分为以下六个阶段：

1）预处理阶段：首先是选择适当的数据处理工具。通常情况下，使用关系型数据库是一个不错的选择，而对于单机环境，可以考虑使用 MySQL，或者采用文本文件存储结合 Python 进行操作。其次是查看数据的元数据和数据特征，包括字段解释、数据来源和代码表等，通过对数据的一部分进行人工查看，来获得对数据本身的直观了解，以便后续处理。

2）缺失值清洗：通常按照确定缺失值范围、去除不需要的字段和填充缺失内容三步来处理。首先是确定缺失值的范围，对每个字段计算缺失值比例，然后根据不同字段的缺失比例和重要性制定相应的策略。接着是去除不需要的字段，可以直接删除那些不需要的字段，但要注意备份数据。填充缺失值内容是这个阶段最重要的一步，可以采用多种方式进行填充，如用业务知识或经验填充、用同一字段指标的计算结果填充等。最后是重新获取数据。

3）格式与内容清洗：这个阶段包括解决时间日期、数值和全半角等显示格式不一致的问题，清除内容中不该存在的字符，以及确保内容与字段内容一致。

4）逻辑错误清洗：这个阶段主要涉及数据去重、去掉不合理的数值，以及去掉不可靠的字段等操作。

5）非需求数据清洗：精简要分析的数据，将无关字段删除。

6）关联性验证：如果数据出自多个来源，可以进行关联性验证，以选择准确的特征属性。例如，数据库中包含客户的线下购买信息，也有电话客服问卷信息，两者可以通过姓名和手机号关联。

数据清洗的工具包括 OpenRefine、DataCleaner、Kettle 和 Beeload 等。它们都具有各自的特点和功能，能够帮助用户更有效地进行数据清洗和处理，提高数据的质量和可用性。

Smardaten 平台中数据交换机同样可以方便地实现数据清洗任务。例如"基本转换"组件可进行的基础操作，包括字段选择、增加常量、字段合并、剔重、数据过滤、文本替换、类型转换、充值填充、文本截取和全表清理。

配置空值填充时，需配置填充策略，并根据填充策略配置相应的参数。填充策略即填充的方式，包括常量填充和向前填充两种。

若选择常量填充，需选择填充字段并输入常量值。

1）填充字段：即待进行空值填充的字段，该字段中所有的空值都会被替换成指定常量。

2）输入常量：即替换填充字段中空值的常量，自定义，填充字段中所有的空值都会被替换成所定义的常量。若输入的常量为时间或者日期，如 2021-09-09 15:56:12，需使用工具将日期转换为时间戳 1631174172 后再输入，转换工具可参考 https://tool.lu/timestamp。

若选择向前填充，需选择填充字段、排序字段和排序类型。

1）填充字段：即待进行空值填充的字段，该字段中所有的空值都会被排序后的前一个值进行填充。

2）排序字段：将资产内容根据排序字段进行排序，填充字段中的空值会使用排序后的前一个值进行填充。

3）排序类型：排序字段的排序方式，支持升序和降序两种。将资产内容根据排序字段中的数值进行升序或降序排列。

6.3.2　工业数据的特征提取

特征工程通常包括特征构建、特征提取和特征选择这三个子模块，重要性排序为特征构建 > 特征提取 > 特征选择。特征构建是从原始数据中构建出特征，有时也称作特征预处理，包括缺失值处理、异常值处理、无量纲化（标准化 / 归一化）和哑编码等。特征提取将原特征转换为一组具有明显物理意义或统计意义的新特征。特征选择则是从特征集合中挑选一组最具统计意义的特征子集。当前常见的特征提取方法如下：

1）主成分分析（Principal Component Analysis，PCA）是一种通过正交变换将原始的 n 维数据集变换到一个新的被称为主成分的数据集中的方法。在变换后的结果中，第一个主成分具有最大的方差值。PCA 的特点是无监督的，其目标是尽量少地保留原始信息（即使得均方误差最小），使得期望投影维度上的方差最大化。

2）独立成分分析（Independent Component Analysis，ICA）是将原特征转换为相互独立的分量的线性组合。通常情况下，PCA 被视为 ICA 的预处理步骤。

3）线性判别分析（Linear Discriminant Analysis，LDA）是一种有监督的方法，旨在尽可能容易地将不同类别样本区分开来，即使得"类内高内聚、类间低耦合"。

4）因子分析（Factor Analysis，FA）是一种常用的统计分析方法，基于降维的思想，通过探索变量之间的相关系数矩阵，根据变量的相关性大小对变量进行分组，使同组内变量间的相关性较高，不同组变量的相关性较低，而代表每组数据基本结构的新变量称为公共因子。

除了线性方法外，还存在一些非线性降维方法，如局部线性嵌入（Locally Linear Embedding，LLE）、拉普拉斯特征映射（Laplacian Eigenmaps，LE）和 t 分布随机临近嵌入（t-Distributed Stochastic Neighbor Embedding，t-SNE）。这些方法可以保持原有的流

行结构，使相互有联系的点尽可能靠近，并将欧几里得距离转换为条件概率，以表达点与点之间的相似度。自动编码器（Auto-Encoders，AE）是另一种降维方法，它通过学习数据的压缩表示来实现降维。最后，聚类是一种常用的无监督学习方法，用于将数据集中的样本划分为若干个相似的组或簇。

Smardaten 数据分析仪可根据历史数据分析变量的发展趋势、发展规模和变化过程，为用户的下阶段决策提供数据支持。提供包括时序数据预测、数据周期探测、数据趋势探测和时序异常值检测等细分能力。以主因子分析为例，用户选择需要分析的主因子，并选取其他参与分析的变量。系统将返回各个因子对主因子的影响程度及排名。用户可以基于排名查看每个变量下子元素对目标变量的影响。数据要求如下：

1）配置区的第一个字段为维度字段，在主因子分析中，默认为目标主字段，即需要分析的主因子，指标为参与分析的其他变量。

2）在分析图表中，系统只会展示对主因子影响较大的前 10 项指标。

3）若主因子为离散变量，其取值必须在 2 ～ 10 种之间。

4）当主因子为非数值型变量时，且主因子下的元素类型超过 10 类时，暂不支持分析。

5）若主因子存在大量空值，会影响分析结果的准确性。如果空值超过总数的 20%，则不进行分析。主因子分析仅支持针对结构化数据进行分析。

完成数据准备后，在分析仪工作区中，将需要在图表中展示的用户数据拖入，包括一个维度和若干指标。拖拽完成后，符合数据展示条件的视图菜单将点亮。选择"智能 ->主因子分析"，系统将显示主因子分析图。在右侧的图表功能配置中配置主因子分析参数，具体如下：

1）目标分析列：支持自定义分析的对象，默认为拖入配置区的第一个字段。

2）模型选择：包括以速度为主和精度为主两种，默认为以速度为主。

单击"功能 -> 分析"，系统会根据用户配置的功能参数重新进行分析，生成分析图表。单击分析图表中的排名项，系统将展示该项不同区间对主因子影响程度的情况。以下主因子分析的对象为某种膜材的克重。影响膜材克重的指标包括时间、1# 浆液流量、2# 浆液流量和车速监控等。为获取更精准的分析结果，用户可添加更多影响指标。

主因子分析结果如图 6-3 所示，影响膜材克重的主要原因是 1# 浆液流量，通过右侧的排名可以获得影响因子的排名。

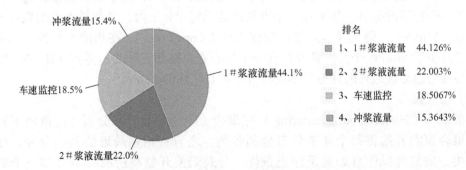

图 6-3 影响膜材的克重的因子排名

6.3.3 工业数据的聚类

聚类（Clustering）是无监督学习方法，在无监督学习中，事先不知道正确结果，数据的标签信息是未知的。因此需要通过某些算法来发现数据内在的本质和规律，从而实现对数据内在关联结构的分类。其中研究最多、应用最广的是聚类。主要算法有原型聚类、密度聚类和层次聚类等。

（1）原型聚类

K-means 聚类算法是基于原型的聚类算法。此类算法假设数据的聚类结构能通过一组原型刻画，并能够通过一组聚类提取出数据中的结构。基于 K-means 的聚类算法在现实聚类任务中极为常用。K-means 算法具有一个迭代过程，数据集被分组成若干个预定义的不重叠的聚类簇 $C = \{C_1, C_2, \cdots, C_k\}$，算法所得簇的内部点尽可能相似，将数据点分配给簇，以使得质心和各数据点之间距离之和最小。其主要步骤如下：

1）从样本点中随机选择 k 个点作为初始簇中心。

2）将每个样本点划分到距离它最近的中心点 $\mu^{(j)}$, $j=1,2,3,\cdots,m$。

3）更新簇数据，用各簇中所有样本的中心点代替原有的中心点。

4）重复步骤 2）和 3），直到中心点不变或者达到预定迭代次数时，算法终止。

对于高维数据之间距离，常采用欧几里得距离的平方进行度量，簇内误差平方和（SSE）最小的优化问题。其代价函数如下：

$$SSE = \sum_{i=1}^{k} \sum_{j=1}^{m} w^{(i,j)} \left\| x^{(i)} - \mu^{(j)} \right\|_2^2 \tag{6-1}$$

式中，$w^{(i,j)}$ 为类标，若 $x^{(i)}$ 属于类别 j，则其为 1，否则为 0。

（2）密度聚类

密度聚类也被称为"基于密度的聚类"（Density-Based Clustering），假设聚类结构能通过样本分布的紧密程度确定。算法从样本密度的角度来考察样本之间的可连接性，并基于可连接样本不断扩展聚类簇以获得最终的聚类结果。DBSCAN 算法（Density-Based Spatial Clustering of Applications with Noise）是一个比较有代表性的基于密度的聚类算法。它将簇定义为密度相连的点的最大集合，能够把具有足够高密度的区域划分为簇，并可在噪声的空间数据库中发现任意形状的聚类。

DBSCAN 算法基本原理如图 6-4 所示，在 DBSCAN 中，基于以下标准，每个样本点都被赋予一个特殊的标签：如果在一个点周边的指定半径 ε 内，其他样本点的数量不小于指定数量（MinPts），则此样本点被称为核心点（Core Point）。在指定半径内，如果一个点的邻居点少于 MinPts 个，但是却包含一个核心点，则此点称为边界点（Border Point）。除了核心点与边界点之外的其他样本点称为噪声点（Noise Point）。

（3）层次聚类

层次聚类（Hierarchical Clustering）有聚合（自底向上）和分裂（自顶向下）两种方式。聚合聚类开始将每个样本各自分到各类，之后将相距最近的两类合并，建立一个新的类，重复此操作直到满足停止条件。分裂聚类开始将所有样本分到一个类之后将已有类中相距最远的样本分到两个新的类，重复此操作直到满足停止条件。AGNES

（Agglomerative Nesting）是一种自底向上凝聚式的层次聚类算法，它先将数据集中的每个样本看作一个初始聚类簇，然后在算法运行的每一步中找出距离最近的两个聚类簇进行合并，重复该过程直到达到预设的聚类簇个数。这里关键是计算聚类簇之间的距离，有如下三种主要使用的距离：

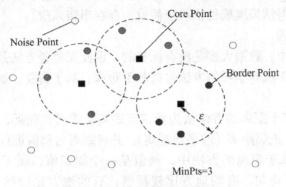

图 6-4　DBSCAN 算法基本原理

最小距离：当前两个簇之间的距离通过两个簇之间距离最短的样本计算得出。

$$d_{\min}(C_i, C_j) = \min_{x \in C_i, z \in C_j} \text{dist}(x, z) \tag{6-2}$$

式中，i，j 为簇编号。

最大距离：当前两个簇之间的距离通过两个簇之间距离最远的样本计算得出。

$$d_{\max}(C_i, C_j) = \max_{x \in C_i, z \in C_j} \text{dist}(x, z) \tag{6-3}$$

平均距离：当前两个簇之间的距离通过两个簇之间所有的样本的距离均值计算得出。

$$d_{\text{avg}}(C_i, C_j) = \frac{1}{|C_i||C_j|} \sum_{x \in C_i} \sum_{z \in C_j} \text{dist}(x, z) \tag{6-4}$$

最小距离由两个簇的最近样本决定，最大距离由最远样本决定，当使用不同距离时，平均距离则由两个簇的所有样本决定。相应的 AGNES 算法被称为 "单连接" "全连接" 或 "均连接" 算法。

6.3.4　异常值识别

异常值识别算法可以分为基于规则、基于统计学和基于机器学习等方法。

（1）基于规则

基于规则的异常值识别使用规则来描述异常情况，根据规则来判断数据点是否为异常值，基本过程包括：①定义规则，如数据点的值超过阈值则为异常值。②检查数据点是否满足规则。

这种方法首先需要获取规则，主要有两种方法：一是设计算法自动提取，二是由专家制定。然而受限于专家知识，规则库可能不完善，对于新的异常类别需要及时更新规则库。

（2）基于统计学

基于统计学的方法需要假设数据服从特定分布，然后使用数据进行参数估计的方法主要有三种：简单的如 3σ 准则、箱型图和 Grubbs 检验等；复杂的如时间序列建模（移动平均、指数平滑、ARMA（AutoRegressive Moving Average Model）、ARIMA（AutoRegressive Integrated Moving Average Model））等。基于统计学检验比较适合低维数据，鲁棒性较好，但结果准确性依赖于假设，存在出错风险。

（3）基于机器学习

在实际应用场景中，数据大多是没有标签的，因此无监督方法是实际应用中使用最广泛的方法。常用的基于机器学习的方法包括基于距离、基于密度、基于聚类和基于树的四类方法。

1）基于距离。基于距离的方法认为异常点距离正常点比较远，因此可以对于每一个数据点，计算它的 K- 近邻距离（或平均距离），并将距离与阈值进行比较。

2）基于密度。基于距离的方法中，阈值是一个固定值，属于全局性方法。但是有的数据集数据分布不均匀，有的地方比较稠密，有的地方比较稀疏，这就可能导致阈值难以确定。我们需要根据样本点的局部密度信息去判断异常情况。基于密度的方法主要有局部离群因子检测方法（Local Outlier Factor，LOF）、基于连通性的离群因子算法（Connectivity-Based Outlier Factor，COF）和多粒度偏差因子（Multi-Granularity Deviation Factor，MDEF）等。

3）基于聚类。基于聚类方法的异常点检测主要依据三种假设。假设一：不属于任何聚类的点是异常点，主要方法包括 DBSCAN、SNN clustering、FindOut algorithm 和 WaveCluster Algorithm。假设二：距离最近的聚类结果较远的点是异常点，主要方法包括 K-Means、Self-Organizing Maps（SOM）和 GMM。假设三：稀疏聚类和较小的聚类里的点都是异常点，主要方法包括 CBLOF、LDCOF 和 CMGOS 等，可以发现异常簇。

4）基于树。此类方法的核心思想是通过划分数据空间来检测异常点，其区别主要在于特征的选择、分割点的确定以及如何对分类空间进行标记。这些方法不受球形邻近性的限制，因此能够有效地检测任意形状的异常点。此类方法主要包括 iForest 孤立森林、SCiForest 和稳健随机采伐森林（Robust Random Cut Forest，RRCF）。

Smardaten 数据分析仪能实现时序异常值实时检测，通过异常设置，发现数据中的异常点，为用户指出可能存在的异常。异常设置包括专家和业务两种模式。

① 专家模式：使用 iForest 孤立森林的算法进行判断，需要设置"参与异常列"和"异常占比"。参与预测的异常列，一般指对预测值有影响的参数。异常占比填写 0 ～ 1 之间，默认 0.01。

② 业务模式：采用常规区间判断方法，需要设置"正常值区间"，超出该区间的数值会被高亮显出。

例如：通过监测电路电流异常来排除电路故障。数据要求为时序数据，即"日期""数值"格式的数据。数据准备完成后，在分析仪工作区中，拖入符合数据要求的时序数据。异常设置后，单击"分析"，系统显示时序异常值图，如图 6-5 所示。为了保证预测的有效性，样本数据不宜过少，否则系统可能提示"输入数据样本过少，无法预测"。

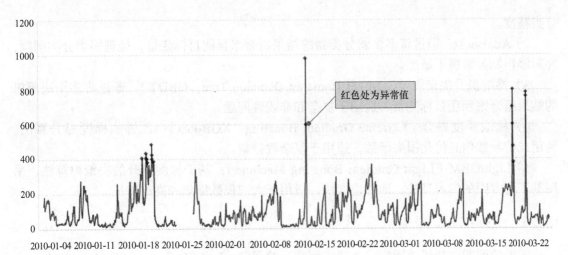

图 6-5　Smardaten 数据分析仪异常值识别

6.3.5　数据的分类

数据分类涉及多种算法，可分为基础分类算法和集成分类算法两类。这些方法各有优势，适用于不同的数据特征和问题类型，合理选择能够提高分类的准确性和鲁棒性。

（1）基础分类算法

1）决策树：通过划分数据集为不同的子集来预测目标变量。每个内部节点表示一个特征属性上的判断条件，分支代表可能的属性值，叶节点表示分类结果。

2）逻辑回归：用于二元分类，通过逻辑函数将线性回归结果映射到 [0，1] 范围内。其优点是计算效率高，但处理高维数据时可能会过拟合。

3）支持向量机（Support Vector Machine，SVM）：通过找到一个超平面来划分不同的类别，试图最大化两个类别之间的边界。

4）朴素贝叶斯：基于贝叶斯定理，假设特征间独立，计算每个类别的条件概率来预测目标变量。

5）K- 最近邻（K Nearest Neighbor，KNN）：根据数据集中的距离度量将新的实例分类到最近的类别中。

6）神经网络：通过训练神经元之间的连接权重来预测目标变量，非常适用于复杂和非线性问题，但需要大量数据和计算资源。

7）贝叶斯网络：基于概率论，通过建立条件独立关系来构建网络模型，能够有效地处理不确定性和进行概率推理。

8）LDA 线性判别分析：通过构建一个线性判别函数来划分不同的类别，适用于处理高维数据和多个类别。

9）最大熵模型：最大熵原理认为，在所有可能的概率模型（分布）中，熵最大的模型是最好的模型。通常在满足约束条件的模型集合中选取熵最大的模型。适用于处理具有不确定性和噪声的数据。

（2）集成分类算法

1）随机森林：基于决策树算法，通过构建多个决策树并组合它们的预测结果来提高分类精度。

2）AdaBoost：通过将多个弱分类器的结果组合来预测目标变量，处理多类分类问题，并对噪声和异常值不敏感。

3）梯度提升决策树（Gradient Boosting Decision Tree，GBDT）：通过将多个决策树的结果组合来预测目标变量，适用于复杂和非线性问题。

4）极端梯度提升（Extreme Gradient Boosting，XGBoost）：改进的梯度提升算法，利用二阶导数信息优化损失函数，适用于复杂数据集。

5）LightGBM（Light Gradient Boosting Machine）：基于梯度提升的决策树算法，采用基于直方图的学习算法，训练速度快，适用于大规模数据集和高维特征。

6.3.6 数据的回归

数据的回归包括线性回归、多项式回归、岭回归、LASSO（Least Absolute Shrinkage and Selection Operator）回归、ElasticNet 回归、贝叶斯回归等。

（1）线性回归

线性回归的基本公式为：

$$f(x_i) = w^{*\mathrm{T}} x_i + b, \ \ \mathrm{s.t.} \ f(x_i) \cong y_i \tag{6-5}$$

式中，x_i 为样本点，由样本的 d 个属性构成；w^* 为回归模型的参数。

线性回归的目标是通过最小化 m 个数据点的均方误差之和来拟合超平面，即最小二乘法（Least Square Method），公式如下：

$$w = (w^*, b) = \underset{(w,b)}{\arg\min}(y - Xw)^{\mathrm{T}}(y - Xw) \tag{6-6}$$

式中，X 为维度为 $m \times (d+1)$ 的数据矩阵，形式如下：

$$X = \begin{pmatrix} x_{11} & x_{12} & \cdots & x_{1d} & 1 \\ x_{21} & x_{22} & \cdots & x_{2d} & 1 \\ \vdots & \vdots & & \vdots & \vdots \\ x_{m1} & x_{m2} & \cdots & x_{md} & 1 \end{pmatrix} = \begin{pmatrix} x_1^{\mathrm{T}} & 1 \\ x_2^{\mathrm{T}} & 1 \\ \vdots & \vdots \\ x_m^{\mathrm{T}} & 1 \end{pmatrix}$$

当 $X^{\mathrm{T}}X$ 为满秩矩阵或正定矩阵时，得：

$$w = (X^{\mathrm{T}}X)^{-1}X^{\mathrm{T}}y \tag{6-7}$$

最终可以获得拟合公式：

$$f(x_i) = \hat{x}_i^{\mathrm{T}}(X^{\mathrm{T}}X)^{-1}X^{\mathrm{T}}y \tag{6-8}$$

式中，$\hat{x}_i = (x_i, 1)$。

然而现实中 $X^{\mathrm{T}}X$ 往往不会是满秩，可以通过引入正则化项解决。

（2）多项式回归

多项式回归（Polynomial Regression），是回归变量多项式的回归。如果自变量只有一个时，称为一元多项式回归；如果自变量有多个时，称为多元多项式回归。如二元二次多项式回归方程为：

$$y = b_0 + b_1 x_1 + b_2 x_2 + b_3 x_1^2 + b_4 x_2^2 + b_5 x_1 x_2 \tag{6-9}$$

（3）岭回归

上面是最小二乘法在计算时，当变量之间的相关性较强（多重共线性），或者特征数 d 大于样本数 m，上式中的 $X^T X$ 不是满秩矩阵，普通最小二乘法无法正确回归。岭回归是一种专门用于共线性数据分析的有偏估计回归方法，是一种改良的最小二乘法。通过放弃最小二乘的无偏性，以损失部分信息、降低精度为代价获得回归系数更符合实际的回归方法。它可以缓解多重共线问题，以及过拟合问题。岭回归损失函数为：

$$w = \underset{(w,b)}{\arg\min}(\|y - Xw\|_2^2 + k\|w\|_2^2) \tag{6-10}$$

式中，k 为岭参数，注意岭估计不再是无偏估计。回归系数结果为：

$$w = (X^T X + kI)^{-1} X^T y \tag{6-11}$$

（4）LASSO 回归

与岭回归相似的是，LASSO 回归同样是通过添加正则项来改进普通线性回归，添加 L1 范数作为正则项，即：

$$w = \underset{(w,b)}{\arg\min}(\|y - Xw\|_2^2 + \lambda\|w\|_1) \tag{6-12}$$

在 LASSO 回归中，由于 L1 范数的几何特性，导致某些参数估计值为零，从而实现了变量的稀疏性。而岭回归通常会使得参数估计值接近于零，但不会精确地将某些参数收缩到零。由于 LASSO 损失函数存在绝对值，所以并不是处处可导的，所以没办法通过直接求导的方式来直接得到回归参数 w。普通的最小二乘法和梯度下降就都没法用了，可以采用坐标下降法（Coordinate Descent）求解。

（5）ElasticNet 回归

ElasticNet 将 L1 范数和 L2 范数结合起来作为惩罚项，可以保留 L1 正则化的稀疏性和 L2 正则化的平滑性。损失函数如下：

$$J(w) = \|y - Xw\|_2^2 + \rho_1\|w\|_1 + \rho_2\|w\|_2^2 \tag{6-13}$$

同样可以采用坐标下降法求解 ElasticNet 回归。

（6）贝叶斯回归

贝叶斯线性回归将 w，y 都当作未知的随机变量。贝叶斯推断往往分为两步：推断（Inference）和预测（Prediction）。推断阶段是基于贝叶斯公式，推导出参数所服从的分布；预测阶段是基于推断出来的参数分布 w，对目标分布 y 进行预测。

根据线性模型的定义，权重系数 w 与观测数据 X 相互独立，也与残差的方差 σ_n^2 相互独立，由贝叶斯定理（Bayes' theorem）可推出，贝叶斯线性回归中权重系数的后验：

203

$$P(w\,|\,X,y,\sigma_n^2) = \frac{P(y\,|\,X,w,\sigma_n^2)P(w)}{P(y\,|\,X,\sigma_n^2)} \tag{6-14}$$

式中，$P(y\,|\,X,\sigma_n^2)$ 为 y 的边缘似然（Marginal Likelihood），即模型证据（Model Evidence），仅与观测数据有关，与权重系数相互独立；$P(y\,|\,X,w,\sigma_n^2)$ 为似然（Likelihood），完全由线性回归模型决定；$P(w)$ 为权重系数，计算时要先给定先验，通常选择均值为 0 的正态分布，如下式所示：

$$P(w) = N(w\,|\,0,\sigma_w^2) = \frac{1}{\sqrt{2\pi}\sigma_w}\exp\left(-\frac{w^{\mathrm{T}}w}{2\sigma_w^2}\right) \tag{6-15}$$

式中，σ_w^2 为先验 $P(w)$ 预先给定的超参数。

可以用极大后验估计（Maximum A Posteriori estimation，MAP）求解贝叶斯线性回归，如式：

$$w = \arg\max_{w} P(w\,|\,X,y,\sigma_n^2) \Leftrightarrow \arg\max_{w} P(y\,|\,X,w,\sigma_n^2)P(w) \tag{6-16}$$

对上述极值问题取自然对数并考虑正态分布的解析形式，该极大值问题可转换为仅与 w 有关的极小值问题，并可通过线性代数得到 w 的解：

$$w = \arg\min_{(w,b)}(\|y - Xw\|_2^2 + \lambda\|w\|_1),\ \lambda = \frac{\sigma_n^2}{\sigma_w^2} \tag{6-17}$$

6.4 数据的呈现与决策

6.4.1 数据模型

现实世界中客观对象的抽象过程如图 6-6 所示。数据模型（Data Model）是对现实世界数据特征的抽象，用来描述、组织和操作数据。数据模型是数据库系统的核心和基础。根据数据模型应用目的不同，可以将其划分为两大类，它们分别属于两个不同的层次。第一类是概念模型，第二类是逻辑模型和物理模型。

第一类概念模型（Conceptual Model），也称信息模型，它从用户的视角来对数据和信息进行建模，主要应用于数据库设计。

概念模型是现实世界到信息世界的第一层抽象，信息世界中的基本概念：

1）实体（Entity）：客观存在并可相互区别的事物称为实体。可以是具体的人、事、物或抽象的概念。

2）属性（Attribute）：实体所具有的某一特性称为属性。

3）码（Key）：也称键或键码，是唯一标识实体的属性集。

4）域（Domain）：属性的取值范围称为该属性的域。

5）实体型（Entity Type）：通过实体名及其属性名的集合来抽象和刻画同类实体。

6）实体集（Entity Set）：同一类型实体的集合称为实体集。

7）联系（Relationship）：现实世界中事物内部以及事物之间的联系在信息世界中反映为实体内部的联系和实体之间的联系。

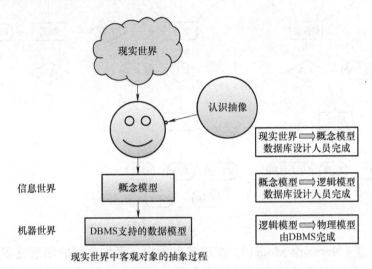

现实世界中客观对象的抽象过程

图 6-6　现实世界中客观对象的抽象过程

用实体 - 联系（E-R）图表示某个工厂物资管理的概念模型，如图 6-7 所示。实体包括：仓库、零件、供应商、项目和职工。不同实体又具有各自的属性。实体之间的联系如下：

1）一个仓库可以存放多种零件，一种零件可以存放在多个仓库中。仓库和零件具有多对多的联系。用库存量来表示某种零件在某个仓库中的数量。

2）一个仓库有多个职工当仓库保管员，一个职工只能在一个仓库工作，仓库和职工之间是一对多的联系。职工实体型中具有一对多的联系。

3）职工之间具有领导—被领导关系。即仓库主任领导若干保管员。

4）供应商、项目和零件三者之间具有多对多的联系。

第二类中的逻辑模型主要包括非关系模型［层次模型（Hierarchical Model）、网状模型（Network Model）］，关系模型（Relational Model），面向对象数据模型（Object Oriented Data Model），对象关系数据模型（Object Relational Data Model）和半结构化数据模型（Semi-structured Data Model）等。它是按计算机系统的视角对数据建模，主要用于数据库管理系统 DBMS 的实现。物理模型是对数据最底层的抽象，描述数据在系统内部的表示方式和存取方法，在磁盘或磁带上的存储方式和存取方法。

（1）非关系模型

1）层次模型（Hierarchical Model）。层次模型是数据库系统中最早出现的数据模型，典型代表是 IBM 公司的 IMS（Information Management System）数据库管理系统。层次模型用树形结构来表示各类实体以及实体间的联系。层次模型的特点：节点的双亲是唯一的；只能直接处理一对多的实体联系；每个记录类型可以定义一个排序字段，也称为码字段；任何记录值只有按其路径查看时，才能显出它的全部意义；没有一个子女记录值能够脱离双亲记录值而独立存在。

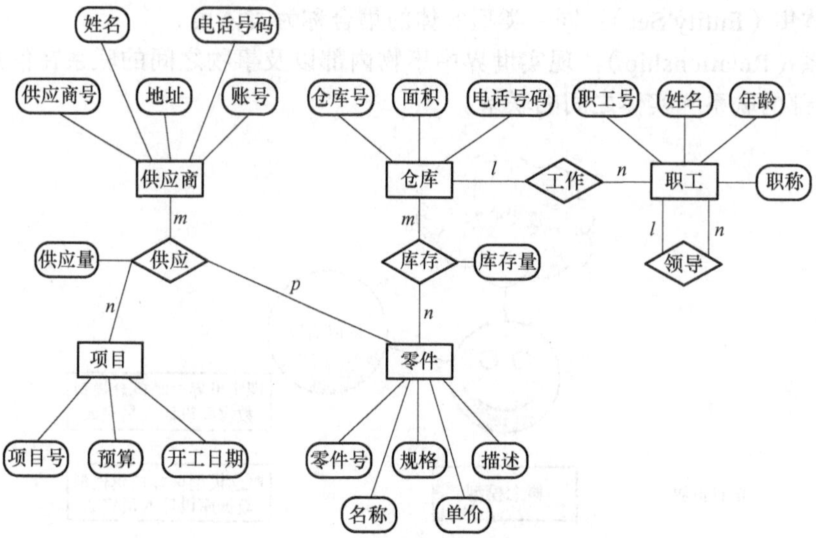

图 6-7 某工厂物资管理的概念模型 E-R 图

2）网状模型（Network Model）。在现实世界中，事物之间的联系更多的是非层次关系的，网状模型采用网络结构来表示实体类型及其相互之间的联系。在数据库领域，满足以下两个条件的基本层次联系集合被称为网状模型：①允许一个以上的节点没有双亲节点。②一个节点可以有多个双亲节点。对比发现层次模型的双亲节点的联系是唯一的，而在网状模型中这种联系可不唯一。例如学生 / 选课 / 课程的网状数据模型如图 6-8 所示，一个学生可以选修若干门课程，某一课程可以被多个学生选修，学生与课程之间是多对多联系。

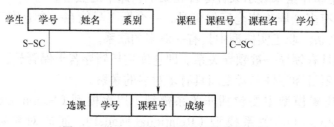

图 6-8 学生 / 选课 / 课程的网状数据模型

（2）关系模型

关系数据库系统采用关系模型作为数据的组织方式，1970 年美国 IBM 公司 San Jose 研究室的研究员 E. F. Codd 首次提出了数据库系统的关系模型。关系模型与以往的模型不同，它是建立在严格的数学基础上的。

1）关系（Relation）：一个关系对应通常说的一张表。

2）元组（Tuple）：表中的一行即为一个元组。

3）属性（Attribute）：表中一列即为一个属性，给每一个属性起一个名称即属性名。

4）主码（Key）：也称码键，表中的某个属性组，它可以唯一确定一个元组。

5）域（Domain）：是一组具有相同数据类型的值的集合，属性的取值范围来自域。

6）分量：元组中的一个属性值。

7）关系模式：对关系的描述，一般表示为：关系名（属性 1，属性 2，…，属性 n）。

（3）面向对象数据模型

面向对象数据模型将语义数据模型与面向对象程序设计方法结合起来，以面向对象的观点描述现实世界实体（对象）的逻辑组织、对象间的限制和联系等模型。

面向对象数据库（Object Oriented Database，OODB）的研究始于 20 世纪 80 年代，出现了许多面向对象数据库产品，如 Object Store、O2 和 ONTOS 等。这些系统具备传统数据库系统的完整功能，包括数据查询、增加、删除、修改、并发控制、故障恢复和存储管理等，同时还能支持多领域的应用，如 CAD（Computer Aided Design）、CAM（Computer Aided Manufacturing）、OA（Office Automation）、CIMS（Computer Integrated Manufacturing System）、GIS（Geographic Information System），以及图形、图像等多媒体领域、工程领域和数据集成等。

然而，面向对象数据库操作语言复杂，而且完全替代关系数据库管理系统的思路增加了企业系统升级的负担，最终导致面向对象数据库产品在市场上未能获得成功。

（4）对象关系模型

对象关系模型（Object Relational Model，ORM）是关系数据库与面向对象数据库的融合。它保留了关系数据库系统的非过程化数据存取方式和数据独立性，同时继承了关系数据库系统已有的技术，支持传统的数据管理方式，并且能够支持面向对象模型和对象管理。

1999 年发布的 SQL-99 标准增加了 SQL/Object Language Binding，提供了面向对象的功能标准。然而，SQL-99 针对对象关系数据库（Object Relational Database System，ORDBS）标准的制定滞后于实际系统的实现，导致各个 ORDBS 产品在支持对象模型方面虽然思想一致，但采用的术语、语言语法和扩展功能各有不同。

6.4.2 数据呈现方式

数据的基础图表种类繁多，需根据数据结构和关系选用不同的图表形式，以展示不同的效果。对数据可视化而言，关键在于选择合适的图表呈现数据。通常，数据之间包含五种主要关系，即比较、趋势、联系、分布和构成。

1）比较：用于展示数据主体间的排列顺序，直观地呈现大小关系。比较图表适用于制造业等领域，例如，可用条形图比较不同产品的产量和销售情况。常见的比较图表包括条形图、表格等。

2）趋势：用于展示数据随时间变化的趋势，显示时间序列关系。例如，监测地铁站人流量可用折线图，以便合理调度车辆。常见的趋势图表有折线图、柱状图和面积图等。

3）联系：用于观察数据变量间的关系。综合评估环境时，可利用雷达图展示传感器采集的水质、空气污染度等信息，以评估当地环境。常见的联系图表有散点图、气泡图和雷达图等。

4）分布：展示数据频率信息。例如，地理图可用于展示不同地区降雪情况，提醒民众合理安排出行。常见的分布图表有气泡图、热力图和地理图等。

5）构成：关注数据在总体中的比例。常见的构成图表有饼图、金字塔图和漏斗图等。如果想表达的信息为份额、百分比以及预计将达到百分之多少等，可以用饼图。

设计 Dashboard 数据大屏时，需考虑数据特性和用户需求，选择合适的图表形式，提高数据信息的可读性和生产效率。

Niagara Analytics Framework 提供了丰富的数据图表，通过绑定数据源采用不同的呈现方式展示数据。如饼图、柱状图、曲线图、条形图和频谱图等。

1）从 Analytics Palette 中添加 AnalyticsService 至站点的 Services 文件夹。

2）进入 AnalyticsService 的 Ax Property Sheet，设置 Auto Tag Analytics Point 为 True。

3）为 NozzleFlowRate 添加 hs：speed 标签，为 CoatingDensity_1 和 CoatingDensity_2 添加 hs：dc 标签。注意需要将 Haystack 标签字典提前添加至 TagDictionaryService 中。

4）在站点中创建一个 PX 视图，在视图中添加 Analytics Charts 以显示数据。可以通过 AnalyticsWebChart 配置喷嘴流速的 data，node 和 interval 属性（图 6-9），实现以 5 分钟为间隔显示当天喷嘴的流速。也可将涂布密度 CoatingDensity 通过 RankingChart 显示。

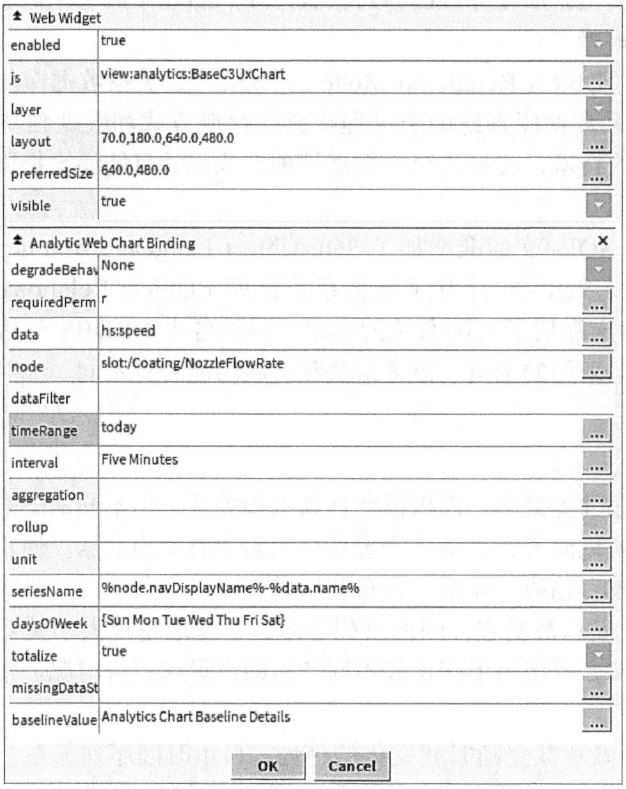

图 6-9　AnalyticsWebChart 配置

Niagara 还有数据大屏的数据可视化工具，能将业务关键指标以直观的方式呈现在 LED 屏幕上，使业务人员能够迅速找到重要数据，为决策者提供辅助。该工具通过大屏设计器，结合丰富的组件和素材，可灵活地展示数据、视频、文本、图表以及视频源等信息；具备逻辑处理算子和图表联动功能，可配置丰富的交互动作；并内置智能分析、图谱分析和图表分析等多种分析模式支撑决策。

6.4.3　故障诊断与控制决策

随着大数据时代的兴起，传统的因果关系观念受到挑战，相关关系的重要性凸显。在大数据中，当一个数据作为根源发生变化时，另一个数据作为结果也可能产生相应变化，它们之间存在着紧密的联系。借助计算技术和数据分析工具，可轻松捕捉到这种联系。通过比对传感器收集到的相关数据与历史上的正常数据，可预测设备可能出现的故障。适度抛弃"因果"观念，转向关注"相关"性，有助于更快速、全面地理解事件的发生。从"事后补救模式"转变为"主动预警模式"，将数据收集、问题预测和问题解决紧密相连。工业大数据的智能故障诊断正是基于大数据相关关系分析的方法。

以 Niagara 为例，通过无码化软件装配，可快速构建针对膜材料产线的全流程管理软件，实现传统工业生产线的预测和管理自动化、数字化。

Niagara Analytics Framework 与在 Niagara 上进行组态逻辑编程类似，同样提供一些组态模块，可以通过拖拽连线的方式去构筑一些算法。这些算法可以基于实时数据或历史趋势数据计算产生一个结果。这个结果可以发出一个告警或显示在 Chart 视图上，从而实现系统故障诊断的功能。这个结果也可以继续作为一个输入，参与另外一个计算。Niagara Analytics Framework 也预置了一些算法库，可以学习其算法逻辑或直接使用。

1）在 AnalyticsService 中创建一个 Algorithm，命名为 Alg_NozzleFlowRate_Err。双击该新建的 Algorithm，进入其 Ax Wire Sheet 视图。

2）创建喷嘴流速异常故障检测算法，如图 6-10 所示，当喷嘴流速低于某一阈值时产生故障报警。

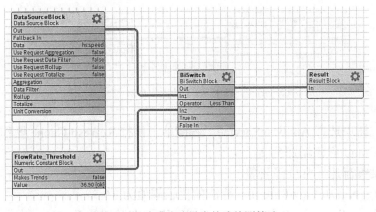

图 6-10　喷嘴流速异常故障检测算法

3）在 AnalyticService->Pollers 文件夹中创建一个新的触发式轮询器 Triggered Poller，命名为 MannualPoller，如图 6-11 所示。

4）在 AlarmService 中添加 Analytics Alarm Class 和 Console Recipient，如图 6-12 所示。

5）在 AnalyticService->Alerts 文件夹中创建一个新的 Alerts，命名为 NozzleFlowRateErrAlert，进行如下配置：

a. Name-NozzleFlowRateErrAlert

b. Data-alg：Alg_NozzleFlowRate_Err

c. Roots：slot：/Coating/NozzleFlowRate

d. Node Filter-hs：speed

e. Poller-ManualPoller

f. Alarm-True

g. Alarm Class-AnalyticsAlarmClass

h. Alarm Message-Nozzle flow rate is too low！

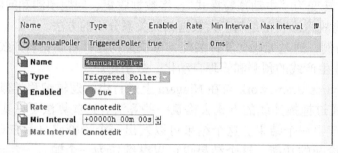

图 6-11　Triggered Poller 新建 MannualPoller 触发式轮询器

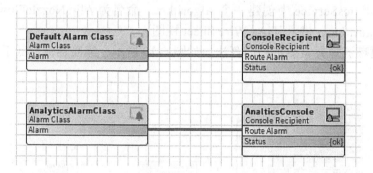

图 6-12　Analytics Alarm Class 和 Console Recipient

6）在导航树中选择 AnalyticService，右键单击执行 Refresh Cache 操作。

7）Node Count 应该增加到 1。

8）验证喷嘴流速异常故障告警。

a. 设置 Alg_NozzleFlowRate_Err 算法的比较阈值为 36.5。

b. 到 AnalyticsService->Pollers->MannualPollers 右键选择 Execute 触发故障检测。

c. 到 AlarmService->AnalyticsConsole 检测故障报警。

Niagara Analytics Framework 可以利用分析代理点（Analytics Point）来获取算法的计算结果，通过将该点引入到普通的逻辑程序中可以实现基于算法分析结果的控制决策。结合实例，示例如下：

1）Duplicate 复制算法 Alg_NozzleFlowRate_Err，命名为 Alg_NozzleFlowRate_ControlLimit。

2）参照图 6-13，修改算法，设置阈值 FlowRate_Threshold 为 34，添加两个 Numeric Constant Block，设置其数值。当喷嘴流速小于阈值时，输出值为 FlowRate_Detla。

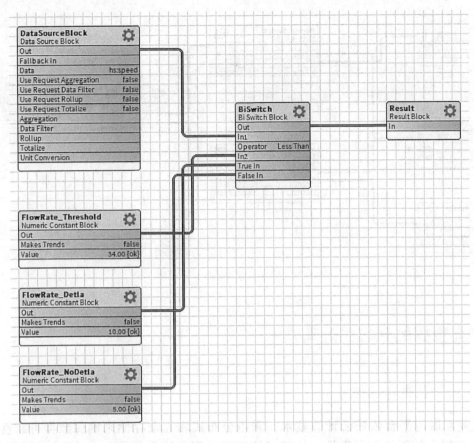

图 6-13　添加两个 Numeric Constant Block

3）在 Config 容器下创建一个 Control 文件夹。

4）从 Analytics Palette 中 Points 文件夹下拖拽一个 NumericWritable 点至 Control 文件夹的 WireSheet 中，命名为 FlowRate_Offset。

5）展开 FlowRate_Offset 的 ProxyExt，设置以下属性：

a. Node-slot：/Coating/NozzleFlowRate

b. Data-alg：Alg_NozzleFlowRate_ControlLimit

c. Aggregation-Sum

d. Poller-ManualPoller

6）参照图 6-14 设计喷嘴流速参数的计算逻辑，喷嘴流速控制参数将根据分析的结果选择不同的偏移量。

7）在 AnalyticService 上执行 Refresh Cache action。

8）触发算法验证分析结果同步至控制逻辑。

a. 修改算法 Alg_NozzleFlowRate_ControlLimit 中 FlowRate_Threshold 为 36.5。

b. 在 FlowRate_Offset 右键单击 Action->Poll，当前 NozzleFlowRate<36.5，因此 FlowRate_Offset 输出为 10，可以看到算法计算结果同步到 FlowRate_Offset 点中。

211

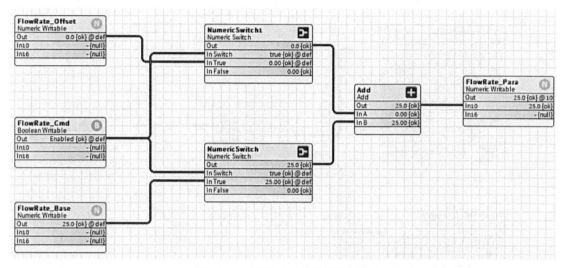

图 6-14　喷嘴流速参数的计算逻辑

6.5　大数据的分布式处理技术

6.5.1　海量数据存储技术

工业互联网平台依托云计算技术，采用分布式和冗余存储来确保数据可靠性。通过软件控制弥补硬件不可靠性，构建经济实惠、可靠的大规模分布式存储系统。普通 PC 服务器被用作节点构建云计算机集群，节点故障是常态，需要容错机制通过软件监视系统运行情况，自动发现和恢复失效节点。因此，云计算系统采用分布式存储的方式存储数据，用冗余存储的方式（集群计算、数据冗余和分布式存储）保证数据的可靠性。

目前，云计算系统中广泛使用的数据存储系统是 Google 的 GFS 和 Hadoop 团队开发的 GFS 的开源实现 HDFS。HDFS（Hadoop 分布式文件系统）是运行在通用硬件（Commodity Hardware）上的分布式文件系统（Distributed File System）。HDFS 是一个高度容错性的系统，适合部署在廉价的机器上。Hadoop 是一个由 Apache 基金会所开发的分布式系统基础架构，起源于 2002 年的 Apache Nutch 项目。2004 年 Doug Cutting 等人尝试实现 MapReduce 计算框架，并将其与 NDFS（Nutch Distributed File System）结合，用于支持 Nutch 引擎的主要算法。由于 NDFS 和 MapReduce 在 Nutch 引擎中的成功应用，它们于 2006 年 2 月被分离出来，形成了一套完整而独立的软件，被命名为 Hadoop。

HDFS 系统架构如图 6-15 所示，其基本概念包括块（Block）、名称节点（NameNode）、数据节点（DataNode）和第二名称节点（Secondary NameNode）。HDFS 采用了主从（Master/Slave）结构模型，一个 HDFS 集群包括一个名称节点（NameNode）和若干个数据节点（DataNode）。

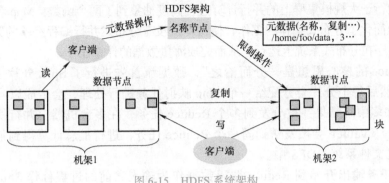

图 6-15　HDFS 系统架构

名称节点作为中心服务器，负责管理文件系统的命名空间（Namespace）及客户端对文件的访问，保存了两个核心的数据结构，即 FsImage 和 EditLog。FsImage 用于维护文件系统树以及文件树中所有的文件和文件夹的元数据，操作日志文件 EditLog 中记录了所有针对文件的创建、删除和重命名等操作。数据节点一般是一个节点运行一个数据节点进程，负责处理文件系统客户端的读 / 写请求，在名称节点的统一调度下进行数据块的创建、删除和复制等操作。

在名称节点运行期间，HDFS 会不断更新操作并被写入 EditLog 文件，因此 EditLog 文件也会逐渐变大，当名称节点重启时，需要将 FsImage 加载到内存中，然后逐条执行 EditLog 文件记录，如果 EditLog 很大，会导致系统运行变慢。因此 HDFS 在设计中采用了第二名称节点，用于完成 EditLog 与 FsImage 的合并操作，减小 EditLog 文件大小，缩短名称节点重启时间，同时作为名称节点的"检查点"，保存名称节点中的元数据信息。

HDFS 只设置唯一一个名称节点，存在一些局限性，具体如下：

1）单点故障：HDFS 中的名称节点是系统的关键组件，一旦名称节点发生故障，整个文件系统的可用性将受到影响。

2）可扩展性：尽管 HDFS 可以存储大规模数据，但在某些情况下，如大量小文件存储或高并发写入，可能会面临性能瓶颈。

3）一致性和延迟：HDFS 强调数据的可靠性，但在数据一致性和写入延迟之间需要做出权衡，可能会影响部分应用的实时性能。

4）命名空间限制：HDFS 对文件和目录的命名空间有一定的限制，可能导致在存储大量文件时出现问题。

6.5.2　数据并行处理与管理技术

大数据时代除了需要实现海量数据的高效存储，还离不开高效的数据处理技术。分布式并行编程有助于提高程序的性能，分布式程序运行在大规模计算机集群上，可以并行执行大规模数据处理任务，从而获得海量的计算能力。

MapReduce 最早由 Google 于 2004 年在一篇名为 *MapReduce：Simplified Data Processing on Large Clusters* 的论文中提出，Hadoop 开源实现了 MapReduce。MapReduce 运行在分布式文件系统 GFS 上，与谷歌类似，Hadoop MapReduce 运行在分布式文件系统 HDFS 上。它将复杂的数据处理任务分解成可并行处理的小任务，并在分布式计算集群上执行。MapReduce

213

将复杂的、运行于大规模集群上的并行计算过程高度抽象到了两个函数：Map 和 Reduce。这种方式极大地简化了分布式编程的工作，使得即使没有分布式并行编程经验的开发人员也能轻松地将其程序在分布式系统上运行，从而完成海量数据的计算任务。

MapReduce 的核心思想是"分而治之"，数据流首先进行了 Split 分片（与 HDFS 的分块一致），然后每个分片会分配给一个 Map 映射任务进行处理，会生成以 <key，value> 形式表示的许多中间结果并被分发到多个 Reduce 任务，在多台机器上并行执行，具有相同 key 的 <key，value> 会被发送到同一个 Reduce 任务，进行汇总计算得到最后结果，并输出到分布式文件系统 HDFS 中。

从 Map 任务输出开始到 Reduce 取得数据作为输入之前的过程称作 Shuffle。Shuffle 是 MapReduce 工作流程的核心环节，包括对 Map 输出结果进行分区、排序和合并等处理并交给 Reduce。因此，Shuffle 过程分为 Map 端的操作和 Reduce 端的操作，如图 6-16 所示。

Map 端 Shuffle 过程包括四个步骤：①分区（Partition）。②写入环形内存缓冲区。③溢写，包括排序（Sort）、合并（Combine）和生成溢出写文件。④文件归并（Merge）。由于频繁进行磁盘 I/O 操作会严重降低效率，因此系统并不立即将"中间结果"写入磁盘。相反，它首先将这些结果优先存储到各个 Map 节点的"环形内存缓冲区"中。在将数据写入缓冲区的过程中，系统会进行分区操作，为每个键值对增加一个分割 Partition 属性值。随后，系统将键值对连同其 Partition 属性一起序列化成字节数组，并写入缓冲区（缓冲区默认大小为 100M）。当写入的数据量达到预设阈值（默认为缓冲区容量的 80%）时，系统将启动溢写操作，将缓冲区中的数据溢出写入到磁盘的临时文件中。在写入之前，系统会根据键进行排序和合并。溢出写操作会循环地将缓冲区中的内容写入到指定目录中。一旦 Map 任务完成溢出写操作，系统将对磁盘中生成的所有临时文件进行归并操作，生成最终的输出文件。在归并过程中，系统将相同 Partition 的数据合并到一起，并对各个 Partition 中的数据再次进行排序。若溢出文件数量超过预设值（默认为 3），系统可再次进行合并。

Reduce 端的 Shuffle 过程包括三个步骤：①数据 Copy。②归并数据。③把数据输入给 Reduce 任务。Reduce 任务在执行之前，会持续地拉取每个 Map 任务的最终结果，并对从不同地方拉取来的数据进行归并，最终形成一个具有相同分区的大文件。随后，系统对这个文件中的键值对按照键进行排序和分组，完成后再交给 Reduce 任务处理。

下面通过一个具体例子来说明 Map 和 Reduce 过程，假设某公司有多个工厂位于中国不同的地区，每个工厂都有多个生产车间，每个车间生产多种零件。我们想要分析每个工厂的每个车间生产的每种零件的产量以及其在所有工厂中的排名。在 Map 阶段，我们将每个工厂的每个车间的数据映射为键值对，其中键是一个元组，包含工厂名称、车间编号和零件类型，值是该零件的产量，具体结果如下：

1. 工厂 1（上海）：

Map 输出：

(1) （（"上海工厂"，"车间 1"，"零件 A"），100）

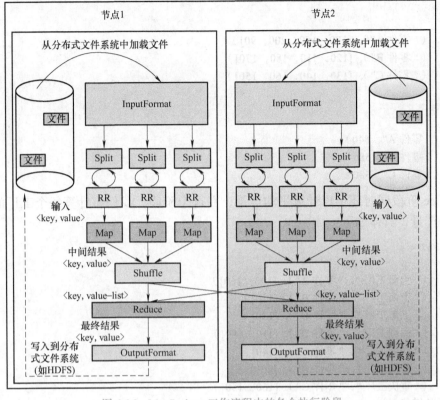

图 6-16　MapReduce 工作流程中的各个执行阶段

（2）（（"上海工厂"，"车间 1"，"零件 B"），120）

（3）（（"上海工厂"，"车间 2"，"零件 A"），150）

（4）（（"上海工厂"，"车间 2"，"零件 C"），130）

2. 工厂 2（深圳）:

Map 输出:

（1）（（"深圳工厂"，"车间 1"，"零件 B"），110）

（2）（（"深圳工厂"，"车间 1"，"零件 C"），140）

（3）（（"深圳工厂"，"车间 2"，"零件 A"），200）

（4）（（"深圳工厂"，"车间 2"，"零件 B"），180）

3. 工厂 3（重庆）:

Map 输出:

（1）（（"重庆工厂"，"车间 1"，"零件 A"），90）

（2）（（"重庆工厂"，"车间 1"，"零件 C"），160）

（3）（（"重庆工厂"，"车间 2"，"零件 B"），170）

（4）（（"重庆工厂"，"车间 2"，"零件 C"），150）

经过 Shuffle 阶段，可以通过 Reduce 归约过程计算总产量，在这个阶段，我们将计算每种零件的总产量，具体如下：

1. Reduce 输入：

（1）（（"零件 A"），[100，150，200，90]）
（2）（（"零件 B"），[120，110，180，170]）
（3）（（"零件 C"），[130，140，160，150]）

2. Reduce 输出：

（1）（"零件 A"，540）
（2）（"零件 B"，580）
（3）（"零件 C"，580）

Reduce 阶段同时还可以计算平均产量，在这个阶段，我们将计算每个工厂的每种零件的平均产量，具体如下：

1. Reduce 输入：

（1）（（"上海工厂"，"零件 A"），[100，150]）
（2）（（"上海工厂"，"零件 B"），[120]）
（3）（（"上海工厂"，"零件 C"），[130]）
（4）（（"深圳工厂"，"零件 B"），[110，180]）
（5）（（"深圳工厂"，"零件 C"），[140]）
（6）（（"重庆工厂"，"零件 A"），[90]）
（7）（（"重庆工厂"，"零件 C"），[160，150]）
...（其他键值对）

2. Reduce 输出：

（1）（（"上海工厂"，"零件 A"），125）
（2）（（"上海工厂"，"零件 B"），120）
（3）（（"上海工厂"，"零件 C"），130）
（4）（（"深圳工厂"，"零件 B"），145）
（5）（（"深圳工厂"，"零件 C"），140）
（6）（（"重庆工厂"，"零件 A"），90）
（7）（（"重庆工厂"，"零件 C"），155）

工业互联网平台在处理大量生产数据时，除了数据并行处理技术外，还必须具备有效管理海量数据的数据管理技术。数据管理技术中最著名的是 Google 的 BigTable 数据管理技术。Hadoop 开发团队根据 BigTable 开发了建立在 HDFS 之上，提供高可靠性、高性能、列存储、可伸缩和实时读写的数据库系统 HBase。与传统的关系型数据库类似，HBase 也以表的形式组织数据，但其结构包含了 Region，表由行和列构成。应用程序可以将数据写入 HBase 的表中。不同之处在于，HBase 引入了列族的概念，它将一列或多列组织在一起，HBase 的基本数据结构见表 6-5。

HBase 本质上是一个稀疏、多维和持久化存储的映射表，它利用行键（Row Key）、列族（Column Family）、列限定符（Column Qualifier）和时间戳（Timestamp）进行索引。每个值都是未经解释的字节数组。

表 6-5　HBase 的数据结构

Row Key	Column Family₁		Column Family₂		Timestamp
	Column Qualifier₁	Column Qualifier₂	Column Qualifier₃	Column Qualifier₄	
1001	Cell₁	Cell₂	Cell₃	Cell₄	T_2
1002	Cell₅	Cell₆	Cell₇	Cell₈	T_1
1003	Cell₉	Cell₁₀	Cell₁₁	Cell₁₂	T_1

（1）表（Table）

HBase 中的数据以表的形式存储于 Region 中。同一个表中的数据通常具有相关性，使用表的主要目的是可以将某些列组织起来以便一起访问。表名作为 HDFS 存储路径的一部分来使用，在 HDFS 中可以看到每个表名都作为独立的目录结构。

（2）行键（Row Key）

访问 HBase 表中的行有三种方式：通过单个行键进行访问、通过行键的范围进行访问和执行全表扫描。在 HBase 表中，每一行代表一个数据对象，每一行都以行键进行唯一标识，行键是用来检索记录的主键。行键可以是任意字符串，但其最大长度为 64KB，实际应用中长度一般为 10 ～ 100B。

（3）列族（Column Family）

HBase 中的列族是一组列的集合，在使用表之前必须进行定义。每个列都必须归属于某个列族，列族的名称必须是可显示的字符串。列族中的所有列成员的列名都以列族名称作为前缀。例如，courses：physics 和 courses：chemistry 都属于 courses 这个列族。

（4）列限定符（Column Qualifier）

列族中的数据通过列限定符来进行定位，列标识属于某个列族，类似于关系型数据库表中的字段名。

（5）单元格（Cell）

每个行键、列族和列标识共同确定一个单元格，最小单元格还需要加上时间戳。单元格的内容也没有特定的数据类型，以二进制字节形式存储。可以使用以下元组方式来访问最小单元格。

（6）时间戳（Timestamp）

在默认情况下，每个单元格插入数据时都会使用时间戳来进行版本标识。每个单元格保存着同一份数据的多个版本，不同时间版本的数据按时间先后倒序排序，最新的数据排在最前面。版本通过时间戳进行索引，时间戳是 64 位整数类型。例如，三个列 name、age 和 email，分别用来保存学生的姓名、年龄和电子邮件信息。姓名为"张三"的学生存在两个版本的电子邮件地址，时间戳分别为 ts1=1572316836356 和 ts2=1572316906367，时间戳较大的数据版本是最新的数据。

HBase 系统架构如图 6-17 所示，包括 Client 客户端、Zookeeper 服务器、HMaster 主服务器和 HRegion 服务器。HBase 采用 HDFS 作为底层数据存储，因此，每张表都按照一定的范围被分割成多个子表（HRegion），默认一个 HRegion 超过 256M 就要被分割成两个，由 HRegionServer 管理，管理哪些 HRegion 由 HMaster 分配。

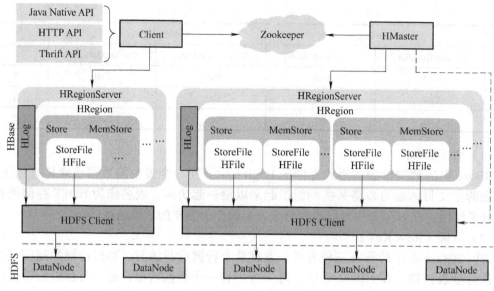

图 6-17 HBase 系统架构

1）Client 提供了多种访问 HBase 的 API 接口，如 Java Native API、Rest 风格的 HTTP API、Thrift API 等，并通过维护缓存来加速对 HBase 的访问。

2）Zookeeper 在 HBase 中扮演着多重角色，包括确保集群中只有一个 HMaster，监控 RegionServer 的上线和下线状态，并及时通知 HMaster，管理 HBase 的 schema 和 table 元数据等。

3）HMaster 主服务器主要负责表和 HRegion 的管理工作。

4）HRegionServer 维护着一系列 HRegion，并处理对这些 HRegion 的 IO 请求。它负责数据的存储和切分，以及监控 HRegion 的大小和数量。

5）Store 是构成 HRegion 的基本组成部分之一，每个 HRegion 由一个或多个 Store 组成。每个 Store 对应一个 Column Family，包含一个 MemStore（写缓存）和零个或多个 StoreFile，后者以 HFile 格式保存在 HDFS 上。

6）StoreFile 是将 MemStore 中的数据写入磁盘后形成的文件，以 HFile 格式保存在 HDFS 上。每个 Store 可能有一个或多个 StoreFile，数据按照 RowKey 的字典顺序排序。

7）HLog 记录了数据的所有变更，用于恢复文件。它是 HBase 的修改记录，确保在 HRegionServer 宕机时可以通过日志文件恢复数据。

8）HDFS 为 HBase 提供底层数据存储服务，并支持高可用性。

思考题与习题

6-1 大数据的特征 5V 分别是什么？分别举例说明。

6-2 某公司需要设计一个信息系统，该系统需要存储大量的客户数据、订单记录以及产品信息。请根据以下要求，通过 Niagara 构建合适的数据库，并说明原因。

1）客户数据需要支持复杂的查询，如根据客户名称、地址和联系方式等条件进行查询。

2）订单记录需要保证事务处理的 ACID 特性，并支持根据订单号、下单时间和订单金额等条件进行查询。

3）产品信息需要灵活地支持多种属性，如产品名称、型号、价格和库存等。同时需要支持根据不同属性进行快速的检索和分类。

6-3　简述工业大数据的一般处理流程步骤。并通过 Smardaten 数据交换机和分析仪进行实例分析。

6-4　请举例说明 HBase 中行键、列族和时间戳的概念。

第 7 章　工业 AI 与自动化

导读

　　新一代人工智能技术的快速发展已经给人们的生活带来了深刻的改变，也正在与工业和制造系统加速融合，并使自动化技术的外延不断扩展。本章介绍人工智能在工业领域的应用及价值，分析工业数据深度挖掘和高阶智能化的发展和挑战，并简要介绍传统机器学习模型与深度机器学习模型。针对工业数据建模既需要专业的数据分析工程师，还需要工艺工程师的配合，限制其大规模应用的瓶颈问题，介绍工业数据的自助建模，以此为基础，引出数字孪生技术，并介绍工业数据模型的两大重要应用场景，即工业能效优化与预测性维护。最后，详细说明超自动化和工业大互联的理念和应用。

本章知识点

- 人工智能技术与应用方向
- 工业数据建模与算法优化
- 传统机器学习模型
- 深度机器学习模型
- 数字孪生技术与应用
- 基于 AI 技术的超自动化应用
- 碳中和背景下的能源优化控制
- 工业互联网与自动化技术的融合

7.1　人工智能在工业数据处理中的应用

　　人工智能（Artificial Intelligence，AI）是研究、开发用于模拟、延伸和扩展人的智能的理论、方法、技术及应用系统的一门技术科学。它试图了解智能的实质，并生产出一种新的能以人类智能相似的方式做出反应的智能机器。随着工业互联网基础设施的发展，工业企业在研发设计、生产制造、经营管理和运维服务等环节中生成并存储了大量数据，为人工智能提供了用武之地。

7.1.1　人工智能在工业领域的应用及价值

工业化是工业革命发生后最重要的经济现象，是一个国家实现现代化的前提和基础。无论从理论逻辑还是历史实践看，工业革命时期往往是大量新技术密集涌现且快速实现转化和应用的时期，特别是其中的通用性目的技术，对加快工业化发展发挥着关键性和主导性作用。

当今世界，以大数据、云计算、人工智能、区块链和物联网等新一代信息技术广泛应用为主要内容的第四次工业革命正在深入推进，新技术、新产业、新业态、新模式密集涌现，人工智能被公认是新一轮工业革命的通用性目的技术。借助移动互联网、大数据、超级计算、传感网和脑科学等新理论新技术驱动，人工智能正呈现出深度学习、跨界融合、人机协同、群智开放和自主操控等新特征，进而对经济发展、社会进步和国际格局等产生重大而深远的影响。

人工智能凭借其广泛的渗透性、较强的替代性、明显的协同性、突出的创新性、全面的赋能性和强大的自生成性等特征，通过与制造业深度融合，可以加快推进新型工业化的建设。从渗透性看，人工智能作为通用性目的技术，能够深度融入制造业各环节及上下游产业链，对产业发展起到赋能、赋智、赋值作用。从替代性看，人工智能除了对劳动力要素的直接替代，还表现出对高强度、高难度劳动过程的间接替代，以及对人的脑力活动的逐渐深层替代。人工智能将在更多领域和岗位实现自动化、智能化替代，从而优化要素投入结构，提升全要素生产率。从协同性看，人工智能将消费领域、生产领域及流通和分配领域有机衔接在一起，有助于提升整个社会再生产过程的协调性、有序性和高效性。从创新性看，人工智能通过深度学习与快速迭代，能够实现技术的自我进化和自我升级，进而引致整个行业领域的优化升级。从赋能性看，人工智能可以赋能各生产要素向多元化、高级化和复杂化方向发展，实现要素属性的延伸。被赋能的要素表现出价值创造的"乘数倍增效应"，实现要素价值的显著增值。从自生成性看，人工智能不仅具备传统的分析、判断和决策功能，还具有基于自我学习归纳的再演绎和创新属性，进一步加速人工智能模型从决策式、分析式向生成式的跃升演化。目前，以 ChatGPT、Sora 等为代表的生成式人工智能快速发展，越来越多面向垂直场景的行业大模型涌现出来，并成为推动制造业智能化改造与数字化转型、加快推进新型工业化，进而培育发展新质生产力的新引擎。

下面以典型的应用领域来详细介绍人工智能的应用及价值。

（1）生成式设计

生成设计是一个过程，涉及程序生成一些输出以满足特定标准。设计师或工程师将设计目标和参数（如材料、制造方法和成本限制）输入到创成式设计软件中，软件利用人工智能技术进行设计迭代，探索设计备选方案。例如设计椅子，输入椅腿个数、重量要求和材料要求等参数后，软件就可生成符合该要求的各种设计方案供设计师参考。

（2）预测性维护

制造商整合人工智能技术建立物理对象的数字孪生体，并与测量数据相结合，预先识别潜在的停机时间和事故并提前做出响应。人工智能系统帮助制造商预测生产等关键设备何时或是否会出现故障，以便在故障发生之前安排维护和维修，从而减少意外停机，延长设备寿命，降低维护成本。

221

（3）运营优化与效率提升

人工智能驱动的软件系统可以帮助组织优化流程以实现可持续的生产。例如，及时准确地交付给客户是制造业的基本要求。公司在生产环节中经常需要多个环节甚至多个地域联动配合来最终完成交付。通过使用过程挖掘工具，制造商可以监测各个环节的生产过程，具体到各个过程步骤，包括持续时间、成本和执行步骤的人员，从而确定瓶颈所在，简化流程。人工智能还可以用于分析供应链数据，优化库存水平和物流路径，从而降低库存成本，提高供应链的透明度和响应速度。

7.1.2 数据深度挖掘与高阶智能化

数据挖掘是指使用机器学习、统计学和数据库等方法，在相对大量的数据集中，发现模式和知识。它涉及数据预处理、模型与推断、可视化等。数据挖掘技术属于多学科交叉的研究与应用领域，涉及数据库技术、人工智能、机器学习、神经网络、统计学、模式识别、知识系统、知识获取、信息检索、高性能计算以及可视化计算等广泛的领域。

随着计算机硬件和软件的飞速发展，尤其是数据库技术与应用的日益普及，人们积累的数据越来越多，激增的数据背后隐藏着许多重要而有用的信息。如何有效利用这一丰富数据的海洋为人类服务，已成为广大信息技术工作者所关注的焦点之一。人们希望能够对其进行更高层次的分析，以便更好地利用它们。与日趋成熟的数据管理技术和软件工具相比，人们所依赖的传统的数据分析工具功能，已无法有效地为决策者提供其决策支持所需要的相关知识。由于缺乏对数据背后意义挖掘的知识手段，导致了"数据爆炸但知识贫乏"，为有效解决这一问题，数据深度挖掘自 20 世纪 80 年代开始迅速发展，并形成了一些方法。

利用数据挖掘进行数据分析常用的方法主要包括：

1）分类：分类是找出数据库中一组数据对象的共同特点并按照分类模式将其划分为不同的类，其目的是通过分类模型，将数据库中的数据项映射到某个给定的类别。它可以应用到客户的分类、客户的属性和特征分析、客户满意度分析和客户的购买趋势预测等，如一个汽车零售商将客户按照对汽车的喜好划分成不同的类，这样营销人员就可以将新型汽车的广告手册直接邮寄到有这种喜好的客户手中，从而大大增加了商业机会。

2）回归分析：回归分析方法反映的是事务数据库中属性值在时间上的特征，产生一个将数据项映射到一个实值预测变量的函数，发现变量或属性间的依赖关系，其主要研究问题包括数据序列的趋势特征、数据序列的预测以及数据间的相关关系等。它可以应用到市场营销的各个方面，如客户寻求、保持和预防客户流失活动、产品生命周期分析、销售趋势预测及有针对性的促销活动等。

3）聚类：聚类分析是把一组数据按照相似性和差异性分为几个类别，其目的是使得属于同一类别的数据间的相似性尽可能大，不同类别中的数据间的相似性尽可能小。它可以应用到客户群体的分类、客户背景分析、客户购买趋势预测和市场的细分等。

4）关联规则：关联规则是描述数据库中数据项之间所存在的关系的规则，即根据一个事务中某些项的出现可导出另一些项在同一事务中也出现，即隐藏在数据间的关联或相互关系。在客户关系管理中，通过对企业的客户数据库里的大量数据进行挖掘，可以从大量的记录中发现有趣的关联关系，找出影响市场营销效果的关键因素，为产品定位、定价与定制客户群，客户寻求、细分与保持，市场营销与推销，营销风险评估和诈骗预测等决策支持提供参考依据。

5）特征：特征分析是从数据库中的一组数据中提取出关于这些数据的特征式，这些特征式表达了该数据集的总体特征。如营销人员通过对客户流失因素的特征提取，可以得到导致客户流失的一系列原因和主要特征，利用这些特征可以有效地预防客户的流失。

6）变化和偏差分析：偏差包括很大一类潜在有趣的知识，如分类中的反常实例，模式的例外，观察结果对期望的偏差等，其目的是寻找观察结果与参照量之间有意义的差别。在企业危机管理及其预警中，管理者更感兴趣的是那些意外规则。意外规则的挖掘可以应用到各种异常信息的发现、分析、识别、评价和预警等方面。

数据挖掘与传统数据分析（如查询、报表和联机应用分析）的本质区别是数据挖掘在没有明确假设的前提下去挖掘信息、发现知识。

生产系统中的问题大致可以分为可见的和不可见的问题。设备衰退、润滑不足、精准度损失、零件磨损以及资源浪费都是不可见问题中的常见问题。可见问题通常由不可见因素例如零部件故障、机器故障以及产品质量下降等因素累积而成。传统的人工智能技术注重于解决可见问题并试着取代在重复工作上人类专家的知识和判断。这些人工智能模型并没有帮助人们更好地理解和处理潜在的风险。通过数据的深度挖掘，有望实现生产系统的高阶智能化，解决不可见的预测问题并通过预先避免及修复来实现制造过程的无忧化。具体来说，工业人工智能可以被划为四个机会空间，如图7-1所示。

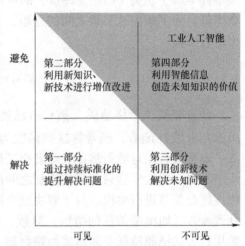

图 7-1 工业人工智能机会空间的四个象限

1）第一个机会空间注重通过生产系统的持续改善与连续优化，解决生产系统中的可见问题。

2）第二个机会空间注重通过分析数据，挖掘新的系统知识以避免可见问题。

3）第三个机会空间是对数据线索、数据关联性和因果性进行深入挖掘，通过建立这些关系来实现不可见问题的显性化。

4）第四个机会空间注重在不确定的动态环境中寻找和弥补不可见的价值缺口，并减弱不可见因素的影响。

大多数制造企业都将重心放在改善第一和第二机会空间，可以解决可见问题。在第三和第四机会空间中，需要制造系统产业链闭环式的整合去优化系统的设计，进而避免不可见的问题。采用工业人工智能技术可以在生产中增强创造新价值的机会。例如，在机械刀片损坏后去替换的方法属于第一和第二空间，通过人工智能技术基于振动以及其他数据对机械刀片的寿命进行预测，在刀片故障前进行刀片更换的方法属于第三和第四空间。

7.1.3 传统机器学习模型与深度机器学习模型

机器学习作为实现人工智能的关键方法，已在很多领域获得成功的应用，如语音识别、自动驾驶、工艺优化和材料开发等，其关键功能是通过数据建立变量间的量化关系。

1.传统机器学习模型

（1）线性模型

线性模型是最简单的，也是最基本的机器学习模型。其数学形式为 $g(x,w)=w^{\mathrm{T}}x$。有时，还会额外加入一个偏置项 b，不过只要把 x 扩展出一维常数分量，就可以把带偏置项的线性函数归并到 $w^{\mathrm{T}}x$ 的形式之中。线性模型非常简单明了，参数的每一维对应了相应特征维度的重要性。但是很显然，线性模型也存在一定的局限性。

首先，线性模型的取值范围是不受限的，依据 w 和 x 的具体取值，它的输出可以是非常大的正数或者非常小的负数。然而，在进行分类的时候，我们预期得到的模型输出是某个样本属于正类（如正面评价）的可能性，这个可能性通常是取值在 0 和 1 之间的一个概率值。为了解决这二者之间的差距，人们通常会使用一个对数几率函数对线性模型的输出进行变换

$$g(x,w)=\frac{1}{1+\exp(-w^{\mathrm{T}}x)} \tag{7-1}$$

经过变换，严格地讲，$g(x,w)$ 已经不再是一个线性函数，而是由一个线性函数派生出来的非线性函数，通常称这类函数为广义线性函数。对数几率模型本身是一个概率形式，非常适合用对数似然损失或者交叉熵损失进行训练。

其次，线性模型只能挖掘特征之间的线性组合关系，无法对更加复杂、更加强大的非线性组合关系进行建模。为了解决这个问题，可以对输入的各维特征进行一些显式的非线性预变换（如单维特征的指数、对数、多项式变换，以及多维特征的交叉乘积等），或者采用核方法把原特征空间隐式地映射到一个高维的非线性空间，再在高维空间里构建线性模型。

（2）核方法与支持向量机

核方法的基本思想是通过一个非线性变换，把输入数据映射到高维的希尔伯特空间中，在这个高维空间里，那些在原始输入空间中线性不可分的问题变得更加容易解决，甚至线性可分。支持向量机（Support Vector Machine，SVM）是一类最典型的核方法，下面将以支持向量机为例，对核方法进行简单的介绍。

支持向量机的基本思想是通过核函数将原始输入空间变换成一个高维（甚至是无穷维）的空间。在这个空间里寻找一个超平面，把训练集里的正例和负例尽最大可能地分开（用更加学术的语言描述，就是正负例之间的间隔最大化）。那么如何才能通过核函数实现空间的非线性映射呢？

假设存在一个非线性映射函数 φ，可以把原始输入空间变换成高维非线性空间。在变换后的空间里，寻找一个线性超平面 $w^{\mathrm{T}}\varphi(x)=0$，使其能够把所有正例和负例分开，并且距离该超平面最近的正例和负例之间的间隔最大。这个目标可以用数学语言表述如下：

$$\max\frac{2}{\|w\|}$$

$$w^\mathrm{T}\varphi(x_i) \geqslant +1 \quad (y_i = +1)$$

$$w^\mathrm{T}\varphi(x_i) \leqslant -1 \quad (y_i = -1)$$

$$i = 1, 2, \cdots, n$$

式中，$\max\dfrac{2}{\|w\|}$ 是离超平面最近的正例和负例之间的间隔。

以上的数学描述等价于如下的优化问题：

$$\min \frac{1}{2}\|w\|^2$$

$$y_i[w^\mathrm{T}\varphi(x_i)] \geqslant 1$$
$$i = 1, 2, \cdots, n$$

式中的约束条件要求所有的正例和负例分别位于超平面 $w^\mathrm{T}\varphi(x)=0$ 的两侧。某些情况下，这种约束可能过强，因为我们所拥有的训练集有时是不可分的。这时候，就需要引入松弛变量 ξ，把上述优化问题改写为

$$\min \frac{1}{2}\|w\|^2 + C\sum_i \xi_i$$

$$y_i[w^\mathrm{T}\varphi(x_i)] \geqslant 1 - \xi_i$$

$$\xi_i \geqslant 0$$

$$i = 1, 2, \cdots, n$$

其实这种新的表述等价于最小化一个加了正则项 $\dfrac{1}{2}\|w\|^2$ 的 Hinge 损失函数。这是因为当 $1 - y_i[w^\mathrm{T}\varphi(x_i)]$ 小于 0 的时候，样本 x_i 被超平面正确地分到相应的类别里，ξ_i 等于 0；反之，ξ_i 将大于 0，且是 $1 - y_i[w^\mathrm{T}\varphi(x_i)]$ 的上界；最小化 ξ_i，就相应地最小化了 $1 - y_i[w^\mathrm{T}\varphi(x_i)]$。基于以上讨论，其实支持向量机在最小化如下的目标函数：

$$\hat{l}(w) = \frac{1}{2}\|w\|^2 + \sum_{i=1}^{n} \max\{0, 1 - y_i[w^\mathrm{T}\varphi(x_i)]\} \tag{7-2}$$

式中，$\dfrac{1}{2}\|w\|^2$ 是正则项，对它的最小化可以限制模型的空间，有效提高模型的泛化能力（也就是使模型在训练集和测试集上的性能更加接近）。

为了求解上述有约束的优化问题，一种常用的技巧是使用拉格朗日乘数法将其转换成对偶问题进行求解。具体来讲，支持向量机对应的对偶问题如下：

$$\sum_{i=1}^{n} \max a_i - \frac{1}{2}\sum_{i=1}^{n}\sum_{j=1}^{n} a_i a_j y_i y_j \varphi(x_i)^\mathrm{T}\varphi(x_j)$$

$$\text{s.t.} \sum_{j=1}^{n} a_i y_i = 0 (a_i \geq 0) \tag{7-3}$$

在对偶空间里,该优化问题的描述只与 $\varphi(x_i)$ 和 $\varphi(x_j)$ 的内积有关,而与映射函数 φ 本身的具体形式无关。因此,只需定义两个样本 x_i 和 x_j 之间的核函数 $k(x_i, x_j)$,以表征其映射到高维空间之后的内积即可:

$$k(x_i, x_j) = \varphi(x_i)^{\mathrm{T}} \varphi(x_j) \tag{7-4}$$

至此,我们弄清楚了核函数是如何与空间变换发生联系的。核函数可以有很多不同的选择,表 7-1 列出了几种常用的核函数。

表 7-1 常用的核函数

核函数	数学形式
多项式核	$k(x_i, x_j) = (x_i^{\mathrm{T}} x_j)^p, \mathrm{P} \geq 1$
高斯核	$k(x_i, x_j) = \exp\left(-\dfrac{\|x_i - x_j\|^2}{2\sigma^2}\right)$
拉普拉斯核	$k(x_i, x_j) = \exp\left(-\dfrac{\|x_i - x_j\|}{\sigma}\right)(\sigma > 0)$
Sigmoid 核	$k(x_i, x_j) = \tanh(\beta x_i^{\mathrm{T}} x_j + \theta)(\beta > 0, \sigma < 0)$

事实上,只要一个对称函数所对应的核矩阵满足半正定的条件,它就能作为核函数使用,并总能找到一个与之对应的空间映射 φ。换言之,任何一个核函数都隐式地定义了一个"再生核希尔伯特空间"(Reproducing Kernel Hilbert Space)。在这个空间里,两个向量的内积等于对应核函数的值。

(3)决策树与 Boosting

决策树也是一类常见的机器学习模型,其基本思想是根据数据的属性构造出树状结构的决策模型。一棵决策树包含一个根节点,若干内部节点,以及若干叶子节点。叶子节点对应最终的决策结果,而其他节点则针对数据的某种属性进行判断与分支。在这样的节点上,会对数据的某个属性(特征)进行检测,依据检测结果把样本划分到该节点的某棵子树之中。通过决策树,可以从根节点出发,把一个具体的样本最终分配到某个叶子节点上,实现相应的预测功能。

因为在每个节点上的分支操作是非线性的,因此决策树可以实现比较复杂的非线性映射。决策树算法的目的是根据训练数据,学习出一棵泛化能力较强的决策树,也就是说,它能够很好地把未知样本分到正确的叶子节点上。为了达到这个目的,在训练过程中构建的决策树不能太复杂,否则可能会过拟合到训练数据上,而无法正确地处理未知的测试数据。常见的决策树算法包括分类及回归树、ID3 算法和决策树桩(Decision Stump)等。这些算法的基本流程都比较类似,包括划分选择和剪枝处理两个基本步骤。

划分选择要解决的问题是如何根据某种准则在某个节点上把数据集里的样本分到它的一棵子树上。常用的准则有信息增益、增益率和基尼系数等，其具体数学形式虽有差别，但是核心思想大同小异。这里以信息增益为例进行介绍。所谓信息增益，指的是在某个节点上，用特征 j 对数据集 D 进行划分得到的样本集合的纯度提升的程度。信息增益的数学定义如下

$$G(D, j) = Entropy(D) - \sum_{v \in V_j} \frac{|D^v|}{|D|} Entropy(D^v) \tag{7-5}$$

式中，V_j 是特征 j 的取值集合；D^v 是特征 j 取值为 v 的那些样本所组成的子集；$Entropy(D)$ 是样本集合 D 的信息熵，描述的是 D 中来自不同类别样本的分布情况。不同类别的样本分布越平均，则信息熵越大，集合纯度越低；相反，样本分布越集中，则信息熵越小，集合纯度越高。样本划分的目的是找到使得划分后平均信息熵变得最小的特征 j，从而使得信息增益最大。

剪枝处理要解决的问题是抑制过拟合。如果决策树非常复杂，每个叶子节点上只对应一个训练样本，一定可以实现信息增益最大化，可这样的后果是对训练数据的过拟合。将导致在测试数据上的精度损失。为了解决这个问题，可以采取剪枝的操作降低决策树的复杂度。剪枝处理有预剪枝和后剪枝之分。预剪枝指的是在决策树生成过程中，对每个节点在划分前先进行估计，如果当前节点的划分不能带来决策树泛化性能的提升（通常可以通过一个交叉验证集来评估泛化能力），则停止划分并且将当前节点标记为叶子节点；后剪枝指的是先从训练集中生成一棵完整的决策树，然后自底向上地考察去掉每个节点（即将该节点及其子树合并成为一个叶子节点）以后泛化能力是否有所提高。若有提高，则进行剪枝。

在某些情况下，由于学习任务难度大，单棵决策树的性能会捉襟见肘，这时人们常会使用集成学习来提升最终的学习能力。集成学习有很多方法，如 Bagging、Boosting 等。Boosting 的基本思路是先训练出一个弱学习器 $h_i(x)$，再根据弱学习器的表现对训练样本的分布进行调整。使得原来弱学习器无法处理的错误样本在后续的学习过程中得到更多的关注，然后再根据调整后的样本分布来训练下一个弱学习器 $h_{i+1}(x)$。如此循环往复，直到最终学到的弱学习器的数目达到预设的上限，或者弱学习器的加权组合能够达到预期的精度为止。最终的预测模型是所有这些弱学习器的加权求和：

$$H(x) = \sum_i a_i h_i(x) \tag{7-6}$$

式中，a_i 是加权系数，它既可以在训练过程中根据当前弱学习器的准确程度利用经验公式求得，也可以在训练过程结束后（各个弱学习器都已经训练好以后），再利用新的学习目标通过额外的优化手段求得。

有研究表明 Boosting 在抵抗过拟合方面有非常好的表现，也就是说，随着训练过程的推进。即便在训练集上已经把误差降到 0，更多的迭代还是可以提高模型在测试集上的性能。人们用间隔定理（Margin Theory）来解释这种现象——随着迭代进一步推进，虽然训练集上的误差已经不再变化，但是训练样本上的分类置信度（对应于每个样本点上的间隔）却仍在不断变大。到今天为止，Boosting 算法，尤其是与决策树相结合的算法如

梯度提升决策树，在实际应用中仍然发挥着重要作用，并且是很多数据挖掘比赛的夺冠热门。

2.深度机器学习模型

神经网络是一类典型的非线性模型，它的设计受到生物神经网络的启发。人们通过对大脑生物机理的研究，发现其基本单元是神经元。每个神经元通过树突从上游的神经元那里获取输入信号，经过自身的加工处理后，再通过轴突将输出信号传递给下游的神经元。当神经元的输入信号总和达到一定强度时，就会激活一个输出信号，否则就没有输出信号。

将这种生物学原理转变为数学形式表达，即形成人工神经网络，如图 7-2 所示。神经元对输入的信号进行线性加权求和 $\sum_j w_j x_j + b$，然后依据求和结果的大小来驱动一个激活函数 ψ，用以生成输出信号。生物系统中的激活函数类似于阶跃函数，

$$\psi(z) = \begin{cases} 1(z>0) \\ 0(z<0) \end{cases} \tag{7-7}$$

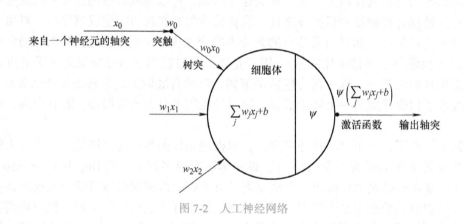

图 7-2　人工神经网络

但是，由于阶跃函数本身不连续。对于机器学习而言不是一个好的选择。因此在人们设计人工神经网络时通常采用连续的激活函数。比如 Sigmoid 函数、双曲正切（tanh）函数、校正线性单元（ReLU）等。

（1）全连接神经网络

最基本的神经网络就是把前面描述的神经元互相连接起来，形成层次结构（如图 7-3 所示），称为全连接神经网络。对于图 7-3 中这个网络而言，最左边对应的是输入节点，最右边对应的是输出节点，中间的三层节点都是隐含节点（把相应的层称为隐含层）。每一个隐含节点都会把来自上一层节点的输出进行加权求和，再经过一个非线性的激活函数，输出给下一

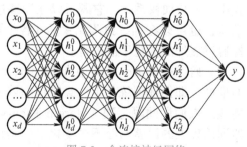

图 7-3　全连接神经网络

层。而输出层则一般采用简单的线性函数，或者进一步使用 Softmax 函数将输出变成概率形式。

全连接神经网络虽然看起来简单，但它有着非常强大的表达能力。早在 20 世纪 80 年代，人们就证明了著名的通用近似定理（Universal Approximation Theorem）。其数学描述是，在激活函数满足一定条件的前提下，任意给定输入空间中的一个连续函数和近似精度 ε，存在自然数 N_ε 和一个隐含节点数为 N_ε 的单隐层全连接神经网络，对这个连续函数的逼近精度小于 ε。这个定理非常重要，它告诉我们全连接神经网络可以用来解决非常复杂的问题。当其他的模型（如线性模型、支持向量机等）无法逼近这类问题的分类界面时，神经网络仍然可以得心应手。近年来，人们指出深层网络的表达力更强，即表达某些逻辑函数，深层网络需要的隐含节点数比浅层网络少很多。这对于模型存储和优化而言都是比较有利的，因此人们越来越关注和使用更深层的神经网络。

全连接神经网络在训练过程中常常选取交叉熵损失函数，并且使用梯度下降法来求解模型参数（实际中为了减少每次模型更新的代价，使用的是小批量的随机梯度下降法）。要注意的是。虽然交叉熵损失是个凸函数，但由于多层神经网络本身的非线性和非凸本质，损失函数对于模型参数而言其实是严重非凸的。在这种情况下，使用梯度下降法求解通常只能找到局部最优解。为了解决这个问题，人们在实践中常常采用多次随机初始化或者模拟退火等技术来寻找全局意义下更优的解。近年有研究表明，在满足一定条件时，如果神经网络足够深，它的所有局部最优解其实都和全局最优解具有非常类似的损失函数值。换言之，对于深层神经网络而言，"只能找到局部最优解"未见得是一个致命的缺陷，在很多时候这个局部最优解已经足够好，可以达到非常不错的实际预测精度。

除了局部最优解和全局最优解的忧虑之外，其实关于使用深层神经网络还有另外两个困难。

首先，因为深层神经网络的表达能力太强，很容易过拟合到训练数据上，导致其在测试数据上表现欠佳。为了解决这个问题，人们提出了很多方法，包括 DropOut、数据扩张（Data Augmentation）、批量归一化（Batch Normalization）、权值衰减（Weight Decay）和提前终止（Early Stopping）等，通过在训练过程中引入随机性、伪训练样本或限定模型空间来提高模型的泛化能力。

其次，当网络很深时，输出层的预测误差很难顺利地逐层传递下去，从而使得靠近输入层的那些隐含层无法得到充分的训练，这个问题又称为"梯度消减"问题。研究表明，梯度消减主要是由神经网络的非线性激活函数带来的，因为非线性激活函数导数的模都不太大，在使用梯度下降法进行优化时，非线性激活函数导数的逐层连乘会出现在梯度的计算公式中，从而使梯度的幅度逐层减小。为了解决这个问题，人们在跨层之间引入了线性直连，或者由门电路控制的线性通路，以期为梯度信息的顺利回传提供便利。

（2）卷积神经网络

除了全连接神经网络以外，卷积神经网络（Convolutional Neural Network，CNN）也是十分常用的网络结构，尤其适用于处理图像数据。

卷积神经网络的设计是受生物视觉系统的启发。研究表明每个视觉细胞只对于局部的小区域敏感，而大量视觉细胞平铺在视野中，可以很好地利用自然图像的空间局部相关性。与此类似，卷积神经网络也引入局部连接的概念，并且在空间上平铺具有同样参数结构的滤波器（也称为卷积核）。这些滤波器之间有很大的重叠区域，相当于有个空域滑窗，在滑窗滑到不同空间位置时，对这个窗内的信息使用同样的滤波器进行分析。这样网络虽然很大，但是由于不同位置的滤波器共享参数，其实模型参数的个数并不多，参数效率很高。

图 7-4 描述了一个 2×2 的卷积核将输入图像进行卷积的例子。所谓卷积就是卷积核的各个参数和图像中空间位置对应的像素值进行点乘再求和。经过了卷积操作之后，会得到一个和原图像类似大小的新图层，其中的每个点都是卷积核在某空间局部区域的作用结果（可能对应于提取图像的边缘或抽取更加高级的语义信息）。我们通常称这个新图层为特征映射（Feature Map）。对于一幅图像，可以在一个卷积层里使用多个不同的卷积核，从而形成多维的特征映射；还可以把多个卷积层级联起来，不断抽取越来越复杂的语义信息。

除了卷积以外，池化也是卷积神经网络的重要组成部分。池化的目的是对原特征映射进行压缩。从而更好地体现图像识别的平移不变性，并且有效扩大后续卷积操作的感受野。池化与卷积不同，一般不是参数化的模块，而是用确定性的方法求出局部区域内的平均值、中位数，或最大值、最小值等。图 7-5 描述了对图像局部进行 2×2 的最大值池化操作后的效果。

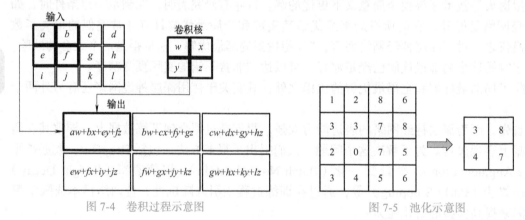

图 7-4　卷积过程示意图　　　　　　图 7-5　池化示意图

在实际操作中，可以把多个卷积层和多个池化层交替级联，从而实现从原始图像中不断抽取高层语义特征的目的。在此之后，还可以再级联一个全连接网络，在这些高层语义特征的基础上进行模式识别或预测，如图 7-6 所示。

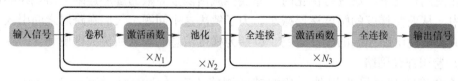

图 7-6　多层卷积神经网络

实践中，人们开始尝试使用越来越深的卷积神经网络，以达到越来越好的图像分类效果。如 2015 年，微软研究院采用深达 152 层的 ResNet 网络，在 ImageNet 数据集上取得了低达 3.57% 的错误率，在特定任务上超越了普通人类的图像识别能力。

随着卷积神经网络变得越来越深，前面提到的梯度消减问题也随之变得越来越显著，给模型的训练带来了很大难度。为了解决这个问题，近年来人们提出了一系列的方法，包括残差学习、高密度网络等。这些方法可以有效地把训练误差传递到靠近输入层的地方，为深层卷积神经网络的训练奠定了坚实的实践基础。

（3）循环神经网络

循环神经网络（Recurrent Neural Network，RNN）的设计也有很强的仿生学基础。我们可以联想一下自己如何读书看报。当我们阅读一个句子时，不会单纯地理解当前看到的那个字本身，相反之前读到的文字会在脑海里形成记忆，而这些记忆会帮助我们更好地理解当前看到的文字。这个过程是递归的，我们在看下一个文字时，当前文字和历史记忆又会共同成为新的记忆，并对我们理解下一个文字提供帮助。其实，循环神经网络的设计基本就是依照这个思想。我们用 s_t 表示在 t 时刻的记忆，它是由 t 时刻看到的输入 x_t 和 $t-1$ 时刻的记忆 s_{t-1} 共同作用产生的。这个过程可以用下式加以表示：

$$s_t = \phi(Ux_t + Ws_{t-1}) \tag{7-8}$$

$$o_t = Vs_t \tag{7-9}$$

很显然，这个式子里蕴含着对于记忆单元的循环迭代。在实际应用中，无限长时间的循环迭代并没有太大意义。比如，当我们阅读文字时，每个句子的平均长度可能只看十几个字。因此，我们完全可以把循环神经网络在时域上展开，然后在展开的网络上利用梯度下降法来求得参数矩阵 U、W、V，如图 7-7 所示。用循环神经网络的术语，我们称之为时域反向传播（Back Propagation Through Time，BFTT）。

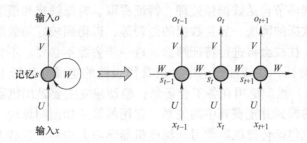

图 7-7　循环神经网络的展开

和全连接神经网络、卷积神经网络类似，当循环神经网络时域展开以后，也会遇到梯度消减的问题。为了解决这个问题，人们提出了一套依靠门电路来控制信息流通的方法。也就是说，在循环神经网络的两层之间同时存在线性和非线性通路。而哪个通路开、哪个通路关或者多大程度上开关则由一组门电路来控制。这个门电路也是带参数并且这些参数在神经网络的优化过程中是可学习的。比较著名的两类方法是 LSTM 和 GRU。GRU 相比 LSTM 更加简单一些，LSTM 有三个门电路（输入门、忘记门、输出门），而 GRU 则有两个门电路（重置门、更新门）。二者在实际中的效果类似，但 GRU 的训练速度要快一些，因此近年来有变得更加流行的趋势。

循环神经网络可以对时间序列进行有效建模，根据它所处理的序列的不同情况，可以把循环神经网络的应用场景分为点到序列、序列到点和序列到序列等类型。

7.2 工业数据建模与算法优化

数据建模是指将数据按照一定的规则和逻辑组织成为有意义的结构，以便于对数据进行存储、管理、处理和分析。数据建模可以将复杂的现实问题抽象为简单的数学模型，从而方便使用数学方法和工具进行求解。数据建模的目的是更好地理解和利用数据，提高数据的质量和价值。通过数据建模，可以实现以下几个方面的目标：

1）描述数据：通过数据建模，可以对数据进行清洗、整理、分类和汇总等操作，使数据更加规范、完整、准确和一致。

2）分析数据：通过数据建模，可以对数据进行统计、描述和可视化等操作，使数据更加直观、明了、有趣和有用。

3）挖掘数据：通过数据建模，可以对数据进行关联、聚类、分类和预测等操作，使数据更加深刻、细致、智能和创新。

而在真实生产中，利用工业数据进行建模的最终目的是对工业数据实现分析与应用，即根据已知或观测到的变量之间的关系，推断出未知或未观测到的变量之间的关系，可以帮助使用者从大量的数据中找出变量之间存在的函数关系或统计关系。

7.2.1 工业数据自助建模

数据分析技术是工业人工智能的灵魂，是发现数据的潜在模式、数据间的关系和工业对象本身未被发掘的隐含信息的重要手段。

数据分析技术涵盖了第 6 章工业大数据和 7.1 人工智能在工业数据处理中的应用的大部分内容，主要处理环节包括数据预处理、特征提取、特征筛选和模型建立等。在数据预处理环节，要完成数据的清洗、异常数据的处理等，以得到较好的数据进行分析；在完成提取特征的步骤后，往往会再进行特征筛选，进一步去除不必要、不相关的特征，只保留对分析目标有用的特征，在特征筛选中，最具代表性的主成分分析（PCA）与费希尔准则（Fisher Criterion）被广泛用在各工业场景；模型建立主要是用机器学习、模型识别算法来辨认数据潜在的模式并挖掘其中的关系，常用的算法如回归算法、分类算法、聚类算法和估计算法等，也包括传统机器学习和深度机器学习方法等。这些方法各自对应不同类型的问题与应用场景。上述工作非常复杂，既需要专业的数据分析工程师，还需要工艺工程师的配合，这已成为限制工业数据建模大规模应用的瓶颈。

工业数据自助建模软件或平台是解决这一瓶颈问题的关键。这类系统围绕数据清理、特征生成、敏感性分析和模型训练等环节提供丰富的传统算法和 AI 算法，提供从模型搭建到模型管理应用的一站式解决方案。

目前，热门的深度学习与迁移学习等技术让自动特征提取在诸多实际问题中取得了良好的成果。自动特征提取能够根据不同的应用以及数据更有效率地建模，同时还能提供更好的模型表现以及预防数据泄露。通过深度学习实施的自动特征提取可以在几天内赶上以前人工花几个月甚至几年的工作成果，而且工业门槛更低，特征覆盖更全面，可以把大数据的优势应用在更多设备上建模。

为了方便数据分析技术方面零基础的用户使用，工业数据自助建模系统一般具有图形化、零编码的数据分析建模环境。数据清理、数据聚类、数据降维和模型建立等包括大量的算法，正确使用这些算法可以大幅提升数据建模的效率和精度。工业数据自助建模系统可将异常点分布、聚类效果、降维后的数据一致性等信息通过热力图、散点图等可视化技术直观地呈现给用户，帮助用户更快速地判定算法作用效果，进一步扩大了数据分析与挖掘算法实施方案的选择性。

通过工业数据自助建模系统一般还能支持数据模型的管理、运行和部署，并具备第三方工具和平台调用的接口，达到扩展数据模型应用范围的目的，如与设计类平台结合，构建性能指标到设计参数的代理模型，实现快速设计选型，或与运维类平台结合，构建数字孪生模型，配合传感器实测数据，实现系统参数预警、设备状态监测等应用。

7.2.2　构建数字孪生体

数字孪生（Digital Twin）是工业数据模型的重要应用之一，实现了工业场景的数字化。它充分利用物理模型、传感器更新和运行历史等数据，集成多学科、多物理量、多尺度和多概率的仿真过程，在虚拟空间中完成映射，从而反映相对应的实体装备的全生命周期过程。数字孪生着眼点是物理设备的数字化，本质是基于物联网、传感器、模型、数据、映射和仿真多学科技术的集成应用，核心是要解决设备的全生命周期管理。

1. 数字孪生的技术基础

数字孪生的技术基础，是指在数字孪生这一概念出现之前，就已经广泛研究和应用的技术。这些技术的发展促使"数字孪生"这一概念的产生，同时，数字孪生技术的出现和发展也会对这些技术产生新的发展需求。这些技术主要包括建模仿真技术、虚拟制造技术和数字样机技术。

（1）建模仿真技术

模型主要可分为物理模型、形式化模型和仿真模型三类。物理模型指不以人的意志为转移的客观存在的实体，如飞行器研制中的飞行模型、船舶制造中的船舶模型等。形式化模型是用某种规范表述方法对客观事物或过程的表达，实现了对客观世界的抽象，便于分析和研究，如数学模型。仿真模型指根据系统的形式化模型，用仿真语言转换为计算机可以实施的模型。

在对一个已经存在或尚不存在但正在开发的系统进行研究的过程中，为了了解系统的内在特性，必须进行一定的实验。由于系统不存在或其他一些原因，无法在原系统上直接进行实验，只能设法构造既能反映系统特征又能符合系统实验要求的系统模型，并在该系统模型上进行实验，以达到了解或设计系统的目的。

数学模型是人类用数学语言描述客观事物的一种表达，它不能直接在计算机上进行运算，需要把数学模型转换成计算机可以理解的模型，即按照计算机语言和计算机运算的特点（或者说按照一定的算法）进行重新构造模型，这个过程被称为仿真建模。根据仿真模型利用计算机语言编写程序，再把编写好的程序在计算机上运算求解，并用数字或图形等方式表示计算结果，这就是计算机仿真的基本过程。

建模与仿真分别代表了两个不同的过程。建模是指根据被仿真的对象或系统的结构构成要素、运动规律、约束条件和物理特性等，建立其形式化模型的过程。仿真则是利用计算机建立、校验和运行实际系统的模型，以得到模型的行为特征，从而分析研究该系统的过程。

整个过程有两个抽象和转换的过程：其一是从物理系统到形式化模型（如数学模型），这个是物理空间到信息空间的一个抽象。其二是形式化模型（如数学模型）到计算机仿真模型的转换，这个过程是为了保障仿真能顺利开展。每一种建模方法都适用于其特定的抽象层级范围。系统动力学建模适合较高的抽象层级，其在决策建模中已经得到了典型应用；离散事件建模支持中层和偏下层的抽象层级；基于智能体建模适合于多抽象层级的模型，既可以实现较低抽象层级的物理对象细节建模，也可以实现公司和政府等较高抽象层级的建模。仿真建模方法的选择要基于所需模拟的系统和建模的目标来决定。

（2）虚拟制造技术

虚拟制造技术（Virtual Manufacturing Technology，VMT）是以虚拟现实和仿真技术为基础，对产品的设计、生产过程统一建模，在计算机上实现产品全生命周期的模拟仿真，从设计、加工和装配、检验、使用到回收，无须进行物理样品的制造。从产品的设计阶段开始就能够模拟出产品性能和制造流程，通过该种方式来优化产品的设计质量和制造流程，优化生产管理和资源规划，最小化产品的开发周期以及开发成本，最优化制造产品的设计质量，最高化企业的生产效率，从而形成企业强大的市场竞争力。

虚拟制造具有如下特点：

1）模型化：虚拟制造以模型为核心，本质上还是属于仿真技术，离不开对模型的依赖，涉及的模型有产品模型、过程模型、活动模型和资源模型。

2）集成化：虚拟制造以模型信息集成为根本，虚拟制造对单项仿真技术的依赖决定了它所面临的是众多的适应各单项仿真技术的异构模型，如何合理地集成这些模型就成为虚拟制造成功的基础。

3）拟实化：虚拟制造以拟实仿真为特色，主要指仿真结果的高可信度，以及人与这个虚拟制造环境交互的自然化。虚拟现实（Virtual Reality，VR）技术是改善人机交互自然化的普遍认可的途径。

根据虚拟制造所涉及的工程活动类型不同，虚拟制造分成三类，即以设计为核心的虚拟制造（Design-centered VM）、以生产为核心的虚拟制造（Production-centered VM）和以控制为核心的虚拟制造（Control-centered VM）。这种划分结果也反映了虚拟制造的功能结构。

设计性虚拟制造是把制造信息引入到产品设计全过程，强调以统一制造信息模型为基础，对数字化产品模型进行仿真、分析与优化，从而在设计阶段就可以对所设计的零件甚至整机进行可制造性分析，包括加工工艺分析、铸造热力学分析、运动学分析、动力学分析和可装配性分析等，为用户提供全部制造过程所需的设计信息和制造信息以及相应的修改功能，并向用户提出产品设计修改建议。

生产性虚拟制造是在生产过程模型中融入仿真技术，在企业资源（如设备、人力和原材料等）的约束条件下，实现制造方案的快速评价以及加工过程和生产过程的优化。它对产品的可生产性进行分析与评价，对制造资源和环境进行优化组合，通过提供精确的生产成本信息对生产计划与调度进行合理化决策。它贯穿于产品制造的全过程，包括与产品有关的工艺、夹具、设备、计划以及企业等。

为了实现虚拟制造的组织、调度与控制策略的优化以及人工现实环境下虚拟制造过程中的人机智能交互与协同，需要对全系统的控制模型及现实加工过程进行仿真，这就是以控制为中心的虚拟制造。

（3）数字样机技术

按照实现功能的不同可分为结构数字样机和功能数字样机。结构数字样机主要用来评价产品的外观、形状和装配。新产品设计首先表现出来的就是产品的外观形状是否满意，其次，零部件能否按要求顺利安装，能否满足配合要求，这些都可在产品的虚拟样机中得到检验和评价。功能数字样机主要用于验证产品的工作原理，如机构运动学仿真和动力学仿真。新产品在满足了外观形状的要求以后，就要检验产品整体上是否符合基于物理学的功能原理。

数字样机技术的特点有：

1）真实性：真实性是数字样机最本质的属性。采用数字样机的根本目的是取代或者精简物理样机。因此数字样机应是"具有一定的原型产品或系统真实功能并能够与物理原型相媲美的计算机仿真模型"，可以在几何、物理与行为各个方面逼近物理样机。几何真实性是指数字样机具有和实际产品相同的几何结构与几何尺寸，相同的颜色、材质与纹理，使设计者能真实地感知产品的几何属性；物理真实性是指数字样机具有和实际产品相同或相近的运动学与动力学属性，使设计者能够在虚拟环境中模拟零件间的相互作用；行为真实性是指在外部环境的激励下，数字样机能够做出与实际产品相同或相近的行为响应。

2）面向产品全生命周期：数字化样机技术是对物理产品全方位的计算机仿真技术，而传统的工程仿真只是对产品某方面进行测试，以获得产品在该方面的性能。数字样机是由分布的、不同工具开发的甚至是异构子模型所组成的模型联合体，包括产品的 CAD 模型、外观表示模型、功能和性能仿真模型、各种分析模型（可制造性、可装配性等）、使用模型、维护模型和环境模型。

3）多领域多学科交叉：复杂产品设计往往会涉及机械、控制、电子、液压和气动等多个不同的领域。要想对这些复杂产品进行完整、准确的仿真分析，必须将多个不同的学科领域的子系统作为一个整体进行仿真分析，使得数字样机能够满足设计者对产品进行功能验证与性能分析的要求。

2. 数字孪生的构建

数字孪生是物理实体及其数字化表示的有机整体，二者互相连接、促进和共生进化，具有虚实结合、实时交互、迭代优化和数据驱动等特点。数字孪生模型最初是包含物理实体、虚拟实体及二者间连接的三维模型。随着相关理论技术的不断拓展与应用需求的持续升级，数字孪生的发展与应用已由初期主要面向军工及航空航天领域，逐步拓展到了更广泛的民用领域，并且与物联网、大数据和人工智能等新一代信息技术深度集成融合。随着应用领域的拓展，数字孪生需要满足不同领域、不同层次用户和不同业务的应用需求，其通用的参考架构如图 7-8 所示。

235

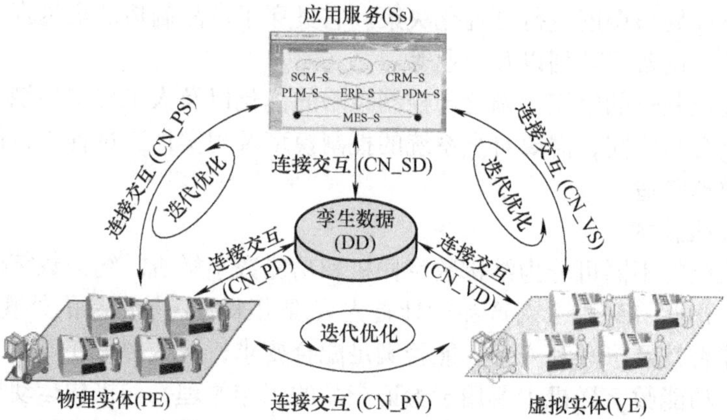

图 7-8 数字孪生五维模型

数字孪生五维模型包括：

1）物理实体（PE）：物理实体是客观存在的，指一类具备状态感知能力、可交互的物理实体、系统或物理活动过程，通常由各种部件、子系统组成，并具有独立完成至少一种任务的能力。

2）虚拟实体（VE）：虚拟实体包括几何模型（Gv）、物理模型（Pv）、行为模型（Bv）及规则模型（Rv）。四类模型通过组装、集成与融合，能从多维度、多领域和多时空尺度对 PE 进行描述与刻画。

3）孪生数据（DD）：孪生数据是物理实体、虚拟实体和应用服务的相关数据、领域知识，以及通过数据融合产生的衍生数据的集合。其集成融合了信息数据与物理数据，满足信息空间与物理空间的一致性与同步性需求。

4）连接交互（CN）：连接交互是实现物理实体、虚拟实体、应用服务及孪生数据之间的互联交互，将其连接成为一个整体，从而支持虚实融合。

5）应用服务（Ss）：应用服务以应用软件或 App 的形式为不同领域、不同层次用户和不同业务提供应用服务，从而降低数字孪生应用实践中对用户专业能力与知识的要求，实现便捷的按需使用。

数字孪生的关键是虚拟实体的构建，主要包括六方面，如图 7-9 所示。

1）模型构建：模型构建是指针对物理对象，构建其基本单元的模型。可从"几何 - 物理 - 行为 - 规则"多维度刻画物理对象的几何特征、物理特性、行为耦合关系以及演化规律等；可从"局部 / 全局 - 瞬态 / 稳态 - 个体 / 群体"刻画物理对象的多时空尺度特征；也可从"机械 - 电气 - 液压"多领域刻画热学、力学和电磁等各领域特征。

2）模型组装：模型组装是从空间维度上实现数字孪生模型从单元级模型到系统级模型再到复杂系统级模型的过程，包括需构建模型的层级关系并明确模型的组装顺序，并在组装过程中添加合适的空间约束条件，然后基于构建的约束关系与模型组装顺序实现模型的组装。

3）模型融合：模型融合是实现不同学科不同领域模型之间的融合。为实现模型间的融合，需构建模型之间的耦合关系以及明确不同领域模型之间单向或双向的耦合方式。

4）模型验证：模型验证是针对不同需求，检验模型的输出与物理对象的输出是否一致。为保证所构建模型的精准性，单元级模型在构建后首先被验证，以保证基本单元模型的有效性。然后在保证基本单元模型为高保真的基础上，对组装或融合后的模型进行进一步的模型验证。

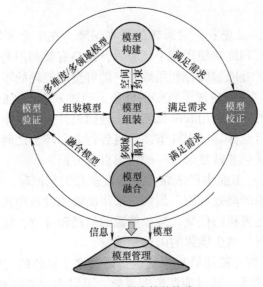

图 7-9 虚拟实体的构建

5）模型校正：模型校正是指模型验证结果不满足需求，则校正模型使其更加逼近物理对象的实际运行或使用状态，保证模型精度。模型验证与校正是一个迭代的过程，即校正后的模型需重新进行验证，直至满足使用或应用的需求。

6）模型管理：模型管理是指在实现了模型组装、融合、验证与修正的基础上，通过合理分类、存储与管理数字孪生模型及相关信息，为用户提供便捷服务，主要包括快捷查找、构建和使用数字孪生模型。

7.2.3 工业能效优化与预测性维护

在通过工业数据建模以及工业场景的数字化建模后，可以为基于数据驱动的工业大数据以及工业 AI 提供有力支撑，并在工业能效优化与预测性维护等方向上，发挥工业 AI 的价值。

工业 AI 以大量数据采集为基础，以机器学习或深度学习算法为核心，以用户需求为导向，面向工业场景提供智能解决方案，帮助工业企业更好地实现数据价值和效能提升，实现数据驱动的业务转型和创新。

工业企业拥有复杂的生产线，其确保盈利的关键在于最大限度地提高生产率、降低转换成本和保证按时交付产品，但需求和供应的不确定性导致传统的管理方式难以帮助企业实现高效生产。在这种情况下，以工业互联网对各类工业数据资源的泛在连接能力为基础支撑，充分发挥工业 AI 在工业互联网平台的边缘设备层、平台层以及应用层等多个领域的高级计算、智能分析价值，不仅能拓展和丰富 AI 在工业领域的应用场景，促进工业互联网服务能力提升，而且可促进机器、人和信息流的高效连接，有助于生产与服务资源在更大范围内精准、高效配置，实现工业知识的沉淀和复用，提升从生产到应用的全产业链数字化、网络化和智能化水平。其中工业能效优化与预测性维护是工业 AI 的两个重要应用领域。

1. 工业能效优化

能源是工业的血液，是企业正常运转的根本保障。在工业领域中，能源经过输入储存、加工转换、输送分配和终端使用四个环节后，最终有效利用的能源量占工业领域总输入能源量的百分比称为工业能源综合利用效率。随着全球能耗的不断增加和环境问题的日益严重，工业领域的能效控制也成了重要的任务，通过采取有效的能效控制策略和实践，工业过程能够实现能源的合理利用和降低能耗，进而提升生产效率和降低生产成本。由于工业的用能系统涉及的行业多、过程环节多，且各行业和环节之间相互作用，互为输入输出，因此，工业能效的优化非常复杂，一般考虑以下方面：

1）优化设备和工艺：工业生产依靠大量的设备和工艺流程，通过对设备的优化和工艺的改进，可以实现能源的高效利用。例如，采用高效的设备和技术，减少能源的损耗和浪费。此外，通过对工艺流程的优化，减少能源的消耗和排放，优化生产计划，合理安排生产时间和生产线的运行，减少能源的闲置和浪费。

2）搭建能源管理系统：能源管理系统是指通过建立完整的能源管理体系，对能源的使用和消耗进行监测和管理。通过能源管理系统，可以实时监测和分析能源的使用情况，并确定相应的控制和优化措施。同时，通过能源管理系统，还可以制定能源管理指标和目标，对能源的使用进行评估和改进。

3）采用节能技术和设备：随着科技的逐渐进步，出现了许多高效节能的设备和技术，可以帮助降低能耗和提高能源利用效率。例如，采用高效的电机和变频器，减少电能的损耗和浪费。同时，采用节能照明设备和节能控制系统，降低照明能耗。此外，还可以采用余热回收技术和能源综合利用技术，将废热或废气转化为可再利用的能源，提高能源利用效率。

4）员工培训和意识提升：员工是工业生产能效控制的重要参与者和执行者，他们的知识和意识对于能效控制的实施和效果具有重要影响。通过开展能效培训和宣传活动，提高员工对能效控制的认识和理解。同时，建立奖惩机制，激励员工积极参与能效控制工作，共同促进能效控制的实施和落地。

其中，在能源综合管理中，工业 AI 正在发挥越来越重要的作用。在"双碳"目标指引下，工业企业积极应用可再生能源、践行节能降碳已经成为企业发展的必选路径。然而，风电、光电等可再生能源具有间歇性、随机性和波动性等特点，需与电网供电合理配合，并充分结合波峰波谷电价，才能在确保生产安全稳定的同时，降低碳排放、节约运营成本和提高经济效益。

基于工业 AI 和工业互联网建立的智慧能源综合管理系统，可综合各类用能设备的运行数据，分析确定企业经营生产的高耗能、高碳排环节，并提供智能科学的优化建议。同时，结合可再生能源发电功率预测结果，以安全性和经济性为目标，制定工厂内部及厂区范围的多能源协同策略，保证多种能量来源之间的平滑切换，实现用能设备运行于最优效率区间、产品良率提升、绿色低碳生产及用能成本降低等多方面效益共赢。这方面已经有很多成功的案例，如某国家级高新区，存在电网、自建热电厂、分布式光伏／风电、集中式储能等多种电力来源，存量系统复杂。该高新区建立了智慧能源综合管理平台，基于工业互联网实现能源数据、设备数据和质量数据的采集，结合企业的个性化需求，利用 AI 对以上数据进行系统级解析，并建立发电及负荷预测模型，帮助企业预测能源供给，匹配负荷调节，制定峰谷期电能应用策略。智慧能源综合管理平台挖掘企业的可调节负荷资源潜力，通过聚合调节，满足高新区在用电高峰时段的错峰需求，降低了供电紧张时对生产造成的影响。

2. 预测性维护

工业设备的正常运行是保障工厂高效、可靠和安全生产的关键。如何使工厂在提升产能的同时降低维护成本、提高关键设备的可用性、减少非计划性停产，一直是困扰工业生产安全运行和降本增效的重要因素。一般来说，工业设备的维护分为修复性维护、预防性维护以及预测性维护三类。

修复性维护是事后维护，是有故障才维修的方式，它是以设备是否完好或是否能正常使用为依据的维修，只在设备部分或全部故障后再恢复其原始状态，也就是用坏后再修理，属于非计划性维修。

预防性维护又称定时维修，是以时间为依据的维修，它根据生产计划和经验，按规定的时间间隔进行停机检查、解体和更换零部件，以预防损坏、继发性毁坏及生产损失。为保证设备长期稳定运行，大部分工厂采用定期的预防性维修维护策略，根据周期分为大、中、小修等。然而这种方法不仅极易导致过度维护，而且依然无法有效避免非计划停产，甚至可能造成维修性故障的发生。

预测性维护是一种新兴的维护形式，它是以状态为依据的维修，在工业设备运行时，对其主要部位进行定期（或连续）的状态监测和故障诊断，判定及预测其状态，依据设备状态的发展趋势和可能的故障模式，预先制定预测性维护计划，确定机器应该修理的时间、内容、方式和必需的技术和物资支持。

预测性维护发展到现在，基本上形成了自己的技术体系，主要包括以下方面：

1）状态监测技术。状态监测技术发展到现在，在各工程领域都形成了各自的监测方法。状态监测的方法依据故障发生的机理，采用不同的传感器进行检测，如振动监测法、噪声监测法、温度监测法、压力监测法和声发射监测法等，并对检测到的信号实现数据的采集和传输。

2）故障诊断技术。故障诊断是以状态监测数据为基础的，按照诊断的方法原理，故障诊断可分为时频诊断法、统计诊断法、信息理论分析法及人工智能法等。

3）状态预测技术。状态预测就是根据装备的运行信息，评估部件当前状态并预计未来的状态。其常用的方法有时序模型预测法、灰色模型预测法和神经网络预测法等。而对于预测方法的开发一般有物理模型、知识系统和统计模型三种基本途径。在实际应用中，可将三种途径综合在一起，形成一种结合了传统的物理模型和智能分析方法，并能够处理数字信息和符号信息的混合性故障预测技术，对于实现预测性维护更为有效。

4）维修决策支持与维修活动。维修决策是从人员、资源、时间、费用和效益等多方面、多角度出发，根据状态监测、故障诊断和状态预测的结果进行维修可行性分析，定出维修计划，确定维修保障资源，给出维修活动的时间、地点、人员和内容。维修决策的制定方法一般有故障树推理法、数学模型解析法、贝叶斯网络法和智能维修决策法等。

以上四项技术和本书多数章节存在关联，虽然目标有所区别，但主要还是包括数据预处理、特征提取和模型建立等的工业数据处理流程。工业 AI 的发展，使预测性维护平台的能力更加强大，该类平台可基于设备正常运行时所采集的海量历史数据自动训练模型，并综合考虑各类传感器数据之间的关联关系，形成分析判断复杂规则的能力，在实际数据出现偏差时快速预警，为企业应对潜在故障或风险争取宝贵的时间。

7.3 超自动化控制与碳中和

随着科技和社会的发展，传统自动化面临着降本、增效和提质等更高需求，促使其更迭发展，进而衍生出了超自动化的概念。超自动化是机器流程自动化、流程挖掘、智能业务流程管理和工业 AI 等多种技术能力与软件工具的组合。它覆盖需求发现到应用实践的全过程，很好地契合了数字化转型发展的需求，可有效辅助或替代人工完成业务执行和工作决策。

7.3.1 超自动化控制发展趋势

相较于传统自动化，超自动化在要素、技术和应用三个层面体现出显著的不同。

1）数据驱动和虚拟底座构成基础。传统自动化基于规则驱动进行生产、运维活动，超自动化则强调基于数据驱动的自动化过程，以数据作为生产资料，通过科学的方法运用到业务经营过程中，优化业务运转流程。此外，相比于传统的自动化以基础软硬件设施作为底座，超自动化基于虚拟底座实现，其系统架构灵活性强、扩展性高，改变了自动化的工程开发模式。

2）非侵入开发、全流程挖掘、人工智能等技术加持。超自动化运行在更高的软件层级，不侵入已有的软件系统，在表现层对系统进行操作，解决传统自动化需要对基础设施做出调整，以匹配自动化程序的问题。超自动化完成了从需求到部署的一整套流程挖掘和管理过程，在全流程上实现效率和合规的全局优化，打破传统自动化无法实现系统间交互的限制，从而完成跨系统、跨平台、跨业务的自动化。此外，传统自动化强调执行能力，按照预先设定的程序自动完成工作，超自动化以 AI 为主导由机器自主学习完成工作。

3）广阔的应用范围。基于传统自动化应用于工业、农业等实体经济行业的现状，超自动化进一步变革金融、政务等行业的工作方式、业务流程和管理运营等方面，提高企业在更高维度的市场竞争力。超自动化具备部署快、拖拽式开发、可实时修改、维护成本低等优点，减少变更管理、流程再造等方面的人力与资金投入，大大降低了应用难度和门槛。传统自动化适用于重复性高的业务流程，无法实现涉及识别、理解、思考、判断和分析等高阶活动的自动化。超自动化以 AI、大数据等技术赋能场景识别、流程创建、业务处理、任务管控和日志挖掘等，可快速且精准地自动处理业务流程。

目前，超自动化的应用优势及价值已经逐步显现。宏观层面，超自动化能够在数字产业化和产业数字化的进程中发挥示范和引领效应，提速数字经济发展。作为赋能型和外溢性技术，超自动化是多种数字技术扎根千行百业的纽带，助力前沿技术实现数字产业化，加速产业数字化转型。微观层面，超自动化能够简化业务流程，提升业务执行效率，助力企业实现降本、增效和提质，并释放创新活力，从而提升综合影响力和核心竞争力。

超自动化的产业生态也已经趋于完备，市场格局日益成熟。超自动化围绕产品、技术和解决方案的生产、交付和使用的过程，初步形成了由上游供应方、中游交付和咨询方、下游应用方共同组成完备的产业链。超自动化作为组织实现降本增效、员工劳动解放等价值的重要工具，应用价值得到了越来越广泛的认可。

7.3.2 AI 在超自动化控制系统中的应用

人工智能技术的加持，全面赋予超自动化系统以聪慧大脑，下面介绍人工智能技术在超自动化领域的应用。

1）计算机视觉与语音等领域。在计算机视觉领域，人工智能可以对业务流程中的各类图像、视频等元素进行自动识别，如：通过 OCR 技术可以完成图像文本的提取、发票信息录入等操作；通过目标检测和图像分类技术可以完成动态弹窗点击、验证码识别等操作；通过图像分割与重构技术可以完成指定内容划取等操作；通过人脸检测和识别等技术可以提升人机协作效率等。

此外，对业务流程中的各类音频、文本等数据，也可以利用人工智能进行识别和处理，如通过自然语言处理技术可以完成文档识别、机器人日志解析、情感分析、意图识别、机器人运行报告生成和重点内容摘要等操作。

2）知识图谱与类脑计算。通过人工智能技术可以赋予超自动化系统逻辑推理、类比演绎的能力。以知识图谱为核心的知识工程应用，使得超自动化系统能够处理包含思考、推理和类比等活动的任务，如：通过知识表示和问答技术可以完成问题交流；通过知识推理和抽取技术可以推导当前未知的新知识。而通过类脑计算，超自动化系统能够建立逻辑思维体系和情感表达体系，如：通过逻辑推理判断业务流程自动化机会；通过情感表达与人类员工建立和谐的协作方式。以多维认知能力为基础，可以实现超自动化系统场景理解和演绎等能力，如：通过多要素分析归纳业务发展方向；通过重构流程执行过程推演业务痛点。

3）智能人机交互技术。智能人机交互技术可以填补人机任务衔接的缝隙，有效提升交互效率和用户体验。

流程执行过程可能存在必要的人工参与环节，如重大决策、上层审核等，人工的参与在一定程度上给自动化流程端到端的运行增加了难度。在超自动化应用场景中对智能人机交互技术有着强烈的需求。在任务交接方面，机器人可以通过人机智能交互，将流程任务移交给人工，以及在人工处理完成后自动回收流程任务等；在流程创建方面，在基于智能对话式的人机交互模式中，超自动化能够通过理解人类自然语言发出的指令，快捷触发无人值守的流程、灵活创建启停自如的机器人、智能管控业务执行过程等；在学习提升方面，超自动化在真实场景部署初期，面临着缺乏专业人员、数据资源和业务知识等冷启动问题，借助智能人机交互技术，可以快速收集业务数据、学习场景知识和适应人员操作习惯，从而大幅度缩短组织和超自动化相互适应的周期。

241

7.3.3　碳中和目标下的工业超自动化能源优化控制

工业具有显著的高能耗和高排放特征，是温室气体的主要来源。根据国际能源署（IEA）统计，我国工业生产部门碳排放量占所有排放源排放量的比例从 1990 年的 71% 上升至 2018 年的 83%。这是由于随着我国工业化加速推进，尤其是石油和金属加工业、建筑材料及非金属矿物制品业、化工和机械设备制造业等重化工业产值的快速增长，工业碳排放量增长迅速。为此，我国政府将应对气候变化融入社会经济发展全局，采取了控制能源消费总量与强度、优化能源结构、提升能源效率、调整产业结构、发展循环经济、开发非化石能源、加快减排技术创新、健全碳排放交易机制和严格环境执法督查等重要举措，工业碳减排取得显著成效，扭转了以往工业碳排放量高速增长的局面。但是，由于我国是世界上最大的碳排放国，从年度变化来看，工业碳排放量仍处于高位平台波动阶段。

从行业类别来看，发电行业在所有工业部门的碳排放量中位居首位，2017 年占比高达 60%。这主要是由我国特有的资源禀赋和各类发电技术经济性造成的。燃煤发电长期占据我国发电领域的主要地位，而单位标准煤炭燃烧所产生的二氧化碳排放高于等标量石油及天然气，从而导致以燃煤为主的发电行业在生产过程中排放的二氧化碳高于其他部门。同时，制造业的碳排放量持续上升，从 1990 年的 7 亿吨增加到 2017 年的 27 亿吨，这意味着制造业低碳转型仍面临非常大的压力。因此，碳达峰的关键在于推进产业结构低碳转型，优化能源结构，加速走向零排放。

在此基础上，充分利用超自动化技术对能源优化控制，实现能源节约与减少排放，在工业生产等领域具有广泛的应用前景。它的核心原理是改进优化工业生产与能源利用中的各个环节，高效利用能源并减少废水废气的排放。如采用先进的控制系统，通过对生产过程的实时监测和调控，实现能源的精确控制和优化利用，即生产过程的最佳化；引入先进的节能设备，替代传统能源消耗设备；建立智能化能源管理系统，通过对能耗与排放的监测分析，实现能源的合理分配，同时通过计量评估，提供优化建议。

电力行业中，国网大数据中心、国网江苏电力公司和国网北京电力公司等均已投入使用超自动化产品。超自动化能够实现重复性事务操作准确率 100%，速度提升 5 ～ 24 倍，在能源领域具有重要的应用价值。

7.4　工业大互联

工业大互联是新一代信息通信技术与工业经济深度融合的新型基础设施、应用模式和工业生态，通过对人、机、物和系统等的全面连接，构建起覆盖全产业链、全价值链的全新制造和服务体系，为工业乃至产业数字化、网络化、智能化发展提供了实现途径。工业互联网并非互联网在工业的简单应用，它以网络为基础、平台为中枢、数据为要素、安全为保障，既是工业数字化、网络化、智能化转型的基础设施，也是互联网、大数据、人工智能与实体经济深度融合的应用模式，同时也是一种新业态、新产业，将重塑企业形态、供应链和产业链。工业大互联与产线自动化不同，工业大互联是实现产线设备互联之外，还要实现工业厂务、库存管理、工业及办公系统、工业数据、工业展示、精益数字化等全生命周期业务的完整互联，是工业和信息化部"工业互联网体系架构"的充分体现。

7.4.1 产线控制与工业大互联

工业大互联下的自动控制技术，主要指在传统设备和系统的自动化控制基础上，应用互联网技术，让生产自动化系统更加精准、高效地控制生产流程，提高生产效率和产品质量，工业互联网技术可以实现生产数据的实时采集、分析与处理，从而更好地掌握生产过程的状态和趋势，及时进行生产调整和优化。

除生产自动化技术外，工业互联网技术还带来了全新的控制技术研究方向，例如，工业互联网下的智能控制技术，能够更加智能地调节生产设备和系统的运行状态，实现自动调整和优化。这种智能控制技术，配合大数据和人工智能，通过数据分析和模型建立，实现对生产过程的职能预测和控制。此外，工业互联网技术还可以实现设备的远程控制和操作，使生产过程更加灵活和便捷。

以新一代智慧工厂为例，通过互联网技术，可以实现生产流程的大幅优化，达到降低成本、提高效率的目标。同时，通过集成工厂的生产数据和运营数据，采用图表、表格、仪表盘等形式，将工厂的仓库总位、质检结果、产线情况和订单量等关键数据指标，以视觉化的方式进行展现，帮助管理者和生产人员迅速掌握工厂的实时生产状态和运营情况，实现对生产过程的精细管理和实时干预，优化生产计划和资源实时调度。再结合数字孪生技术，通过 3D 建模和虚拟仿真技术，将实际生产线的设备、工艺和工作流程等对象，进行数字化建模，创建生产线的数字孪生模型。通过在生产线上安装的传感器和监控设备，实时采集生产线的运行数据，包括设备状态、工艺参数和产品质量等信息。将实时采集的生产线数据传输到数字孪生模型中，利用大数据处理与分析技术，可以对生产线的运行状况进行实时监测与数据分析，方便生产管理人员进行实时决策与调度。

而对于能耗方面，基于对工业厂务的实时数据采集和处理技术，可以将能源消耗数据和生产效率指标以可视化的方式呈现出来，有助于企业对工厂水、电、气等能源以及各种设备的能效转化情况进行直观的了解。通过识别能效异常情况，分析设备的能效数据，协助企业评估实时厂务能源和现有设备的能效状态，进而评估出厂务能源以及各类设备的效率情况。同时根据实际情况制定优化方案，提升企业的生产效率和厂务节能效果。

7.4.2 工业大互联平台架构与应用部署

工业互联网平台本质上是一个工业云平台，基于工业互联网应用需求，搭建起采集、存储、分析和应用工业数据的生产服务体系，保障生产资源的全面连接、按需供给和智能调度，实现工业生产过程的技术积累和应用创新。工业互联网平台的标准体系架构，由端层、边缘层、IaaS 层、PaaS 层和 SaaS 层等五个系统层级，以及贯穿平台整个端边云的标识解析体系和工业安全保障体系所组成（如图 7-10 所示）。

1）端层：端层包括处于生产现场、厂务能源、办公区域和仓储区域等用于生产、检测和监控的各种设备，如数控机床、仪器仪表、工业传感器和工业机器人等。通过监测工业生产过程中的各个环节，灵活处理不同状况，严格管控产品质量，保障生产效率，以达成整个工厂的生产任务指标。端层汇聚了工业生产的海量历史工业数据和实时工业数据，这些工业数据来源于产品全生命周期中的各个环节，蕴藏着巨大的工业价值，是工业互联网平台的底层基础。但是，工业数据的来源跨设备、跨系统甚至跨行业，工业数据具有异构性，需要先通过一定的技术手段进行处理，平台才能对其进行利用并从中发掘价值。

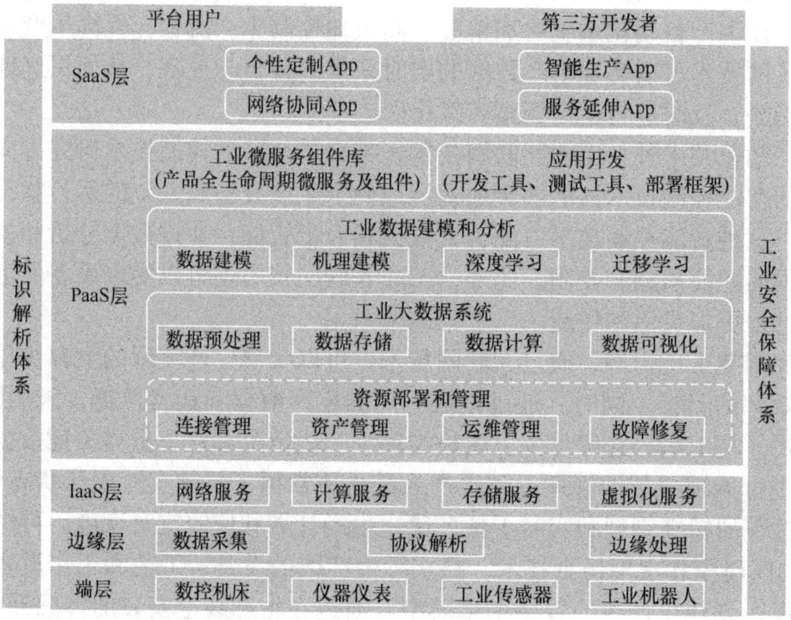

图 7-10　工业互联网平台架构

2）边缘层：边缘层进行全方位地工业数据采集，并对多源异构的工业数据进行协议解析和边缘处理。通过工业以太网、OPC UA 等工业通信协议和 5G、NB-IOT 等无线协议连接工业设备，实时采集各类工业数据。使用协议解析技术，再借助中间件兼容工业通信协议、无线协议和网络通信端口，将异构工业数据的结构转换为统一格式。

使用高精度计算系统和操作管理程序等工具，结合边缘计算技术，在距离工业设备数据产生源头最近的边缘侧进行工业数据的边缘处理，可以剔除无用数据，减小数据占用空间，提升系统反应速度和数据传输速度。例如，基于 Niagara 技术的霍尼韦尔的边缘计算控制器 JACE，可以在利用原先工业设备的基础上，通过边缘层实现对原有设备的数据采集和反向控制，并将原有设备透明化处理，即通过边缘层实现数据的双向云边协同，但原有设备又不用直接暴露到互联网上，进而避免潜在的工控安全问题。

3）IaaS 层：IaaS 层为资源的网络连接、计算、存储和虚拟化等提供服务设施，支撑工业互联网平台的整体运行。通过多租户管理、分布式缓存、平行计算和负载均衡调度等技术手段，实现资源服务设施的综合管理，提升资源服务的有效利用率，同时保证资源服务的安全性，为 PaaS 层的功能运行和 SaaS 层的应用实现提供完整的基础设施服务。

4）PaaS 层：PaaS 层是整个工业互联网平台的核心，接收海量工业数据，并运用平台自身能力对数据进行处理和分析，以支持 SaaS 层工业 App 的开发和制定，其作用相当于一个控制系统。PaaS 层基于平台使能技术进行资源调度，实现资源的合理部署和管理。对于设备连接管理、工业资产管理、系统运维管理以及工业故障的修复管理，根据业务对资源的需求量，动态调配相关基础资源，保证业务正常开展。

基于工业大数据系统形成平台的数据处理能力，可对工业数据进行预处理、存储、计算和可视化等操作。通过海量工业数据构建数据模型，依据相关工业机理构建机理模型，再运用深度学习和迁移学习等机器学习方法对模型进行学习和分析，最大限度地挖掘工业数据的价值。霍尼韦尔的 Niagara 技术把生产技术、理论知识和操作经验等进行提炼和封装，形成工业产品全生命周期微服务功能模块和组件库，可供第三方开发者直接调用，从根源上简化工业 App 的开发难度。提供工业 App 的各类开发工具、测试工具和部署框架，进一步构建高效的开发和部署环境，实现工业 App 的快速开发、深度测试和规模化部署。

5）SaaS 层：SaaS 层是工业互联网平台对外服务的关口，直接体现了工业数据的应用价值。为平台用户不同业务领域、不同应用场景的综合需求定制个性化的解决方案，全方位服务于用户需求。基于平台的微服务功能模块、组件库和应用开发环境，依托第三方开发者的开发，为平台用户提供个性定制 App、智能生产 App、网络协同 App 和服务延伸 App 等各类工业 App，实现工业知识的显性复用和创新拓展。SaaS 层对外提供和推广工业 App 的同时，可以吸引更多的第三方开发者和企业用户使用该平台，从而壮大平台社区。

工业互联网平台基于自身的工业数据采集、分析和应用能力，可以帮助工业企业及其供应链上下游实现工业生产过程、企业运营决策、生产资源配置与协同和产品生命周期管理等场景的流程优化和效益提升，提高工业企业的综合竞争力，推动工业企业的智能化转型和升级。

在工业生产过程场景中，工业互联网平台聚焦于生产车间和流水线，连接每一台工业设备，采集物料数据、工艺数据、质量数据和设备数据等实时工业数据。通过数据建模和数据分析找出最佳的生产方案，并反馈给整个生产过程，实现制造工艺、生产流程、质量检测、设备维修和能耗监测等工业生产过程场景的综合优化。例如某企业借助于工业互联网平台，采集车间工业设备的历史运行数据、实时运行数据以及相关参数，并对数据进行整合和处理，模拟构建工业设备的运行模型，通过对模型进行分析和验证，预测工业设备可能发生的故障，并及时提供合适的预防和维修方案。

在企业运营决策场景中，工业互联网平台连接到工业企业的信息化系统，采集运营数据、生产数据和供应链数据，通过分析发掘出关键的数据信息并共享，提高工业企业运营决策的科学性和开放性，优化生产管理并行、供应链管控和市场决策等企业运营决策场景。例如某企业通过工业互联网平台监控供应链上下游的采购数据、生产数据和销售数据等，根据物料库存、产品库存和销售量，及时调整采购计划、生产指标和销售方案，防止出现产品库存不足或积压的情况，实现对供应链的动态管控。

在生产资源配置与协同场景中，工业互联网平台将订单数据、研发数据、物料数据和工艺数据进行汇聚、组合和分析，提供设计、采购和生产等环节的资源配置方案和协同服务路径，实现协同设计、协同采购和协同生产等生产资源配置与协同场景的价值增长。例如某一设计工程中，工业互联网平台可以联通数个企业的信息化系统，帮助企业进行适当地信息交换和资源共享，同时对任务进行合理分工，实现企业间的协同设计，能够有效节省研发费用和时间成本。

在产品生命周期管理场景中，工业互联网平台采集工业产品的设计、采购、生产、营销、物流、运行和维修等全生命周期数据，通过对这些数据进行实时监控和集成分析，追踪产品动态并不断优化产品质量，为产品信息追溯、产品远程运维和产品优化设计等产品

245

生命周期管理场景提供保障。例如企业可以借助工业互联网平台的标识解析系统，赋予某产品唯一的标识编码，该编码记录产品的全生命周期数据，企业可通过该编码在标识解析系统中查询到产品的详细信息和属性，轻松实现对产品的信息追溯。

思考题与习题

7-1　人工智能的典型应用领域包括哪些？

7-2　什么是大数据？数据挖掘的核心目的是什么？

7-3　常用的数据挖掘方法有哪几种？

7-4　简述工业人工智能的四个机会空间？

7-5　传统机器学习模型一般包括哪些？

7-6　深度机器学习模型的核心是什么？

7-7　机器学习目前主要应用在哪些方面？

7-8　数据建模的目标是什么？

7-9　什么是数字孪生？它的技术的核心是什么？

7-10　什么是数字孪生的五维模型？

7-11　预测性维护中应用到了哪些技术？

7-12　请思考如何达到生产与能耗的平衡？

7-13　超自动化与传统自动化最主要的区别体现在哪些方面？

7-14　AI 技术在自动化领域主要应用在哪些方面？

7-15　碳中和的概念与意义是什么？

7-16　工业互联网技术能为传统自动化生产带来哪些提升？

7-17　工业互联网平台包含哪几个组成部分？分别的作用是什么？

7-18　边缘计算与云计算有哪些异同？为什么要在生产中加入边缘计算技术？

7-19　工业互联网在不同的场景中如何体现其作用？

第 8 章 工程案例

247

导读

数字化网络控制技术涵盖计算机控制系统、自动化控制策略、数据通信与互联技术、工业异构网络、工业大数据和工业 AI 等各项技术。工业企业的数字化转型是以工业互联网为基础，通过综合利用上述技术实现的。本章详细介绍两个脱敏后的真实工程实例，即二次网智慧供热平台和某家电集团设备全生命周期管理系统。通过这两个案例，使读者更好地理解面向行业应用的数字化全场景解决方案设计。

本章知识点

● 数字化网络控制技术的综合应用

8.1 智慧二次热网运营管理平台案例

结合数字孪生技术以及霍尼韦尔 TRIDIUM 的 Niagara 技术，构建智慧二次热网运营管理平台。该平台实现了综合指挥中心、智慧热网监控、智慧运营和智慧服务等四项功能，如图 8-1 所示。

该平台以供热信息化和自动化为基础，以信息系统与物理系统深度融合为技术路径，运用物联网、空间定位、云计算和信息安全等技术连接供热系统"源 - 网 - 荷 - 储"全过程中的各种要素，运用大数据、人工智能和建模仿真等技术统筹分析优化系统中的各种资源。平台采用五层架构，分别为现场设备层、IoT 基础设施层、支撑平台、应用功能层和展现层，如图 8-2 所示。

Niagara 全面支撑了工厂边缘连接和分布式计算存储与信息综合集成平台两大领域的开发，形成了基于工业互联网的完整解决方案，其网络拓扑如图 8-3 所示。系统串联边缘侧监控与云端大数据分析，无论是公有云还是私有云都能很好地融入此框架体系中。边缘侧实现高速数据采集、实时控制和设备故障检测等功能，对于故障既可本地报警，也可将报警推送至云平台和移动客户端，同时支持离线工作、远程更新和控制策略调整。边缘侧完成数据缓存和数据清洗功能，保证数据的完整性和有效性，并支持数据加密传输，保障数据安全。在云端进行大数据分析、数据挖掘以及对边缘侧的协同控制，使整个系统步调一致，高效运行。

图 8-1　智慧二次热网运营管理平台的主要功能

248

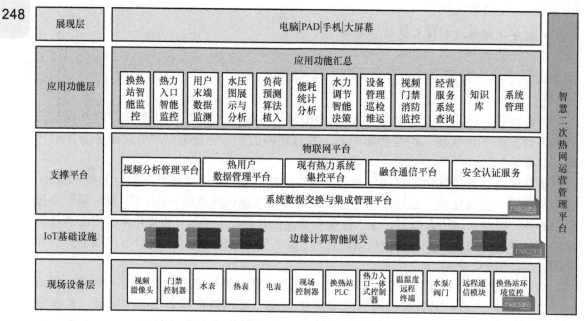

图 8-2　智慧二次热网运营管理平台的架构设计

　　虚拟仿真部分是数字孪生系统的核心，案例中利用 3Dmax 建模、AE 创建动画以及 unity3D 引擎驱动交互，实现二次热网系统工艺、主要设备以及管网拓扑结构的全景化虚拟展示。在虚拟环境中赋予了设备大量的细节参数，使之能够最大限度地还原真实场景，成为智慧供热系统与人机交互的接口，帮助使用者快速、清晰地判断生产状态、异常信息和故障预警，如图 8-4 所示。

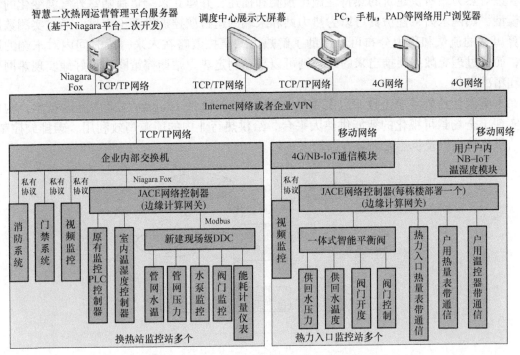

图 8-3 智慧二次热网运营管理平台的网络拓扑

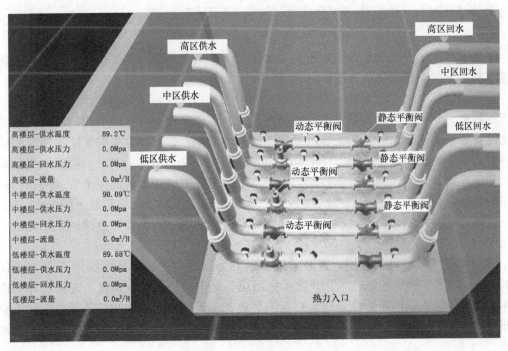

图 8-4 平台的全景化虚拟展示

热网智能调度系统依赖于对热网水力特性的精细化建模、仿真与分析，其结构如图 8-5 所示。热网的仿真与分析以热网负荷预测为基础，根据建筑基本信息及室外实时气象参数对热力站所供建筑的热特性做出预测和描述，并建立末端负荷随室外气温变化的动态模型。热网水力特性仿真可以为热力站和末端的运行调控提供理论支撑，通过实测数据计算出来的流量和压力分布可以帮助了解热力站调控策略在未来一段时间内对末端的影响，而通过理想数据反推出来的结果则可以帮助制定热力站调控策略，更好地实现热网平衡和精准供热。

本案例依托数字孪生技术以及霍尼韦尔 TRIDIUM 的 Niagara 工业大互联技术，构建并实现了全场景可视化的智能供热大平台，给供热行业中的能源高效利用、碳排放控制、清洁供热转型以及供热安全等方面带来革新。

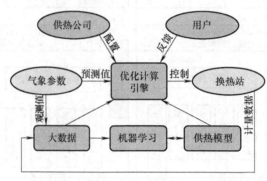

图 8-5　热网智能调度系统结构图

8.2　某家电集团设备全生命周期管理系统案例

以某家电集团设备全生命周期管理系统案例，来具象地展示传统生产工业在数字化控制技术加持下的全场景解决方案。

该集团以家电生产作为核心业务，在行业内深耕多年，处于领先地位。但是，在产品生产过程中，集团也面临大量生产问题的困扰。一方面是设备数据的利用问题，大量的自动化设备处于信息孤岛，设备关键数据缺乏时效性采集，设备异常报警无法第一时间被发现并快速响应，设备综合效率（Overall Equipment Effectiveness，OEE）提升缺乏数据分析和辅助决策，预测性维护缺乏数据与模型支撑；另一方面是设备的运维管理问题，运维工作缺乏信息化支撑，由于 IT 与 OT 脱节，运维管理工作改善缺乏数据分析指导，同时，设备运维方面的知识经验难以积累共享并实现最大化利用，设备资源也缺乏集团化统一调度与优化。

围绕设备互联数据的利用，提升 OEE，优化运维管理工作，依托霍尼韦尔 TRDIUM 的 Niagara 数字化网络控制技术，开发了集团设备全生命周期管理系统。方案总体架构如图 8-6 所示，包括集团级综合集成监控运维平台、工厂级数据治理和设备级边缘计算服务三部分。该方案通过开放的标准化平台，分布式架构，可实现集团型多工厂项目快速部署实施。

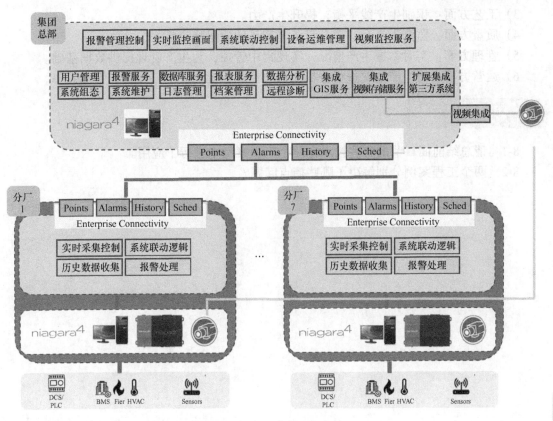

图 8-6　方案总体架构

1）集团级综合集成监控运维平台负责综合监控报警与数据分析，可以扩展集成集团其他子系统，实现资产管理、运维管理和能源管理等应用。

2）工厂级数据治理部分，完成厂级监控和报警处理及历史数据本地存储及批量上传，可按需访问，断点续传，并支持后期各工厂间系统集成与数据交互。

3）设备级边缘计算服务部分，完成工业现场系统的实时数据采集和状态监视，具有本地实时监控、本地逻辑处理、历史数据缓存和数据掉电保持等功能。

在可视化方面，构建了全场景的可视化系统。由 3D 可视化看板提供车间物理产线 3D 建模和设备 3D 建模，可支持放大、缩小和旋转查看，可直观查看每台设备的实时状态和故障报警，实时统计产量、利用率和能耗等，分析设备的平均修复时间（Mean Time To Repair，MTTR）、平均故障间隔时间（Mean Time Between Failure，MTBF）和 OEE 指标等，并可集成接入车间原有的视频监控系统以显示车间监控视频。

该设备全生命周期管理系统依托霍尼韦尔 TRDIUM 的 Niagara，用一套框架支持从边缘计算到平台组态，再到应用的全系统开发，实现了全部设备到企业数据流的高度统一，保证了数据的时效性和完整性，支撑项目敏捷开发、可靠交付，以及未来扩展的快速迭代。从应用效果来看，从以下方面实现了企业效能的提升。

1）设备方面：自动化的设备管理，延长设备使用寿命，降低设备的故障与维修成本。

2）员工方面：明确操作程序，提高生产效率。

3）工艺方面：识别生产线平衡，提升生产力。

4）质量方面：监测不良品，提升设备与产品的质量稳定性。

5）管理方面：实时掌握生产情况，实现集中管控，为生产管理提供数据基础。

6）运营方面：对生产情况进行分析与科学预测，提高生产、运营和管理效率。

思考题与习题

8-1 请总结前面章节的哪些技术在两个工程案例中进行了应用。

8-2 两个工程案例分别解决了哪些痛点问题？

参考文献

[1] APACHE H. HDFS User Guide [R/OL]. (2022-05-18) [2024-06-18]. https://hadoop.apache.org/docs/r1.0.4/hdfs_user_guide.html.

[2] 中国信息通信研究院云计算与大数据研究所, 华为技术有限公司. 超级自动化技术与应用研究报告 [R]. 2022.

[3] 邓庆绪, 张金. 物联网中间件技术与应用 [M]. 北京: 机械工业出版社, 2021.

[4] REDMOND E, WILSON J R. 七周七数据库 [M]. 王海鹏, 田思源, 王晨, 译. 北京: 人民邮电出版社, 2013.

[5] 冯少辉. PID 参数整定与复杂控制 [M]. 北京: 化学工业出版社, 2023.

[6] GRIEVES M. Digital twin: manufacturing excellence through virtual factory replication[J]. White paper, 2014, 1 (2014): 1-7.

[7] 工业互联网产业联盟 (AII). 工业互联网体系架构: 版本 2.0[R]. 2020.

[8] 工业互联网产业联盟 (AII). 工业互联网标准体系: 版本 3.0[R]. 2021.

[9] 工业互联网产业联盟. 工业互联网边缘计算面 向工业边云协同通用技术要求: AII/002-2023 [S/OL]. [2024-06-18]. http://www.aii-alliance.org/uploads/1/20231101/bb7084492ddd59b7810531ea962f1f3c.pdf.

[10] 李江全. 计算机控制技术项目教程 [M]. 2 版. 北京: 机械工业出版社, 2017.

[11] 李杰. 工业人工智能 [M]. 上海: 上海交通大学出版社, 2019.

[12] 李培根. 李培根: 浅说数字孪生 [EB/OL]. (2020-08-11) [2024-06-18]. https://www.thepaper.cn/newsDetail_forward_8682551.

[13] 林子雨. 大数据技术原理与应用: 概念、存储、处理、分析与应用 [M]. 3 版. 北京: 人民邮电出版社, 2021.

[14] 刘垣, 林敦欣, 连贻捷, 等. Access 2010 数据库应用技术案例教程 [M]. 北京: 清华大学出版社, 2018.

[15] 刘建昌, 关守平, 谭树彬, 等. 计算机控制系统 [M]. 3 版. 北京: 科学出版社, 2022.

[16] 刘铁岩, 陈薇, 王太峰, 等. 分布式机器学习: 算法、理论与实践 [M]. 北京: 机械工业出版社, 2018.

[17] 陆嘉恒. 大数据挑战与 NoSQL 数据库技术 [M]. 北京: 电子工业出版社, 2013.

[18] 施战备, 秦成, 张锦存, 等. 数物融合: 工业互联网重构数字企业 [M]. 北京: 人民邮电出版社, 2020.

[19] 舒迪前. 预测控制系统及其应用 [M]. 北京: 机械工业出版社, 1996.

[20] Digital Twin 国际期刊, 国家重点研发计划 "基于数字孪生的智能生产过程精确建模理论与方法" 项目组. 数字孪生工业软件白皮书 [R]. 2023.

[21] 王超. 计算机控制技术 [M]. 北京: 机械工业出版社, 2020.

[22] 王慧. 计算机控制系统 [M]. 3 版. 北京: 化学工业出版社, 2011.

[23] 王珊, 萨师煊. 数据库系统概论 [M]. 5 版. 北京: 高等教育出版社, 2014.

[24] 王树青. 先进控制技术及应用 [M]. 北京: 化学工业出版社, 2001.

[25] 魏毅寅, 柴旭东. 工业互联网: 技术与实践 [M]. 北京: 电子工业出版社, 2017.

[26] 夏志杰. 工业互联网: 体系与技术 [M]. 北京: 机械工业出版社, 2017.

[27] 谢希仁. 计算机网络 [M]. 8 版. 北京: 电子工业出版社, 2021.

[28] 阳宪惠 . 工业数据通信与控制网络 [M]. 北京：清华大学出版社，2003.

[29] 于海生，等 . 计算机控制技术 [M]. 3 版 . 北京：机械工业出版社，2023.

[30] 翟运开，李金林 . 大数据技术与管理决策 [M]. 北京：机械工业出版社，2022.

[31] 德勤中国 . 制造业＋人工智能创新应用发展报告 [J]. 机器人产业，2021（6）：97-116.

[32] 周志华 . 机器学习 [M]. 北京：清华大学出版社，2016.